高等医药院校系列教材

生物化学与分子生物学
——基础医学复习纲要与强化训练

主　编　关亚群　焦　谊

副主编　刘　玲　陈　艳　王延蛟

编　委　马旭升　新疆第二医学院　　　　　　　王延蛟　新疆医科大学

　　　　卡思木江·阿西木江　新疆医科大学　　卢锡锋　新疆第二医学院

　　　　关亚群　新疆医科大学，新疆第二医学院　刘　玲　新疆医科大学

　　　　刘　展　新疆第二医学院　　　　　　　伊　娜　新疆医科大学

　　　　李　沫　新疆医科大学　　　　　　　　杨　梅　新疆医科大学

　　　　张亚成　新疆医科大学　　　　　　　　张晓峥　新疆医科大学

　　　　陈　艳　新疆医科大学　　　　　　　　陈　哲　新疆医科大学

　　　　陈紫微　新疆医科大学　　　　　　　　努尔比耶·努尔麦麦提　新疆医科大学

　　　　郝文汇　新疆医科大学　　　　　　　　胡博文　新疆医科大学

　　　　梁小弟　新疆医科大学　　　　　　　　董祥雨　新疆第二医学院

　　　　焦　谊　新疆医科大学　　　　　　　　谢敬辉　新疆医科大学

科学出版社

北　京

内 容 简 介

本书共 18 章，每章均按照思维导图、知识点导读、本章习题、参考答案的顺序编写。学生可以通过各型试题的训练，自我检查把握基本概念的准确程度、理解基本原理的深刻程度、掌握知识的牢固程度、联系临床的灵活程度等，以提高和巩固学习效果。

本书的主要读者对象为医学院校专科生和本科生，也可供研究生入学考试、医师资格考试，以及参加各类医学考试的医务工作者、青年教师复习和参考之用。

图书在版编目（CIP）数据

生物化学与分子生物学：基础医学复习纲要与强化训练 / 关亚群，焦谊主编 . -- 北京：科学出版社，2024. 10. -- (高等医药院校系列教材).
ISBN 978-7-03-079051-4

Ⅰ. Q5-33；Q7-33

中国国家版本馆 CIP 数据核字第 20243LD665 号

责任编辑：钟　慧/责任校对：宁辉彩
责任印制：赵　博/封面设计：陈　敬

斜学出版社 出版
北京东黄城根北街 16 号
邮政编码：100717
http://www.sciencep.com

三河市骏杰印刷有限公司印刷
科学出版社发行　各地新华书店经销

*

2024 年 10 月第 一 版　开本：787×1092　1/16
2024 年 10 月第一次印刷　印张：9
字数：265 000

定价：39.80 元
（如有印装质量问题，我社负责调换）

前　言

生物化学与分子生物学是在分子水平研究生物体的化学组成、结构和功能，以及生命活动过程中各种化学变化及其与环境之间相互关系的科学，它是生命科学领域一门重要的基础课程，也是医学院校重要的专业基础课，与其他医学基础及临床课程有着密切的联系。通过本课程的学习，为学生在分子水平上探讨临床医学课程有关病因、发病机制、诊断、制定预防及治疗措施奠定基础。

编者为适应生物化学与分子生物学的迅速发展和新医科背景下对医学教育的要求，为帮助初学者更好地理解和掌握本课程的理论知识，培养综合分析问题的能力，并帮助初学者对掌握生物化学与分子生物学知识的程度进行自我评价，特编写本书。本书是根据医师资格考试大纲所要求掌握的重点及核心内容，并结合教学实践过程中所发现的难点等内容编写而成。

全书共 18 章，每章均按照思维导图、知识点导读、本章习题、参考答案的顺序编写。学生可以通过各型试题的训练，自我检查把握基本概念的准确程度、理解基本原理的深刻程度、掌握知识的牢固程度、联系临床的灵活程度等，以提高和巩固学习效果。

本书的主要读者对象为医学院校专科生和本科生，也可供研究生入学考试、医师资格考试，以及参加各类医学考试的医务工作者、青年教师复习和参考之用。

本书编者都是长期在教学一线的教师，在编写过程中参考了大量相关资料，在此一并致谢。敬请同道专家和读者多多提出宝贵意见，我们不胜企盼，衷心感谢！

关亚群
2024 年 8 月

目　　录

第一章　蛋白质的结构与功能 …………………………………………………………… 1

第二章　酶 ……………………………………………………………………………… 10

第三章　糖代谢 ………………………………………………………………………… 19

第四章　生物氧化 ……………………………………………………………………… 32

第五章　脂质代谢 ……………………………………………………………………… 38

第六章　蛋白质消化吸收和氨基酸代谢 ……………………………………………… 51

第七章　核酸的结构与功能 …………………………………………………………… 62

第八章　核苷酸代谢 …………………………………………………………………… 69

第九章　物质代谢的整合与调节 ……………………………………………………… 74

第十章　DNA 的生物合成（复制） …………………………………………………… 80

第十一章　RNA 的生物合成（转录） ………………………………………………… 88

第十二章　蛋白质的生物合成（翻译） ……………………………………………… 95

第十三章　基因表达调控 ……………………………………………………………… 103

第十四章　DNA 重组与重组 DNA 技术 ……………………………………………… 110

第十五章　细胞信号转导的分子机制 ………………………………………………… 116

第十六章　血液的生物化学 …………………………………………………………… 123

第十七章　肝的生物化学 ……………………………………………………………… 128

第十八章　癌基因、抑癌基因与生长因子 …………………………………………… 134

参考文献 ………………………………………………………………………………… 138

第一章 蛋白质的结构与功能

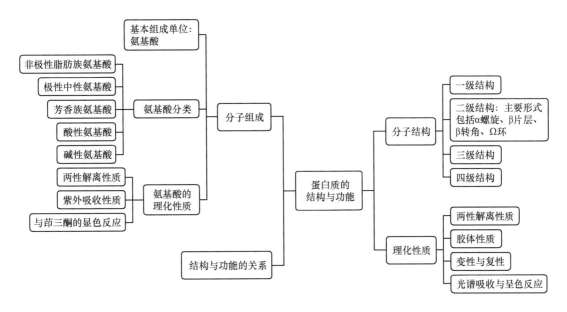

知识点导读

蛋白质（protein）是执行生命活动和功能的生物大分子，基本元素组成主要有 C、H、O、N 和 S。各种蛋白质中氮的含量相对接近，平均为 16%。氨基酸（amino acid）是蛋白质的基本组成单位，每个氨基酸的 α-碳原子上连接一个羧基、一个氨基、一个氢原子和一个 R 基团。组成人体蛋白质的氨基酸共有 20 种，均属 *L*-α-氨基酸（甘氨酸除外），根据其侧链的结构和理化性质，可将其分为非极性脂肪族氨基酸、极性中性氨基酸、芳香族氨基酸、酸性氨基酸和碱性氨基酸五大类。氨基酸除含有酸性的 α-羧基和碱性的 α-氨基外，有些氨基酸的侧链也含有可解离的基团，因此氨基酸具有两性解离性质，其带电状况取决于所处溶液的 pH。大多数蛋白质中含有共轭双键的酪氨酸和色氨酸，因此在 280nm 波长附近有最大紫外吸收峰，可用于测定溶液中蛋白质的含量。

一个氨基酸的 α-羧基与另一个氨基酸的 α-氨基脱水缩合而形成的酰胺键称为肽键（peptide bond）。肽键是蛋白质分子中氨基酸之间的主要连接方式，具有部分双键的性质，难以旋转而有一定的刚性，所以参与肽键的 C、O、N、H 和 2 个 C$_\alpha$ 共 6 个原子处在同一平面上，形成肽键平面。氨基酸通过肽键相互连接形成的化合物称为肽，由 2～20 个氨基酸相连而成的肽称为寡肽，而更多的氨基酸相连而成的肽称为多肽。

蛋白质结构通常分成一级结构、二级结构、三级结构和四级结构四个层次，同时还存在规则的二级结构组合，称为超二级结构，以及三级结构内的独立折叠单元——结构域。一级结构（primary structure）指蛋白质多肽链中氨基酸的排列顺序和二硫键的位置。蛋白质的二级结构（secondary structure）指多肽链骨架盘绕折叠所形成的有规律的结构，即局部肽链主链原子的空间排布。最基本的二级结构类型有 α 螺旋（α-helix）、β 片层（β-pleated sheet）、β 转角（β-turn）和 Ω 环（Ω loop），二级结构的相对稳定主要靠氢键来维持。超二级结构是指蛋白质分子中 2 个或 2 个以上具有二级结构的肽段，在空间上相互接近所形成的规则的二级结构聚集体。结构模体（structural motif）是蛋白质分子中具有特定空间构象和特定功能的结构成分，它在蛋白质结构方面的含义与超二级结构非常相似，模体可以含有多个超二级结构，形成比较复杂的空间结构。蛋白质的三级结构（tertiary structure）是整条肽链的三维构象，它是在二级结构的基础上，肽链进一步折叠卷曲所形成的分子结构，即整条肽链中所有原子在三维空间中的排布。分子量较大的蛋白质常可折叠成多个结构较为紧密且稳定的区域，并各行其功能，称为结构域（domain），可以看作是球状蛋白质的独立折叠单位。蛋白质的四级结构（quaternary structure）是指数条具有独立三级结构的多肽链通过非共价键相互连接而成的聚合体结构。在具有四级结构的蛋白质中，每一条具有独立三级结构的多肽链称为亚基，亚基单独存在不具有生物学功能。四级结构涉及亚基在整个分子中的空间排布及亚基之间的相互关系。维持蛋白质空间结构的作用力主要是氢键、离子键、疏水键等非共价键，又称次级键。

蛋白质具有特定的空间结构和生物学功能，蛋白质的一级结构决定高级结构，最终决定蛋白质的功能。一级结构相似的蛋白质，其空间构象及功能也相近，如不同哺乳动物的胰岛素分子。但是蛋白质分子中关键氨基酸的缺失或替代，都会严重影响空间构象及生物学功能。蛋白质的空间结构是蛋白质特有性质和功能的结构基础，当一个亚基与其配体结合后，能影响此寡聚体中另一亚基与配体的结合能力，称为协同效应。血红蛋白的一个亚基与 O_2 结合可引起另一亚基构象的改变，使之更易与 O_2 结合，这种促进作用称为正协同效应，反之则为负协同效应。

蛋白质是两性电解质，其带电性质取决于肽链两端游离的氨基和羧基以及可解离的 R 基团。在某一 pH 溶液中，蛋白质分子解离成正、负离子的趋势相等，即所带正、负电荷相等称为兼性离子，净电荷为零，在电场中不移动，此时溶液的 pH 称为该蛋白质的等电点（isoelectric point，pI）。不同蛋白质所含的氨基酸种类、数目不同，所以具有不同的等电点。当蛋白质所处环境的 pH 大于 pI 时，蛋白质分子带负电荷，pH 小于 pI 时，蛋白质带正电荷。人体内多数蛋白质的等电点在 5 左右，且以阴离子形式存在。蛋白质是生物大分子，其分子直径达胶体颗粒范围（1～100nm），且其分子表面大多为亲水基团，吸引水分子形成水化膜；同时蛋白质表面的可解离基团的解离，使其带有一定量的同种电荷，阻断蛋白质颗粒间的相互聚集。因此，蛋白质颗粒表面的水化膜及其所带的同种电荷是蛋白质胶体稳定的两个重要因素。当这些稳定因素被破坏时，蛋白质容易沉淀析出。高浓度的中性盐可竞争剥离蛋白质分子表面的水化膜，通过调节 pH 可中和蛋白质所带电荷，从而降低其溶解度使之沉淀析出，此即盐析法沉淀蛋白质。盐析法沉淀蛋白质不会引起蛋白质的变性，可用于蛋白质的分离纯化。

蛋白质受到某些物理或化学因素作用时，其特定的空间结构被破坏，引起生物学活性的丧失，称为蛋白质的变性（denaturation）。造成蛋白质变性的理化因素有加热、紫外线、X 射线和有机溶剂，如乙醇、尿素、盐酸胍和强酸、强碱、重金属盐等。变性的实质是由于维持蛋白质高级结构的次级键被破坏而造成天然构象的改变，但未涉及肽键的断裂。若蛋白质变性程度较轻，去除变性因素后，变性蛋白又可重新形成天然构象，恢复或部分恢复其原有的生物学活性，这种现象称为蛋白质的复性。蛋白质的紫外吸收和呈色反应可用于蛋白质浓度的测定。

本 章 习 题

一、选择题

（一）A₁ 型选择题

1. 在生理 pH 条件下，下列哪个氨基酸带正电荷
A. 丙氨酸
B. 酪氨酸
C. 色氨酸
D. 赖氨酸
E. 异亮氨酸

2. 下列氨基酸中哪一种是酸性氨基酸
A. 亮氨酸
B. 天冬氨酸
C. 赖氨酸
D. 甲硫氨酸
E. 苏氨酸

3. 含两个羧基的氨基酸是
A. 色氨酸
B. 酪氨酸
C. 谷氨酸
D. 赖氨酸
E. 苏氨酸

4. 下列出现在蛋白质分子中的氨基酸，哪一种**没有**遗传密码
A. 色氨酸
B. 羟脯氨酸
C. 谷氨酸
D. 脯氨酸
E. 甲硫氨酸

5. 含巯基的氨基酸是

A. 半胱氨酸　　　　　　B. 丝氨酸

C. 甲硫氨酸　　　　　　D. 脯氨酸

E. 鸟氨酸

6. 在各种蛋白质中含量相近的元素是

A. 碳　　　　　　　　　B. 氮

C. 氧　　　　　　　　　D. 氢

E. 硫

7. 蛋白质含氮量平均为

A. 20%　　　　　　　　B. 5%

C. 8%　　　　　　　　 D. 16%

E. 23%

8. 蛋白质的紫外吸收峰主要是由于含有

A. 色氨酸　　　　　　　B. 谷氨酸

C. 丙氨酸　　　　　　　D. 天冬氨酸

E. 组氨酸

9. 谷胱甘肽的主要功能是

A. 体内重要的聚合剂

B. 体内重要的巯解剂

C. 体内重要的分解剂

D. 体内重要的氧化剂

E. 体内重要的还原剂

10. 蛋白激酶使蛋白质磷酸化的部位是

A. 含硫氨基酸　　　　　B. 碱性氨基酸

C. 酸性氨基酸　　　　　D. 含羟基的氨基酸

E. 含芳香环的氨基酸

11. 下列哪一种物质**不属于**生物活性肽

A. 促甲状腺素释放激素

B. 加压素

C. 催产素

D. 促肾上腺皮质激素

E. 血红素

12. 关于蛋白质分子三级结构的描述，其中**错误**的是

A. 天然蛋白质分子均有的结构

B. 具有三级结构的多肽链都具有生物学活性

C. 三级结构的稳定性主要靠次级键维系

D. 亲水基团聚集在三级结构的表面

E. 决定盘曲折叠的因素是氨基酸残基

13. 具有四级结构蛋白质的特征是

A. 分子中必定含有辅基

B. 两条或两条以上具有三级结构多肽链的基础上，肽链进一步折叠盘曲形成

C. 每条多肽链都具有独立的生物学活性

D. 依赖肽键维系四级结构的稳定性

E. 多条肽链之间以二硫键相连

14. 关于蛋白质二级结构**错误**的叙述是

A. 稳定蛋白质二级结构最主要的键是氢键

B. α 螺旋、β 片层、β 转角和 Ω 环均属于二级结构

C. 一些二级结构可构成模体

D. 多肽链主链和侧链全部原子的空间排布

E. 二级结构仅指主链的局部空间构象

15. 胰岛素分子 A 链与 B 链的交联是靠

A. 氢键　　　　　　　　B. 盐键

C. 二硫键　　　　　　　D. 酯键

E. 范德瓦耳斯力

16. 具有生物学活性的蛋白质分子所具有的最低结构为

A. α 螺旋　　　　　　　B. β 片层

C. 三级结构　　　　　　D. 四级结构

E. 辅基

17. 锌指结构属于

A. 二级结构　　　　　　B. 结构域

C. 模体　　　　　　　　D. 三级结构

E. 四级结构

18. 关于肽的叙述，**错误**的是

A. 含有游离 α-氨基的一端称为氨基端

B. 含有游离 α-羧基的一端称为羧基端

C. 氨基酸通过肽键连接形成肽

D. 肽链中的氨基酸称为氨基酸残基

E. 肽链的方向从 5′ 端到 3′ 端

19. 维系蛋白质 α 螺旋结构的化学键是

A. 盐键　　　　　　　　B. 疏水键

C. 氢键　　　　　　　　D. 二硫键

E. 肽键

20. 蛋白质一级结构与功能关系的特点为

A. 一级结构越相近的蛋白质，其功能类似性越大

B. 相同氨基酸组成的蛋白质功能一定相同

C. 不同物种来源的同种蛋白质，其一级结构完全相同

D. 一级结构中氨基酸残基任意改变，都不会影响其功能

E. 一级结构中任何氨基酸的改变，都会导致其生物活性丧失

21. 决定蛋白质分子空间构象特征的主要因素是

A. 氨基酸的组成与排列顺序

B. 次级键的维系作用

C. 温度、pH、离子强度等环境条件

D. 链间和链内二硫键

E. 肽键平面的旋转角度

22. 镰状细胞贫血患者，其血红蛋白 β 链 N 端第

6 个氨基酸残基谷氨酸被下列哪种氨基酸代替
A. 谷氨酸　　　　　B. 天冬氨酸
C. 赖氨酸　　　　　D. 精氨酸
E. 缬氨酸

23. 1 分子血红蛋白可与几分子的氧结合
A. 1　　　　　　　B. 2
C. 3　　　　　　　D. 4
E. 5

24. 蛋白质分子中的肽键是
A. 由一个氨基酸的 α-氨基和另一个氨基酸的 α-羧基脱水形成的
B. 由谷氨酸的 γ-羧基与另一个氨基酸的 α-氨基形成的
C. 由赖氨酸的氨基与另一分子氨基酸的 α-羧基形成的
D. 氨基酸的各种氨基和各种羧基之间均可形成肽链
E. 可以自由旋转的单键

25. 下列有关血红蛋白的叙述正确的是
A. 血红蛋白与肌红蛋白的结构相同
B. 血红蛋白是具有四级结构的结合蛋白质
C. 血红蛋白不具有别构效应
D. 血红蛋白为含铁卟啉的单体球蛋白
E. 一分子血红蛋白与一个氧分子可逆结合

26. 蛋白质变性是由于
A. 蛋白质一级结构的改变
B. 蛋白质亚基的解聚
C. 蛋白质空间构象的破坏
D. 辅基的脱落
E. 蛋白质水解

27. 变性蛋白质的特点是
A. 不易被胃蛋白酶水解
B. 黏度下降
C. 溶解度增加
D. 呈色反应减弱
E. 丧失原有的生物活性

28. 蛋白质所形成的胶体颗粒，在下列哪种条件下**不稳定**
A. 溶液 pH 大于 pI　　B. 溶液 pH 小于 pI
C. 溶液 pH 等于 pI　　D. 溶液 pH 等于 7.4
E. 在水溶液中

29. 蛋白质变性**不包括**
A. 氢键断裂　　　　B. 肽键断裂
C. 疏水键断裂　　　D. 盐键断裂
E. 二硫键断裂

30. 从多种蛋白质混合液中分离纯化某种蛋白质，且不能变性，用下列哪种方法较好
A. 加有机溶剂使蛋白质沉淀
B. 加中性盐使蛋白质沉淀
C. 用电泳分离
D. 用生物碱试剂沉淀蛋白质
E. 加重金属盐使蛋白质沉淀

31. 下列哪个性质是氨基酸和蛋白质所共有的
A. 胶体性质　　　　B. 两性解离性质
C. 沉淀反应　　　　D. 变性性质
E. 双缩脲反应

32. 下列哪一种化合物在紫外 280nm 波长处有特征性吸收峰
A. 核酸　　　　　　B. 蛋白质
C. 糖　　　　　　　D. 脂类
E. 金属离子

33. 蛋白质吸收紫外光能力的大小，主要取决于
A. 含硫氨基酸的含量
B. 肽键的含量
C. 碱性氨基酸的含量
D. 芳香族氨基酸的含量
E. 脂肪族氨基酸的含量

34. 使用 75% 乙醇消毒的原理是使细菌蛋白质
A. 变性　　　　　　B. 别构
C. 沉淀　　　　　　D. 电离
E. 溶解

35. 盐析法沉淀蛋白质的原理是
A. 中和蛋白质表面电荷，破坏水化膜
B. 盐与蛋白质结合形成不溶性蛋白盐
C. 降低蛋白质溶液的介电常数
D. 调节蛋白质溶液的等电点
E. 使蛋白质变性沉淀

36. 氨基酸在等电点时具有的特点是
A. 不带正电荷　　　B. 不带负电荷
C. 结构发生变化　　D. 溶解度最大
E. 呈兼性离子的状态

37. 下列蛋白质的生物学功能中，哪种**不是**它的主要功能
A. 作为物质运输载体
B. 氧化供能
C. 作为生物催化剂
D. 抵御异物对机体的侵害和感染
E. 调节物质代谢和控制遗传信息

38. 蛋白质变性时，**错误**的描述是
A. 可以发生二硫键和非共价键的破坏

B. 溶解度降低

C. 结晶能力消失

D. 仍具有生物学活性

E. 易被蛋白酶水解

39. 近年发现的只有蛋白质而没有核酸的病原体是

A. 新冠病毒   B. 朊病毒

C. 乙肝病毒   D. 流感病毒

E. 人类免疫缺陷病毒

40. 在医学和生物领域，保存蛋白质制剂如抗体疫苗和酶都需采用低温储存，是考虑蛋白质的何种性质

A. 蛋白质变性   B. 蛋白质胶体性质

C. 蛋白质两性电离   D. 蛋白质等电点

E. 蛋白质沉淀

41. 根据分子大小分离蛋白质的层析技术是

A. 分配层析   B. 吸附层析

C. 凝胶过滤层析   D. 离子交换层析

E. 亲和层析

42. 可用于蛋白质定量的测定方法**不包括**

A. 双缩脲法   B. 紫外吸收法

C. 凯氏定氮法   D. 考马斯亮蓝法

E. 测定 OD_{260}/OD_{280} 值

43. 蛋白质沉淀、变性和凝固的关系，下面叙述正确的是

A. 变性蛋白质一定要凝固

B. 蛋白质凝固后一定变性

C. 蛋白质沉淀后必然变性

D. 变性蛋白质不一定失去活性

E. 变性蛋白质一定沉淀

（二）A_2 型选择题

1. 患者，女，60 岁，近期出现记忆力减退的情况，以前的事情回忆不起来，近期的事也总是很难记住，判断能力下降，命名困难，不能独立购物，社交困难，情感淡漠，运动系统正常。经医生诊断为阿尔茨海默病（Alzheimer's disease，AD）。与该疾病发生机制相关的是

A. 氨基酸序列改变

B. DNA 损伤

C. 蛋白质的构象异常

D. 翻译的异常启动

E. 基因突变

2. 在高海拔地区，大气中的氧气较为稀薄，将氧气有效地释放到外周组织变得更加困难，为

了适应这种环境，人体会进行多种调节途径，这些调节途径**不包括**

A. 血液循环加速

B. 红细胞数量增加

C. Hb 浓度增加

D. 2,3-二磷酸甘油酸浓度增加

E. 2,3-二磷酸甘油酸浓度降低

3. 一位儿童到医院就医，其症状是头晕、乏力和黄疸，血常规检测发现患者重度贫血，血液检测发现大量镰刀形红细胞，表明患者患有镰状细胞贫血，该病发病的分子机制是

A. Hb 的 α 亚基的 N 端第六位氨基酸 Glu → Val

B. Hb 的 α 亚基的 N 端第六位氨基酸 Val → Glu

C. Hb 的 β 亚基的 N 端第六位氨基酸 Glu → Val

D. Hb 的 β 亚基的 N 端第六位氨基酸 Val → Glu

E. Hb 折叠错误导致的疾病

4. 蚕丝是自然界中轻、柔、极细的天然纤维，其延展性强，轻薄柔软，已经广泛用于纺织等产业。蚕丝富含 β 角蛋白，从蛋白质分子结构的角度分析，蚕丝的高延展性主要是由于 β 角蛋白的何种特点

A. 二级结构主要由 β 片层构成

B. 二级结构主要由 β 转角构成

C. 二级结构主要由 Ω 环构成

D. β 角蛋白的分子量较大

E. β 角蛋白不溶于水

（三）B_1 型选择题

A. 一级结构   B. 结构域

C. 四级结构   D. 二级结构

E. 三级结构

1. 某段肽链骨架原子的相对空间位置是

2. 亚基之间的相互关系是

A. α 螺旋   B. β 片层

C. β 转角   D. Ω 环

E. 无规卷曲

3. 肽链主链围绕一个中心轴以螺旋的方式盘绕的是

4. 由多条肽链组成，每条肽链几乎完全伸展，肽平面之间呈锯齿状，R 侧链交替分布在折叠片层的两侧的是

A. 透析与超滤法   B. 盐析

C. 超速离心   D. 凝胶过滤

E. 电泳

5. 通过破坏蛋白质颗粒表面的水化膜，并中和电荷使蛋白质沉淀的方法是

6. 利用蛋白质的带电性质及分子量大小和形状的分离方法是

A. 四级结构形成　　B. 四级结构破坏
C. 一级结构破坏　　D. 三级结构破坏
E. 二、三级结构破坏

7. 亚基解聚时会出现

8. 蛋白酶水解蛋白质时会出现

A. 酸性蛋白质　　B. 支链氨基酸
C. 芳香族氨基酸　　D. 亚氨基酸
E. 含硫氨基酸

9. 甲硫氨酸是

10. 色氨酸是

A. 二级结构　　B. 结构域
C. 模体　　D. 三级结构
E. 四级结构

11. 锌指结构是

12. 大肠埃希菌 DDDP 中具有 5' → 3' 聚合酶活性的区域是

二、填空题

1. 多肽链是由许多氨基酸借_____键连接而成的链状化合物。

2. 多肽链中每一个氨基酸单位称为_____。

3. 组成蛋白质的氨基酸根据它们的侧链 R 的结构和性质分为非极性脂肪族氨基酸、极性中性氨基酸、_____、碱性氨基酸、芳香族氨基酸五类。

4. 维系蛋白质空间结构的键或作用力主要有_____、离子键、范德瓦耳斯力和疏水键。

5. 蛋白质二级结构的主要形式有_____、β片层、β 转角、Ω 环。

6. 蛋白质的一级结构是指多肽链中_____的排列顺序。

7. 蛋白质成为稳定的胶体溶液，主要有两个稳定因素，即同种电荷和_____。

8. 丙氨酸 pI 为 6.00，在 pH 7.0 的缓冲液中，解离成_____离子。

9. 在某 pH 溶液中，蛋白质分子可成为带正

电荷和负电荷相等的兼性离子，即蛋白质分子的净电荷为零，此时溶液的 pH 称为该_____。

10. 蛋白质在某些理化因素的作用下，其空间结构发生改变（不改变其一级结构），因而失去天然蛋白质的特性，这种现象称为_____。

11. 常见的蛋白质沉淀剂有_____、有机溶剂、重金属盐、有机酸等。

12. 当溶液中盐离子强度低时，可增加蛋白质的溶解度，这种现象称盐溶，当溶液中盐离子强度高时，可使蛋白质沉淀，这种现象称为_____。

13. 蛋白质的变性主要是其空间结构遭到破坏，而其_____结构保持完好无损。

14. 实验室中利用 280nm 波长测定吸光度就可推算出样品中蛋白质的含量，依据的原理是蛋白质的_____性质。

15. 蛋白质对_____nm 的紫外光有较强的吸收，主要是由于含有酪氨酸和色氨酸两种氨基酸。

16. 一般说来，球状蛋白质的_____性氨基酸侧链位于分子内部，亲水性氨基酸侧链位于分子表面。

三、名词解释

1. 肽键
2. 肽
3. 肽键平面（肽单元）
4. 蛋白质分子的一级结构
5. 亚基
6. 蛋白质的等电点
7. 模体
8. 结构域
9. 蛋白质变性
10. 别构效应
11. 协同效应
12. 盐析

四、简答题

1. 何谓蛋白质的变性作用，有何实际意义？
2. 氨基酸侧链上可解离的功能基团有哪些？试举例说明。
3. 蛋白质沉淀的方法有哪些？

4. 什么是蛋白质的两性电离和等电点？

5. 为什么说蛋白质的一级结构决定其空间结构？

6. 简述血红蛋白运氧时的构象变化，说明了什么？

7. 什么是生物活性肽，人体内常见的生物活性肽有哪些？试举例 1~2 个说明其生理功能。

五、论述题

分析血红蛋白氧解离曲线为 S 形的原因，并叙述其生理意义。

参 考 答 案

一、选择题

（一）A₁ 型选择题

1. D	2. B	3. C	4. B	5. A	6. B	7. D
8. A	9. E	10. D	11. E	12. B	13. B	14. D
15. C	16. C	17. C	18. E	19. C	20. A	21. A
22. E	23. D	24. A	25. B	26. C	27. E	28. C
29. D	30. B	31. B	32. B	33. D	34. A	35. A
36. E	37. B	38. D	39. B	40. A	41. C	42. E
43. B						

（二）A₂ 型选择题

1. C 2. E 3. C 4. A

（三）B₁ 型选择题

1. D 2. C 3. A 4. B 5. B 6. E 7. B 8. C
9. E 10. C 11. C 12. B

二、填空题

1. 肽
2. 氨基酸残基
3. 酸性氨基酸
4. 氢键
5. α 螺旋
6. 氨基酸
7. 水化膜
8. 阴
9. 蛋白质的等电点
10. 蛋白质的变性作用/蛋白质变性
11. 中性盐
12. 盐析
13. 一级
14. 紫外吸收
15. 280
16. 疏水

三、名词解释

1. 肽键：一个氨基酸的 α-氨基与另一个氨基酸的 α-羧基脱水缩合形成的酰胺键。肽键具有部分双键的性质而具有一定的刚性。

2. 肽：氨基酸通过肽键相互结合生成的化合物。

3. 肽键平面（肽单元）：参与肽键的 C、O、N、H 和 2 个 Cα 共 6 个原子处在同一平面上，形成肽键平面，其中肽键（C—N）的键长介于 C—N 单键长和双键长之间，有一定程度双键性能，不能自由旋转。

4. 蛋白质分子的一级结构：蛋白质多肽链中氨基酸的排列顺序和二硫键的位置。

5. 亚基：组成蛋白质四级结构最小的共价单位，是指四级结构的蛋白质中由一条多肽链折叠成的具有三级结构的球蛋白。

6. 蛋白质的等电点：在某一 pH 的溶液中，蛋白质解离成阳离子和阴离子的趋势或程度相等，成为兼性离子，呈电中性，此时溶液的 pH 称为该蛋白质的等电点。

7. 模体：蛋白质二级结构和三级结构之间的一个过渡性结构层次，在肽链折叠过程中，一些二级结构的构象单位彼此相互作用组合而成。

8. 结构域：是蛋白质分子结构中较为紧密且稳定，类似球形的折叠区，可被特定分子识别和具有特定功能的三级结构元件。

9. 蛋白质变性：在某些理化因素影响下，蛋白质的空间构象被破坏，从而使蛋白质的理化性质发生改变和生物学活性丧失，称为蛋白质变性。一般认为蛋白质的变性主要发生二硫键和非共价键的破坏，不涉及一级结构中氨基酸序列的改变。

10. 别构效应：小分子化合物或配体结合于蛋白质或酶活性部位以外的其他部位（别构部位），引起蛋白质分子的构象变化，从而导致蛋白质活性改变的现象。

11. 协同效应：具有四级结构的蛋白质，当一个亚基与其配体结合后，能影响此蛋白质分子中其他亚基与配体的结合能力。如果是促进作用则称为正协同效应，反之则为负协同效应。

12. 盐析：向蛋白质溶液中加入大量中性盐，破坏了维持蛋白质胶体溶液的两个稳定因素即水化膜和同种电荷，导致蛋白质的溶解度降低发生沉淀，称为盐析。

四、简答题

1. 何谓蛋白质的变性作用？有何实际意义？

蛋白质的变性作用是指蛋白质在某些理化因素的作用下，其空间结构发生改变（不改变其一级结构），因而失去天然蛋白质的特性和生物学功能，这种现象称为蛋白质的变性作用。意义：利用变性原理，如用乙醇、加热和紫外线消毒灭菌，用热凝固法检查尿蛋白等；防止蛋白质变性，如制备或保存酶、疫苗、免疫血清等蛋白质制剂时，应选择适当条件，防止其变性失活。

2. 氨基酸侧链上可解离的功能基团有哪些？试举例说明。

不同的氨基酸侧链上具有不同的功能基团，如丝氨酸和苏氨酸残基上有羟基，半胱氨酸残基上有巯基，谷氨酸和天冬氨酸残基上有羧基，赖氨酸残基上有氨基，精氨酸残基上有胍基，酪氨酸残基上有酚羟基等。

3. 蛋白质沉淀的方法有哪些？

使蛋白质沉淀的方法主要有四种：①中性盐沉淀蛋白质，即盐析法；②有机溶剂沉淀蛋白质；③重金属盐沉淀蛋白质；④有机酸（或生物碱试剂）沉淀蛋白质。

4. 什么是蛋白质的两性电离和等电点？

蛋白质分子中既有能解离成阳离子的基团，又有能解离成阴离子的基团，所以蛋白质是两性电解质。在某一 pH 溶液中，蛋白质分子可解离成带正电荷和负电荷相等的兼性离子，即蛋白质分子的净电荷为零，此时溶液的 pH 称为该蛋白质的等电点。

5. 为什么说蛋白质的一级结构决定其空间结构？

蛋白质的一级结构是指蛋白质多肽链中氨基酸残基的排列顺序和二硫键的位置。因为蛋白质分子肽链中氨基酸的排列顺序包含了自发形成复杂三维结构（即正确的空间构象）所需要的全部信息，所以一级结构决定其高级结构。

6. 简述血红蛋白运氧时的构象变化，说明了什么？

血红蛋白（Hb）是由 4 个亚基组成的蛋白质，功能是运输 O_2 和 CO_2。每分子氧结合到 Hb 上会使部分盐键断裂，当第一个 O_2 与 Hb 结合后使部分盐键断裂，因而当第一个 O_2 与 Hb 结合后就增加了以后的 O_2 与 Hb 的亲和力。这种 Hb 分子结构从紧张态到松弛态的别构效应，使 Hb 能有效地结合 O_2 与释放 O_2，从而完成 O_2 的运输功能。这说明 Hb 的功能随着结构的改变而发生改变。

7. 什么是生物活性肽，人体内常见的生物活性肽有哪些？试举例 1～2 个说明其生理功能。

生物活性肽是自然界动、植物和微生物中存在的具有重要生物活性的小肽或寡肽。常见的生物活性肽有谷胱甘肽、催产素、加压素等。谷胱甘肽的生物学功能：①巯基具有还原性，具有抗氧化作用，可保护体内蛋白质或酶分子中巯基免遭氧化。②解毒功能：巯基基团还有嗜核特异性，能与外源的嗜电子毒物，如致癌剂或药物等结合，阻断这些化合物与 DNA、RNA 或蛋白质结合，保护机体免遭损害。

五、论述题

分析血红蛋白氧解离曲线为 S 形的原因，并叙述其生理意义。

协同效应、波尔效应和别构效应三者使血红蛋白运输氧的能力达到最高效率，血红蛋白氧解离曲线呈 S 形。

（1）协同效应增加了血红蛋白的携氧量。当一个亚基与氧结合后，会引起四级结构的变化，使其他亚基对氧的亲和力增加，结合加快；反之，一个亚基与氧分离后，其他亚基也易于解离。

（2）pH 对氧-血红蛋白的平衡影响称为波尔（Bohr）效应。增加 CO_2 的浓度、降低 pH 能显著提高血红蛋白亚基间的协同效应，降低血红蛋白对 O_2 的亲和力，促进 O_2 的释放，氧解离曲线向右移动；反之，高浓度的 O_2 也能促使血红蛋白释放 H^+ 和 CO_2。

（3）2,3-二磷酸甘油酸的别构效应。2,3-二磷酸甘油酸与 2 个 β 亚基形成 6 个盐键稳定了血红蛋白的脱氧态构象，降低血红蛋白的氧亲和力。

2,3-二磷酸甘油酸进一步提高了血红蛋白的输氧效率。

除了亚基间的协同效应，波尔效应和别构效应进一步使血红蛋白的输氧能力达到最高效率；只要氧分压有一个较小的变化即可引起血红蛋白氧饱和度的较大改变，所以其氧解离曲线是S形曲线。在肺部，氧分压比较高，血红蛋白被饱和，在组织中，氧分压降低，S形的氧解离曲线加大血红蛋白的携氧量，使血红蛋白的输氧能力达到最高效率，能够更好地完成运输O_2的功能。

（李　沫　梁小弟　马旭升）

第二章 酶

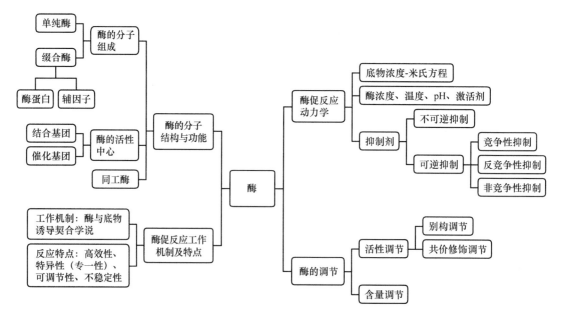

知识点导读

　　酶（enzyme）是一类由细胞产生的具有催化作用的生物大分子，生物体内的新陈代谢都是在酶的催化下进行的。除核酶和脱氧核酶外，绝大多数酶的化学本质是蛋白质，按其分子组成可分为单纯酶和缀合酶（结合酶）两类。单纯酶（simple enzyme）水解后仅有氨基酸组分，缀合酶（conjugated enzyme）除含有蛋白质（酶蛋白）外，还含有非蛋白质部分，即辅因子，辅因子（cofactor）可以是金属离子，也可以是小分子有机化合物，它们在酶促反应中起传递电子、质子或某些化学基团等作用。根据与酶蛋白结合的紧密程度与作用特点不同辅因子可分为辅酶（coenzyme）和辅基（prosthetic group），许多 B 族维生素的衍生物或卟啉化合物参与辅酶或辅基的组成。酶蛋白决定酶促反应的特异性，辅酶（或辅基）决定酶促反应的性质和类型，只有二者结合在一起组成全酶时才具有催化活性。

　　酶分子中能与底物特异地结合并催化底物转变成产物，具有特定三维结构的区域称为酶的活性中心（active center）。构成酶活性中心的必需基团可分为两种，与底物识别并结合的必需基团称为结合基团（binding group），催化底物发生化学变化进而转变为产物的基团称为催化基团（catalytic group）。还有些必需基团在酶的活性中心以外，虽然不参与酶的活性中心的组成，但为维持酶活性中心空间构象和（或）作为调节剂的结合部位所必需。酶可显著降低反应活化能（activation energy），与一般催化剂相比具有高效性、高度特异性、可调节性和不稳定性的特点。其催化机制是酶与底物诱导契合形成酶-底物复合物，通过邻近效应、定向排列、多元催化及表面效应等使酶发挥催化作用。

　　影响酶促反应速率的因素有底物浓度、酶浓度、温度、pH、抑制剂和激活剂等。底物浓度对反应速率的影响可用米氏方程表示，其中 K_m 为米氏常数，其值等于酶促反应速率为最大反应速率一半时的底物浓度，属于酶的特征性常数，在一定条件下可表示酶与底物的亲和力。酶促反应具有最适 pH 和最适温度。

　　抑制剂是使酶活性下降但不引起酶蛋白变性的物质，根据其与酶结合的紧密程度分为不可逆抑制（irreversible inhibition）和可逆抑制（reversible inhibition）两类。不可逆抑制指抑制剂与酶活性中心的必需基团以共价键结合而使酶失活，此类抑制剂不能用透析、超滤等方法予以去除。可逆抑制是指酶蛋白与抑制剂以非共价键结合，使酶活性降低或丧失，但可用透析或超滤等方法将抑制剂除去，酶活性得以恢复。可逆抑制作用又分为竞争性抑制作用、反竞争性抑制作用和非竞争性抑制作用，其中最重要的是竞争性抑制。竞争性抑制（competitive inhibition）是指抑制剂的结构与酶的底物结构相似，可与底物竞争酶的活性中心，阻碍底物与酶的结合，使酶活性降低。竞争性抑制的动力学常数表现为 K_m 变大，V_{max}（最大反应速率）不变。抑制作用的强弱取决于抑制剂浓度和底物浓度的相对比例，以及与酶的相对亲和力，在抑制剂浓度不变时，竞争性抑制可以通过增加底物浓度而解除。很多药物都是酶的竞争性抑制剂。

酶的调节分为酶活性调节及酶含量调节。酶活性调节属于快速调节，涉及酶结构的变化，主要包括酶的别构调节和共价修饰调节。酶含量调节属于缓慢调节，包括酶蛋白合成的调节及酶降解的调节。有些酶在细胞中生成时是以无活性的酶原（zymogen）形式存在，只有在一定条件下才可转变成有活性的酶，此过程称为酶原的激活。同工酶（isoenzyme）是指催化的化学反应相同，但酶分子结构、理化性质及免疫学特性不同的一组酶。许多疾病与代谢失调相关，常涉及酶的质和量异常，因此酶在疾病发生、诊断以至治疗方面都具有重要意义。

本章习题

一、选择题

（一）A₁型选择题

1. 关于酶的叙述正确的是
A. 所有的酶都含有辅基或辅酶
B. 只能在体内起催化作用
C. 大多数酶的化学本质是蛋白质
D. 能改变化学反应的平衡点加速反应的进行
E. 都具有立体异构专一性（特异性）

2. 关于全酶的叙述正确的是
A. 全酶是酶与底物的复合物
B. 酶与抑制剂的复合物
C. 酶与辅因子的复合物
D. 酶的无活性前体
E. 酶与别构剂的复合物

3. 下列关于酶蛋白和辅因子的叙述，**不正确**的是
A. 酶蛋白或辅因子单独存在时均无催化作用
B. 辅因子决定酶促反应的性质和类型
C. 一种辅因子只能与一种酶蛋白结合成一种全酶
D. 酶蛋白决定酶促反应的专一性
E. 辅因子可参与酶活性中心的形成

4. 酶促反应中，决定反应特异性的是
A. 酶蛋白　　B. 辅酶或辅基
C. 底物　　　D. 金属离子
E. 别构剂

5. 酶的辅酶是
A. 与酶蛋白结合紧密的金属离子
B. 分子结构中不含维生素的大分子有机化合物
C. 在催化反应中不与酶的活性中心结合
D. 在反应中作为底物传递质子、电子或其他基团
E. 与酶蛋白共价结合成多酶体系

6. **不属于**作为辅因子的金属离子作用的是
A. 作为活性中心的必需基团，参与催化反应
B. 作为抑制剂，使酶促反应速率减慢
C. 作为连接酶与底物的桥梁，便于酶发挥作用
D. 稳定酶的空间结构
E. 中和阴离子，减少静电斥力

7. 酶的活性中心是指
A. 结合抑制剂使酶活性降低或丧失的部位
B. 结合底物并催化其转变为产物的部位
C. 结合别构剂并调节酶活性的部位
D. 结合激动剂使酶活性增强的部位
E. 酶的活性中心由催化基团和辅酶组成

8. 酶比一般催化剂反应效率高的机制是
A. 有效降低反应的活化能
B. 降低反应的自由能
C. 增加反应的自由能
D. 增加底物的热能
E. 降低产物的热能

9. 酶的特异性是指
A. 对所催化底物的选择性

B. 与辅酶的结合具有选择性

C. 催化反应的机制各不相同

D. 在细胞中有特殊的定位

E. 在特定条件下起催化作用

10. L-乳酸脱氢酶只催化 L-乳酸的脱氢反应，这种专一性是

A. 独立专一性   B. 相对专一性

C. 化学键专一性 D. 立体异构专一性

E. 化学基团专一性

11. K_m 值与底物亲和力的大小关系是

A. K_m 值越小，亲和力越大

B. K_m 值越大，亲和力越大

C. K_m 值的大小与亲和力无关

D. K_m 值越小，亲和力越小

E. $1/K_m$ 越小，亲和力越大

12. 酶促反应达最大速率的 80% 时，K_m 等于

A. [S]   B. 1/2 [S]

C. 1/3 [S]   D. 1/4 [S]

E. 1/5 [S]

13. 酶分子中能将底物转变为产物的是

A. 结合基团   B. 催化基团

C. 疏水基团   D. 必需基团

E. 亲水基团

14. 关于酶必需基团的叙述，正确的是

A. 都位于酶的活性中心

B. 维持酶一级结构所必需

C. 在一级结构上相距很近

D. 维持酶的活性所必需

E. 都位于酶的活性中心周围

15. 酶促反应动力学研究的是

A. 底物分子结构与酶促反应的关系

B. 酶的空间结构与酶促反应的关系

C. 影响酶电泳的因素

D. 不同酶分子间的协调关系

E. 酶促反应速率及其影响因素

16. 关于诱导契合学说，正确的是

A. 酶构象改变，底物构象不变

B. 底物与酶如同锁和钥匙的关系

C. 底物和酶的结构相互诱导、变形，构象匹配

D. 底物构象改变，酶构象不变

E. 使酶的结构与产物相互适应

17. 关于 K_m 的叙述，下列正确的是

A. 是当酶促反应速率为最大反应速率一半时的底物浓度

B. 是当酶促反应速率为最大反应速率一半时的酶浓度

C. 是指酶-底物复合物的解离常数

D. 与底物的种类无关

E. 与温度无关

18. 酶浓度与反应速率成正比的条件是

A. 酶的活性中心被底物所饱和

B. 反应速率达最大

C. 酶浓度远大于底物浓度

D. 底物浓度远大于酶浓度

E. 反应刚开始

19. 温度与酶促反应速率的关系曲线是

A. 直线   B. 矩形双曲线

C. 抛物线   D. 钟罩形曲线

E. S 形曲线

20. pH 与酶促反应速率关系的叙述，正确的是

A. 最适 pH 是酶的特征性常数

B. pH 与反应速率成正比

C. 人体内酶的最适 pH 均为 7.4

D. pH 对酶促反应影响不大

E. pH 影响酶分子和底物分子的解离程度

21. 米氏酶动力学曲线图为

A. 直线   B. 抛物线

C. 矩形双曲线   D. S 形曲线

E. 椭圆形曲线

22. 有关酶与温度的关系，错误的叙述是

A. 最适温度不是酶的特性常数

B. 酶是蛋白质，即使反应的时间很短也不能提高反应温度

C. 酶制剂应在低温下保存

D. 酶的最适温度与反应时间有关

E. 从生物组织中提取酶时应在低温下操作

23. 关于酶抑制剂的叙述，正确的是

A. 使酶变性而降低酶活性

B. 均与酶共价不可逆结合

C. 都与酶的活性中心结合

D. 除去可逆抑制剂后，酶活性可恢复

E. 凡能降低酶活性的物质均为酶的抑制剂

24. 有机磷农药中毒属于

A. 不可逆抑制作用

B. 竞争性抑制作用

C. 可逆抑制作用

D. 非竞争性可逆抑制作用

E. 反竞争性可逆抑制作用

25. 有机磷农药使下列哪种酶失活

A. 二氢叶酸合成酶 B. 二氢叶酸还原酶

C. 胆碱酯酶   D. 巯基酶

E. 碳酸酐酶

26. 对可逆抑制剂的描述，正确的是

A. 使酶变性的抑制剂

B. 抑制剂与酶共价结合

C. 抑制剂与酶非共价结合

D. 抑制剂与酶共价结合后用透析等物理方法不能解除抑制

E. 抑制剂与酶的别构基团结合，使酶的活性降低

27. 丙二酸对琥珀酸脱氢酶的抑制属于

A. 不可逆抑制　　　　B. 竞争性抑制

C. 非竞争性抑制　　　D. 反竞争性抑制

E. 反馈抑制

28. 磺胺类药物的类似物是

A. 叶酸

B. 对氨基苯甲酸（PAPB）

C. 谷氨酸

D. 甲氨蝶呤

E. 二氢叶酸

29. 磺胺类药物抑菌机制是抑制

A. 二氢叶酸还原酶　　B. 二氢叶酸合成酶

C. 四氢叶酸合成酶　　D. 四氢叶酸还原酶

E. 叶酸合成酶

30. 竞争性抑制剂对酶促反应的影响具有下列哪些特性

A. 表观 K_m ↓，V_{max} ↑

B. 表观 K_m 不变，V_{max} ↑

C. 表观 K_m ↑，V_{max} ↑

D. 表观 K_m ↓，V_{max} ↓

E. 表观 K_m ↑，V_{max} 不变

31. 酶原**没有**酶活性的原因是

A. 缺乏辅因子

B. 酶原没有糖基化

C. 活性中心未形成或未暴露

D. 活性中心的二硫键尚未形成

E. 亲水基团太分散

32. 使酶原激活的主要途径是

A. 化学修饰　　　　　B. 亚基的聚合与解离

C. 别构激活　　　　　D. 翻译后加工

E. 大多水解一个或几个特定的肽段

33. 关于别构酶别构调节的叙述，正确的是

A. 别构效应剂结合于酶的活性中心

B. 动力学曲线呈矩形双曲线

C. 正协同效应的底物浓度曲线呈 S 形

D. 别构效应的结果是使产物构象改变

E. 别构效应剂与酶分子的结合不可逆

34. 关于酶共价修饰调节的叙述，正确的是

A. 酶有无活性和有活性两种形式

B. 受共价修饰的酶不是别构酶

C. 酶经磷酸化后，活性都增加

D. 通过改变酶含量来改变酶活性

E. 修饰都是在酶的活性中心基团

35. 关于同工酶

A. 它们催化相同的化学反应

B. 它们的分子结构相同

C. 它们的理化性质相同

D. 它们催化不同的化学反应

E. 同工酶无器官特异性

36. 辅酶 $NADP^+$ 分子中含有哪种 B 族维生素

A. 磷酸吡哆醛

B. 核黄素

C. 叶酸

D. 烟酰胺（维生素 PP，维生素 B_3）

E. 硫胺素

37. 哺乳动物有几种乳酸脱氢酶同工酶

A. 2 种　　　　　B. 3 种　　　　　C. 4 种

D. 5 种　　　　　E. 6 种

38. 解释酶专一性较合理的学说是

A. 锁-钥学说　　　　B. 诱导契合学说

C. 化学偶联学说　　　D. 化学渗透学说

E. 中间产物学说

39. 酶受反竞争性抑制时动力学参数表现为

A. 表观 K_m ↑，V_{max} 不变

B. 表观 K_m ↑，V_{max} ↓

C. 表观 K_m 不变，V_{max} ↓

D. 表观 K_m ↓，V_{max} 不变

E. 表观 K_m ↓，V_{max} ↓

40. 以下哪项是酶的特征性常数

A. V_{max}　　　　B. 最适 pH　　　　C. K_m

D. T_m　　　　E. 最适温度

41. 乳酸脱氢酶以乳酸为底物时，$K_m=1/2[S]$，其反应速率（V）是 V_{max} 的

A. 67%　　　　B. 50%　　　　C. 9%

D. 33%　　　　E. 15%

42. 有关 pH 对酶促反应速率的影响，叙述**错误**的是

A. pH 改变可影响酶的解离状态

B. pH 改变可影响底物的解离状态

C. pH 改变可影响酶与底物的结合

D. 酶促反应速率最高时的 pH 为最适 pH

E. 最适 pH 是酶的特征性常数

43. 酶分子上必需基团的作用**不包括**

A. 与底物结合

B. 决定辅酶结构

C. 维持酶分子空间构象

D. 决定酶结构

E. 催化底物发生化学反应

44. 关于酶的竞争性抑制作用的特点，**不包括**

A. 抑制剂的结构与底物结构相似

B. 最大反应速率不变

C. K_m 增大

D. 最大反应速率降低

E. 增加底物浓度可降低或解除抑制作用

45. 关于别构酶的结构与功能特点，叙述**错误**的是

A. 由两个或两个以上的亚基组成

B. 分子中有调节亚基或调节部位

C. 催化反应动力学曲线呈 S 形

D. 别构剂可调节其活性

E. 大多数调节亚基与催化亚基是同一亚基

46. 酶与一般催化剂的不同点，**不包括**

A. 酶可以改变反应的平衡常数

B. 极高的催化效率

C. 高度专一性

D. 对反应环境的高度不稳定性

E. 酶活性的可调节性

47. 分别在心肌和骨骼肌中的 LDH_1 和 LDH_5 属于

A. 异构酶　　　　　B. 别构酶

C. 共价修饰酶　　　D. 同工酶

E. 酶原

48. 含 LDH_1 丰富的组织是

A. 肝细胞　　　　　B. 心肌

C. 肾组织　　　　　D. 骨骼肌

E. 脑组织

49. 下列哪一项**不可能**引起 LDH_5 明显升高

A. 肝硬化　　　　　B. 病毒性肝炎

C. 肌萎缩　　　　　D. 原发性肝癌

E. 贫血

50. 酶制品一般在下列哪种温度下保存

A. 4℃　　　　　　B. 10℃

C. 室温　　　　　　D. −20℃

E. −70℃

51. 发生心肌梗死时，比例大大升高的乳酸脱氢酶的同工酶是

A. LDH_1　　　　　B. LDH_2

C. LDH_3　　　　　D. LDH_4

E. LDH_5

52. 辅酶多为维生素的衍生物，下列哪一组是正确的

A. 生物素-维生素 B_2

B. 磷酸吡哆醛-维生素 B_6

C. 四氢叶酸-维生素 B_{12}

D. NAD^+-维生素 B_2

E. FAD-辅酶 Q

53. 酶在医学领域的作用**不涉及**

A. 治疗疾病

B. 诊断疾病

C. 检测血浆中某些成分

D. 防治血栓的形成

E. 分子杂交

54. 酶活性中心的常见基团**不包括**

A. 组氨酸残基的咪唑基

B. 丝氨酸残基的羟基

C. 半胱氨酸残基的巯基

D. 谷氨酸残基的 γ-羧基

E. 丙氨酸残基的甲基

（二）A_2 型选择题

1. 某老年患者因心绞痛入院检查 LDH 同工酶，发现其中 LDH_1 显著增高，提示该患者最可能的病变脏器是

A. 肾脏　　　　　　B. 心肌

C. 肝脏　　　　　　D. 肺

E. 胰腺

2. 患者，男，8 小时前饮酒后出现上腹绞痛，向肩背部放射，急诊入院，根据症状和主诉怀疑为急性胰腺炎，最具提示诊断意义的实验室检查是

A. 血清脂肪酶测定　　B. 尿淀粉酶测定

C. 血清钙测定　　　　D. 白细胞计数

E. 血清淀粉酶测定

3. 胰腺分泌的胰蛋白酶原无催化活性。分泌到小肠后，受肠激酶作用，胰蛋白酶原 N 端的 6 肽被切除，变为有分解蛋白质活性的胰蛋白酶，对这一过程的正确解释为

A. 肠激酶与胰酶的调节部位结合

B. 胰酶获得新的必需集团

C. 肠激酶使酶原磷酸化

D. 胰蛋白酶活性中心的形成

E. N 端切除 6 肽，胰酶活性更高

4. 患者，男，29 岁。因参加某地大胃王比赛，进食大量食物后发生上腹部疼痛。入院查血淀粉酶 700U/dl，诊断为急性胰腺炎，既往病史为胆结石。治疗后痊愈出院，现对其进行健康教育的内容**不恰当**的是

A. 定期预防性服用抑肽酶
B. 忌食油腻刺激性食物
C. 避免暴饮暴食
D. 避免酗酒
E. 积极治疗胆结石

5. 在一酶反应体系中，若有抑制剂（I）存在时，最大反应速率为 V_{max} [I]，没有 I 存在时，最大反应速率为 V_{max}，若 V_{max} [I]=V_{max}，则 I 可能为
A. 反竞争性抑制剂
B. 不可逆抑制剂
C. 非竞争性抑制剂
D. 竞争性抑制剂
E. 混合性抑制剂

（三）B₁ 型选择题

A. 直线
B. 钟罩形曲线
C. S 形曲线
D. 椭圆形曲线
E. 矩形双曲线

1. 温度与反应速率的关系曲线一般是
2. 底物浓度与反应速率的关系曲线是

A. 解磷定
B. 二巯基丙醇
C. 增加底物浓度
D. 增加酶浓度
E. 降低底物浓度

3. 可解除有机磷化合物对羟基酶抑制的是
4. 可解除重金属盐巯基酶抑制的是

A. 底物浓度
B. 酶浓度
C. pH
D. 激活剂
E. 抑制剂

5. 影响酶分子极性基团解离的是
6. 使酶活性增加的是

A. K_m
B. 酶活性单位
C. 酶的转换数
D. V_{max}
E. 酶的速度

7. 可以反映酶对底物亲和力的是
8. 单位时间内生成一定量的产物所需的酶量为

A. 大多数酶发生不可逆变性
B. 酶促反应速率最大
C. 多数酶开始变性
D. 温度增高，反应速率不变
E. 活性降低，但未变性

9. 环境温度大于 80℃时
10. 酶在 0℃时

二、填空题

1. 酶分子中，只由一条多肽链构成的酶称为_____。
2. 酶分子中，由几种不同功能的酶彼此聚合形成的多酶复合物称为_____。
3. 酶根据其组成不同可分为单纯酶和_____两类。
4. 根据与酶蛋白结合的紧密程度不同，辅因子分为辅基和_____。
5. 与酶蛋白结合紧密的辅因子是_____。
6. 缀合酶由酶蛋白和_____两部分构成，二者结合成的复合物又称全酶。
7. 在缀合酶中，决定反应特异性的是_____。
8. 在缀合酶中，决定酶促反应的种类和性质的是_____。
9. 酶分子中与酶的活性密切相关的基团称作酶的_____基团。
10. 活性中心内的必需基团包括结合基团和_____两种。
11. 活性中心内的必需基团，能与底物相结合的是_____基团。
12. 活性中心内的必需基团，能催化底物发生反应并将底物转变为产物的是_____基团。
13. 单底物酶促反应速率与底物浓度的关系，可用_____学说来解释。
14. 米氏常数等于酶促反应速率为最大反应速率一半时的_____浓度。
15. 米氏常数可反映酶与底物亲和力的大小，K_m 越小，酶与底物的亲和力越_____。
16. 酶对底物具有极高的催化效率，原因是酶能显著降低反应的_____。
17. 磺胺类药的结构与_____结构相似，它可以竞争性地抑制细菌体内的酶。
18. 根据抑制剂与酶作用方式的不同，酶的抑制作用分为可逆抑制和_____抑制。
19. 酶的可逆抑制作用又分为_____、非竞争性抑制和反竞争性抑制。
20. 有机磷化合物使胆碱酯酶失活的抑制作用属于酶的_____抑制。
21. 非竞争性抑制作用中，抑制剂既可以与酶结

合，又可与＿＿＿＿＿＿＿＿＿＿＿结合。

22. 非竞争性抑制作用中，表观 K_m＿＿＿＿＿＿＿＿＿，V_{max} 减小。

23. 新生无活性酶前体称＿＿＿＿＿＿＿＿。

24. 同工酶催化＿＿＿＿＿＿＿＿＿＿化学反应，而酶蛋白结构与理化性质均不同。

三、名词解释

1. 酶
2. 酶的活性中心
3. 必需基团
4. 酶原
5. 酶原的激活
6. 同工酶
7. 竞争性抑制作用
8. 核酶
9. K_m
10. V_{max}

四、简答题

1. 什么是酶作用的特异性？根据酶对底物选择的严格程度，酶的特异性分为几种？
2. 何谓全酶、酶蛋白和辅因子？在催化化学反应中各起什么作用？
3. 什么是酶原？什么是酶原的激活？有何生理意义？
4. 简述温度对酶促反应速率的影响。
5. 简述 pH 对酶促反应速率的影响。

五、论述题

1. 底物浓度是如何影响酶促反应速率的？什么是米氏方程和米氏常数？米氏常数的意义是什么？
2. 什么是酶的竞争性抑制作用？试用竞争性抑制作用原理阐明磺胺类药物能抑制细菌生长的机制。

参 考 答 案

一、选择题

（一）A₁ 型选择题

1.C 2.C 3.C 4.A 5.D 6.B 7.B
8.A 9.A 10.D 11.A 12.D 13.B 14.D
15.E 16.C 17.A 18.D 19.D 20.E 21.C
22.B 23.D 24.A 25.C 26.C 27.A 28.B
29.B 30.E 31.C 32.E 33.C 34.A 35.A
36.D 37.D 38.B 39.E 40.C 41.A 42.E
43.B 44.D 45.E 46.A 47.D 48.B 49.E
50.A 51.A 52.B 53.E 54.E

（二）A₂ 型选择题

1.B 2.E 3.D 4.A 5.D

（三）B₁ 型选择题

1.B 2.E 3.A 4.B 5.C 6.D 7.A 8.B
9.A 10.E

二、填空题

1. 单体酶
2. 寡聚酶
3. 缀合酶
4. 辅酶
5. 辅基
6. 辅因子
7. 酶蛋白
8. 辅因子
9. 必需
10. 催化基团
11. 结合
12. 催化
13. 酶-底物中间复合物
14. 底物
15. 大
16. 活化能
17. 对氨基苯甲酸
18. 不可逆
19. 竞争性抑制
20. 不可逆
21. 酶-底物复合物（ES）
22. 不变
23. 酶原
24. 相同

三、名词解释

1. 酶：催化特定反应的蛋白质，是一种生物催化剂。酶能通过降低反应活化能加快反应速率，但不改变反应的平衡点。酶具有催化效率高、专一性强、作用条件温和等特点。

2. 酶的活性中心：酶分子中能与底物特异地结合并催化底物转变成产物，具有特定三维结构的区域称为酶的活性中心。

3. 必需基团：酶分子中与酶活性密切相关的化学基团，必需基团可以位于活性中心内，也可以位于酶的活性中心外。

4. 酶原：有些酶在细胞内合成或初分泌、或在其发挥催化功能前处于无活性状态，这种无活性的酶的前体称作酶原。

5. 酶原的激活：在一定条件下，酶原向有催化活性的酶的转变过程称为酶原的激活。

6. 同工酶：催化的化学反应相同，但酶分子结构、理化性质及免疫学特性不同的一组酶。

7. 竞争性抑制作用：抑制剂和酶的底物在结构上相似，可与底物竞争酶的活性中心，阻碍底物与酶的结合，使酶活性降低，这种抑制作用称为竞争性抑制作用。

8. 核酶：具有催化功能的 RNA 分子。它的发现打破了酶都是蛋白质的传统观念。

9. K_m：米氏常数，K_m 值等于酶促反应速率为最大反应速率一半时的底物浓度。

10. V_{max}：最大反应速率，是酶被底物完全饱和时的反应速率。

四、简答题

1. 什么是酶作用的特异性？根据酶对底物选择的严格程度，酶的特异性分为几种？

酶对其所催化的底物具有严格的选择性。即一种酶仅作用于一种或一类化合物，或一定的化学键，催化一定的化学反应并产生一定的产物，酶的这种特性称为酶的特异性，又称酶的专一性。根据酶对底物选择的严格程度，酶的特异性分为绝对特异性和相对特异性。绝对特异性：有的酶只作用于特定结构的底物分子，进行一种专一的反应，生成一种特定结构的产物。相对特异性：有些酶对底物的特异性不是依据整个底物分子结构，而是依据底物分子中特定的化学键或特定的基团，因而可以作用于含有相同化学键或化学基团的一类化合物。

2. 何谓全酶、酶蛋白和辅因子？在催化化学反应中各起什么作用？

全酶即指缀合酶，由酶蛋白和辅因子构成。酶蛋白指全酶中的蛋白质部分。辅因子指全酶中的非蛋白质部分。在催化反应中，只有全酶才表现有催化作用，其中酶蛋白决定反应的特异性，辅因子决定反应的类型，即起递氢、递电子和转移某些基团的作用。

3. 什么是酶原？什么是酶原的激活？有何生理意义？

有些酶在细胞内合成或初分泌，或在其发挥催化功能前处于无活性状态，这种无活性的酶的前体称作酶原。在一定条件下，酶原向有催化活性的酶的转变过程称为酶原的激活。生理意义：消化道蛋白酶以酶原形式分泌可避免胰腺的自身消化和细胞外基质蛋白遭受蛋白酶的水解破坏，同时还能保证酶在特定环境和部位发挥其催化作用，此外也可以看成是酶的储存形式。

4. 简述温度对酶促反应速率的影响。

酶是生物催化剂，其本质是蛋白质。温度对酶促反应具有双重影响，升高温度一方面可加快酶促反应速率，另一方面也增加酶变性的机会。大多数酶在 60℃ 时开始变性，80℃ 时多数酶的变性已不可逆。酶促反应速率达最大时的反应系统的温度称为酶的最适温度。

5. 简述 pH 对酶促反应速率的影响。

酶分子中的许多极性基团，在不同的 pH 条件下解离状态不同，酶活性中心的某些必需基团往往仅在某一解离状态时才容易同底物结合或具有最大的催化活性。许多具有可解离基团的底物和辅酶的荷电状态也受 pH 改变的影响，从而影响对它们的亲和力。此外，pH 还可影响酶活性中心的空间构象，从而影响酶的活性。

五、论述题

1. 底物浓度是如何影响酶促反应速率的？什么是米氏方程和米氏常数？米氏常数的意义是什么？

酶促反应体系中酶浓度、pH 和温度等恒定条件下，底物浓度不同，反应速率也不同，二者的关系呈矩形双曲线。即当底物浓度很低时，反应速率随着底物浓度的增加而升高。当底物浓度较高时，反应速率增高的趋势逐渐缓和；当底物浓度增加至一定值时，反应速率趋于恒定，达最大反应速度。

米夏埃利斯、门藤根据底物浓度对酶促反应速率的影响，推导出一个数学公式，即米氏方程：$V = V_{max}[S]/K_m+[S]$，米氏方程中的 K_m 称为米氏常数。

米氏常数的意义：① K_m 系反应速率为最大反应速率一半时的底物浓度。② K_m 是酶的特征性常数，每一种酶都有它的 K_m。K_m 只与酶的结构、底物有关，不受酶浓度的影响。③ K_m 可以表示酶与底物的亲和力，K_m 越小，则酶与底物的亲和力越大。

2. 什么是酶的竞争性抑制作用？试用竞争性抑制作用原理阐明磺胺类药物能抑制细菌生长的机制。

酶的竞争性抑制作用：抑制剂和酶的底物在结构上相似，可与底物竞争结合酶的活性中心，从而阻碍酶与底物结合形成中间产物，这种抑制作用称为竞争性抑制作用。磺胺类药物抑制某些细菌的生长，是因为对磺胺类药物敏感的细菌，其生长需要以对氨基苯甲酸等为底物合成叶酸，而磺胺类药物的结构与对氨基苯甲酸相似，可竞争性地抑制细菌二氢叶酸合成酶，阻碍二氢叶酸的合成，进而影响四氢叶酸的合成，导致细菌体内核苷酸和核酸代谢受阻而抑制其生长繁殖。人类能直接利用食物中的叶酸，核酸的合成不受磺胺类药物的干扰。

（陈　艳　郝文汇　卢锡锋）

第三章 糖 代 谢

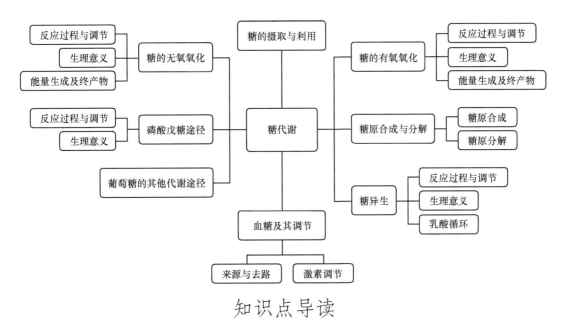

知识点导读

糖类是人体最主要的供能物质，其代谢过程包括糖的无氧氧化、有氧氧化、磷酸戊糖途径、糖原的合成与分解及糖异生途径。

糖的无氧氧化（anaerobic oxidation of glucose）是指葡萄糖或糖原在无氧条件下分解生成乳酸并释放出少量能量的过程。反应在细胞质中进行，葡萄糖在一系列酶的催化下，分解为丙酮酸，丙酮酸再加氢还原为乳酸。糖的无氧氧化过程有三步单向不可逆的限速步骤，催化这3步反应的酶是关键酶（己糖激酶、磷酸果糖激酶-1、丙酮酸激酶）；整个反应过程有两次底物水平磷酸化（substrate phosphorylation）（1,3-二磷酸甘油酸→3-磷酸甘油酸，磷酸烯醇式丙酮酸→丙酮酸），共生成4分子ATP，由于消耗2分子ATP，净生成2分子ATP。其生理意义：在无氧或缺氧条件下，迅速为机体提供能量，如骨骼肌在剧烈运动时的相对缺氧，从平原进入高原初期、大量失血、呼吸障碍等所致的缺氧；在有氧条件下，也可作为某些组织细胞主要的供能途径，如皮肤细胞、成熟红细胞及视网膜细胞等。

糖的有氧氧化（aerobic oxidation of glucose）是指葡萄糖在有氧条件下彻底氧化分解，生成CO_2和H_2O，并释放出大量能量的过程，是糖在体内分解供能的主要途径。反应在细胞质和线粒体内进行，代谢途径可分为三个阶段：①葡萄糖经糖酵解（glycolysis）途径生成丙酮酸。1分子葡萄糖可生成2分子丙酮酸，净生成2分子ATP，2分子$NADH+H^+$。$NADH+H^+$在有氧条件下可进入线粒体通过呼吸链产能，可得到2×1.5分子或2×2.5分子ATP，故第一阶段可净生成5分子或7分子ATP。②丙酮酸进入线粒体，在丙酮酸脱氢酶复合体的催化下氧化脱羧生成$NADH+H^+$和乙酰CoA。此阶段可产生2分子$NADH+H^+$，通过氧化呼吸链产生5（2×2.5）分子ATP。③乙酰CoA经三羧酸循环［tricarboxylic acid cycle，TAC，又称柠檬酸循环（citric acid cycle）］和呼吸链彻底氧化分解为CO_2和H_2O。每一轮循环中有4次脱氢，生成3分子$NADH+H^+$和1分子$FADH_2$，以及1次底物水平磷酸化，生成1分子鸟苷三磷酸/腺苷三磷酸（GTP/ATP），最终产能共为10（2.5×3+1.5+1）分子ATP；由于1分子葡萄糖可产生2分子乙酰CoA，故此阶段可生成20分子ATP。1分子葡萄糖经过有氧氧化，彻底分解成CO_2和H_2O，共生成30/32分子ATP。三羧酸循环的特点：①循环是在线粒体中进行的不可逆反应，每完成一次循环，可生成10分子

ATP；②循环的中间产物既不能通过此循环反应生成，也不被此循环反应所消耗；③每一轮循环有 4 次脱氢、2 次脱羧反应。三羧酸循环的关键酶是柠檬酸合酶、异柠檬酸脱氢酶和 α-酮戊二酸脱氢酶复合体。三羧酸循环的生理意义：一是糖、脂、蛋白质氧化分解供能的共同途径；二是糖、脂、蛋白质代谢联系的枢纽。有氧氧化的调节主要是丙酮酸脱氢酶复合体受乙酰 CoA、ATP 和 NADH+H⁺的别构抑制，受 AMP、ADP 和 NAD⁺的别构激活；异柠檬酸脱氢酶是调节三羧酸循环速率的主要因素之一，ATP 是其别构抑制剂，AMP 和 ADP 是其别构激活剂。

磷酸戊糖途径（pentose phosphate pathway）是指从葡萄糖-6-磷酸脱氢酶脱氢反应开始，经一系列代谢反应生成磷酸戊糖等中间代谢物，然后再进入糖酵解途径的一条代谢旁路途径。该途径的重要中间代谢产物是 5-磷酸核糖和还原型烟酰胺腺嘌呤二核苷酸磷酸（NADPH）+H⁺。关键酶是葡萄糖-6-磷酸脱氢酶。其生理意义是提供了 NADPH+H⁺及 5-磷酸核糖，NADPH+H⁺可作为供氢体参与体内许多反应，5-磷酸核糖为合成核苷酸和核酸提供原料。

糖原是由许多葡萄糖分子聚合而成的带有分支的高分子多糖。糖原分子的直链部分是通过 α-1,4-糖苷键而将葡萄糖残基连接起来，其支链部分则是借 α-1,6-糖苷键形成分支。糖原包括肝糖原和肌糖原，肝糖原是血糖的重要来源，而肌糖原主要为肌收缩提供急需的能量。糖原的合成与分解代谢主要发生在肝和肌细胞的细胞质中。糖原合成（glycogenesis）是葡萄糖先磷酸化为葡萄糖-6-磷酸，再经变位生成葡萄糖-1-磷酸，由后者生成尿苷二磷酸葡萄糖（UDPG），UDPG 是葡萄糖的活性供体，经糖原合酶（关键酶）作用将葡萄糖基转给糖原引物合成糖原，分支酶参与支链的形成。肝糖原分解（glycogenolysis）是肝糖原在磷酸化酶作用下生成葡萄糖-1-磷酸，再转变为葡萄糖-6-磷酸，后者由葡萄糖-6-磷酸酶水解成葡萄糖释放入血。肌肉组织中缺乏葡萄糖-6-磷酸酶，故肌糖原不能直接分解成葡萄糖。糖原分解的关键酶是糖原磷酸化酶，并需脱支酶协助。糖原合成与分解的生理意义是贮存能量及调节血糖浓度。胰高血糖素和肾上腺素等可调节糖原合酶及磷酸化酶的活性，从而升高血糖。

糖异生（gluconeogenesis）是由非糖物质转变为葡萄糖或糖原的过程，糖异生的主要器官是肝脏，肾脏的糖异生能力较弱，在线粒体和细胞质进行。糖异生的原料主要来自生糖氨基酸、甘油和乳酸。反应过程主要沿糖酵解途径逆行，但由于糖酵解有三步反应（己糖激酶、磷酸果糖激酶-1、丙酮酸激酶所催化）不可逆，故需由葡萄糖-6-磷酸酶、果糖二磷酸酶-1、丙酮酸羧化酶、磷酸烯醇式丙酮酸羧激酶催化的反应完成。糖异生的生理意义是在饥饿情况下维持血糖浓度的相对恒定，补充肝糖原，乳酸分子的再利用及调节酸碱平衡等。

血液中的葡萄糖称为血糖。正常空腹血糖浓度为 3.9～6.1mmol/L，其来源与去路的动态平衡决定血糖浓度的相对恒定。血糖的主要来源：食物消化吸收的葡萄糖，肝糖原的分解，糖异生作用。血糖的主要去路：氧化分解供能，合成糖原，转变为其他糖类、脂肪或氨基酸等。调节血糖浓度相对恒定的主要因素：①组织器官的调节（主要由肝来完成）；②激素的调节：胰岛素通过促进糖原合成、糖的氧化、糖变成脂肪并抑制糖异生等作用，降低血糖浓度。若胰岛素分泌或信号传递障碍，可引起血糖持续升高，超过肾糖阈并由尿排出可导致糖尿病的发生。胰高血糖素、肾上腺素、糖皮质激素、生长激素、甲状腺激素等通过增加来源和减少去路升高血糖浓度。

本 章 习 题

一、选择题

（一）A₁型选择题

1. 下列物质除哪一种外其余均可被人体消化
A. 淀粉
B. 纤维素
C. 糖原
D. 乳糖
E. 蔗糖

2. 糖酵解时哪一对代谢物提供磷酸基团使 ADP 生成 ATP
A. 3-磷酸甘油醛及磷酸烯醇式丙酮酸
B. 1,3-二磷酸甘油酸及磷酸烯醇式丙酮酸
C. 葡萄糖-1-磷酸及 1,6-二磷酸果糖
D. 葡萄糖-6-磷酸及 2-磷酸甘油酸
E. 3-磷酸甘油醛及 1,3-二磷酸甘油酸

3. 低血糖时首先受影响的器官是

A. 心 B. 脑
C. 肾 D. 肝
E. 胰

4. 下列选项中降低血糖的激素是
A. 肾上腺素 B. 胰岛素
C. 胰高血糖素 D. 生长素
E. 糖皮质激素

5. 饥饿 3 天时血糖的主要来源是
A. 肠道吸收 B. 肝糖原分解
C. 肌糖原分解 D. 肾小管重吸收
E. 糖异生

6. 葡萄糖-6-磷酸脱氢酶的辅酶是
A. FMN B. FAD
C. NAD^+ D. $NADP^+$
E. TPP

7. 谷胱甘肽（GSH）还原酶的辅酶是
A. $NADH+H^+$ B. FMN
C. FAD D. $NADPH+H^+$
E. GSH

8. 糖的有氧氧化、糖酵解、糖原合成与分解的交叉点是
A. 3-磷酸甘油醛 B. G-1-P
C. G-6-P D. 丙酮酸
E. 烯醇式丙酮酸

9. 丙酮酸羧化酶催化丙酮酸羧化的产物是
A. 柠檬酸 B. 乙酰乙酸
C. 天冬氨酸 D. 草酰乙酸
E. 烯醇式丙酮酸

10. 糖酵解的终产物是
A. 丙酮酸 B. CO_2 和 H_2O
C. 乙酰 CoA D. 乳酸
E. 乙醇

11. 关于糖酵解的叙述**错误**的是
A. 在细胞质中进行
B. 净生成 2 个或 3 个 ATP
C. 在有氧情况下，红细胞获得能量的主要方式
D. 它的完成需要有线粒体内酶的参与
E. 它的终产物是丙酮酸

12. 1mol 葡萄糖经糖酵解净生成 ATP 的摩尔数是
A. 1 B. 2
C. 3 D. 4
E. 5

13. 下列**除**哪一项**外**，其余都是胰岛素的作用
A. 促进糖的氧化
B. 促进糖转变成脂肪
C. 抑制糖异生

D. 抑制血糖进入肌肉、脂肪组织细胞内
E. 促进肝葡糖激酶活性

14. 巴斯德效应是指氧供给充足时
A. 糖酵解与有氧氧化独立进行
B. 糖酵解与有氧氧化均增强
C. 糖酵解抑制糖的有氧氧化
D. 糖的有氧氧化增强时抑制糖无氧氧化
E. 糖酵解与三羧酸循环同时进行

15. 1mol 乙酰 CoA 在线粒体内彻底氧化能生成
A. 2mol CO_2 B. 2mol H_2O
C. 12.5mol ATP D. 5mol $NADH+H^+$
E. 2mol $FADH_2$

16. 葡萄糖-6-磷酸酶主要分布于下列哪一器官
A. 肾 B. 肝 C. 肌肉
D. 脑 E. 心

17. **不参与**糖酵解途径的酶是
A. 己糖激酶 B. 醛缩酶
C. 烯醇化酶 D. 丙酮酸激酶
E. 磷酸烯醇式丙酮酸羧激酶

18. 关于三羧酸循环过程的叙述正确的是
A. 循环 1 周可生成 4 个 $NADH+H^+$
B. 循环 1 周可从 ADP 生成 2 个 ATP
C. 乙酰 CoA 经三羧酸循环转变为草酰乙酸后可进行糖异生
D. 丙二酸抑制延胡索酸转变为苹果酸
E. 琥珀酰 CoA 是 α-酮戊二酸变为琥珀酸时的中间产物

19. 三羧酸循环和有关的呼吸链反应中产生 ATP 最多的步骤是
A. 柠檬酸→异柠檬酸
B. 异柠檬酸→ α-酮戊二酸
C. 琥珀酸→苹果酸
D. α-酮戊二酸→琥珀酸
E. 苹果酸→草酰乙酸

20. 合成糖原时，葡萄糖供体是
A. 葡萄糖-1-磷酸 B. CDPA
C. 葡萄糖-6-磷酸 D. GDPG
E. UDPG

21. 下列酶中，哪一个与丙酮酸生成糖**无关**
A. 果糖二磷酸酶 B. 丙酮酸激酶
C. 磷酸甘油变位酶 D. 烯醇化酶
E. 醛缩酶

22. 下列酶中哪一个直接参与底物水平磷酸化
A. α-酮戊二酸脱氢酶
B. 3-磷酸甘油醛脱氢酶
C. 琥珀酸脱氢酶

D. 葡萄糖-6-磷酸脱氢酶

E. 磷酸甘油酸激酶

23. 丙酮酸氧化脱羧生成乙酰 CoA 与许多维生素有关,但**除外**

A. 维生素 B_1 B. 维生素 B_2

C. 维生素 B_6 D. 维生素 PP

E. 泛酸

24. 在糖原合成中每加上 1 个葡萄糖残基需消耗高能键的数目是

A. 2   B. 3

C. 4   D. 5

E. 6

25. 下列哪种物质能进行底物水平磷酸化

A. 1,3-二磷酸甘油酸   B. α-酮戊二酸

C. 乙酰 CoA   D. 1,6-二磷酸果糖

E. 烯醇式丙酮酸

26. 下列哪种物质含高能磷酸键

A. 烯醇式丙酮酸   B. 2,3-二磷酸甘油酸

C. 葡萄糖-6-磷酸   D. 葡萄糖-1-磷酸

E. 磷酸烯醇式丙酮酸

27. 调节三羧酸循环运转的主要酶之一是

A. 丙酮酸脱氢酶

B. 延胡索酸酶

C. 苹果酸脱氢酶

D. α-酮戊二酸脱氢酶复合体

E. 琥珀酸脱氢酶

28. FAD 是下列哪种酶的辅基

A. 乳酸脱氢酶

B. 苹果酸脱氢酶

C. 葡萄糖-6-磷酸脱氢酶

D. 琥珀酸脱氢酶

E. 异柠檬酸脱氢酶

29. 三羧酸循环中发生脱羧反应的有机酸是

A. 柠檬酸   B. 异柠檬酸

C. 苹果酸   D. 琥珀酸

E. 延胡索酸

30. 下列酶中,哪一个催化的是可逆反应

A. 糖原磷酸化酶   B. 己糖激酶

C. 果糖二磷酸酶   D. 磷酸甘油酸激酶

E. 丙酮酸激酶

31. 红细胞中还原型谷胱甘肽不足而引起溶血,原因是**缺乏**

A. 葡萄糖-6-磷酸酶

B. 果糖二磷酸酶

C. 磷酸果糖激酶

D. 葡萄糖-6-磷酸脱氢酶

E. 葡糖激酶

32. 调节糖酵解速度最主要的关键酶是

A. 己糖激酶   B. 葡糖激酶

C. 丙酮酸激酶   D. 3-磷酸甘油醛脱氢酶

E. 磷酸果糖激酶-1

33. 乳酸能在哪些组织器官中异生成糖

A. 肝、脾   B. 肝、肾

C. 心、肝   D. 心、肾

E. 脾、肾

34. 下列哪种酶在糖酵解和糖异生两条途径中都起作用

A. 丙酮酸激酶

B. 己糖激酶

C. 果糖二磷酸酶-1

D. 3-磷酸甘油醛脱氢酶

E. 丙酮酸羧化酶

35. 下列哪种酶是糖原分解与糖原合成途径的共同酶

A. 葡萄糖-6-磷酸酶   B. 己糖激酶

C. 脱支酶   D. 分支酶

E. 磷酸葡萄糖变位酶

36. 关于磷酸戊糖途径的叙述正确的是

A. 反应全过程在线粒体中进行

B. 存在于任何组织中

C. 产生 $NADPH + H^+$ 和磷酸核糖

D. 糖主要通过此途径进行分解

E. 以上都不是

37. 在糖原分解过程中下列哪种酶**没有**参与

A. 磷酸葡萄糖变位酶

B. 脱支酶

C. 磷酸化酶

D. 葡萄糖-6-磷酸酶

E. 己糖激酶

38. 下列过程哪个只在线粒体中进行

A. 磷酸戊糖途径

B. 2,3-二磷酸甘油酸支路

C. 糖酵解

D. 丙酮酸→草酰乙酸

E. 草酰乙酸→磷酸烯醇式丙酮酸

39. 1mol 乙酰 CoA 在线粒体内彻底氧化能生成

A. 3mol CO_2 B. 2mol H_2O

C. 12.5mol ATP   D. 5mol $NADH + H^+$

E. 10mol ATP

40. 在有氧条件下,线粒体内下述反应中能产生 $FADH_2$ 的步骤是

A. 琥珀酸→延胡索酸

B. 异柠檬酸→α-酮戊二酸

C. α-酮戊二酸→琥珀酰 CoA

D. 苹果酸→草酰乙酸

E. 琥珀酰 CoA →琥珀酸

41. 下列有关糖的有氧氧化的说法**不正确**的是

A. 反应的部位是细胞质和线粒体

B. 在有氧条件下

C. 葡萄糖最终氧化成 H_2O 和 CO_2

D. 葡萄糖转变成乙酰 CoA 在细胞质进行

E. 丙酮酸彻底氧化需进入线粒体

42. 下列关于糖原的说法**不正确**的是

A. 肌糖原不能补充血糖

B. 肝糖原是空腹血糖的主要来源

C. 肌糖原主要供肌肉收缩时能量的需要

D. 肝和肌肉是贮存糖原的主要器官

E. 糖原合成和分解是可逆过程

43. 合成肌糖原的原料是

A. 果糖　　　　　B. 半乳糖

C. 葡萄糖　　　　D. 乳糖

E. 甘露糖

44. 果糖二磷酸酶-1 催化下列哪种反应

A. 6-磷酸果糖 $+H_2O$ → 1,6-双磷酸果糖 $+ADP$

B. 1,6-双磷酸果糖 $+H_2O$ → 6-磷酸果糖 $+P_i$

C. 2,6-双磷酸果糖 $+H_2O$ → 6-双磷酸果糖 $+P_i$

D. 6-磷酸果糖 $+ATP$ → 2,6-双磷酸果糖 $+ADP$

E. 葡萄糖-6-磷酸 → 6-磷酸果糖

45. 关于磷酸果糖激酶-1 的说法除哪项外，都是正确的

A. 是酵解途径最重要的一个关键酶

B. 是一个别构酶

C. 其别构抑制剂是 ATP 和柠檬酸

D. 其别构激活剂是 AMP、ADP、1,6-双磷酸果糖及 2,6-双磷酸果糖

E. ATP/AMP 值增高可使其活性增高

46. 有关 $NADPH+H^+$ 的叙述**不正确**的是

A. 可通过电子传递链氧化释出能量

B. 是脂肪酸、胆固醇、非必需氨基酸等合成的供氢体

C. 参与体内羟化反应

D. 维持谷胱甘肽还原状态

E. 微粒体依赖 P_{450} 的单加氧酶复合体需 $NADPH+H^+$

47. 正常人体内含糖原总量最多的组织器官是

A. 肾　　　　　　B. 脑

C. 红细胞　　　　D. 肝

E. 骨骼肌

48. 有关糖原合成下列说法**不正确**的是

A. 需 α-1,4-多聚葡萄糖作为引物

B. UDPG 与引物非还原端形成 α-1,4-糖苷键

C. 糖原合酶是关键酶

D. 消耗 ATP 和尿苷三磷酸（UTP）

E. 胰岛素对糖原合酶有抑制作用

49. 有关肝糖原的合成、分解下列**不正确**的是

A. 糖原合成和分解的关键酶是磷酸葡萄糖变位酶

B. 糖原合成和分解都是从糖原引物的非还原端开始

C. 磷酸化酶磷酸化后活性增强

D. 糖原合酶磷酸化后失去活性

E. 磷酸化酶和糖原合酶的磷酸化同时受胰高血糖素、肾上腺素等激素的调节

50. 葡萄糖与甘油之间的代谢中间产物是

A. 丙酮酸　　　　B. 3-磷酸甘油酸

C. 磷酸二羟丙酮　D. 磷酸烯醇式丙酮酸

E. 乳酸

51. 肌肉组织缺乏哪种酶

A. 己糖激酶

B. 磷酸果糖激酶

C. 葡萄糖-6-磷酸酶

D. 乳酸脱氢酶

E. 磷酸葡萄糖变位酶

52. 动物饥饿后摄食，其肝细胞主要的糖代谢途径是

A. 糖异生　　　　B. 糖有氧氧化

C. 糖酵解　　　　D. 糖原分解

E. 磷酸戊糖途径

53. 三羧酸循环中哪一个化合物前后各生成一分子 CO_2

A. 柠檬酸　　　　B. 乙酰 CoA

C. 琥珀酸　　　　D. α-酮戊二酸

E. 延胡索酸

54. 三羧酸循环中发生底物水平磷酸化的化合物是

A. α-酮戊二酸　　B. 琥珀酸

C. 琥珀酰 CoA　　D. 苹果酸

E. 延胡索酸

55. 下列进行底物水平磷酸化的反应是

A. 葡萄糖→葡萄糖-6-磷酸

B. 6-磷酸果糖→ 1,6-二磷酸果糖

C. 3-磷酸甘油醛→ 1,3-二磷酸甘油酸

D. 琥珀酰 CoA →琥珀酸

E. 丙酮酸→乙酰 CoA

56. 乳酸循环所需的 NADH+H⁺ 主要来自
A. 三羧酸循环过程中产生的 NADH+H⁺
B. 脂肪酸 β 氧化过程中产生的 NADH+H⁺
C. 糖酵解过程中 3-磷酸甘油醛脱氢产生的 NADH+H⁺
D. 磷酸戊糖途径产生的 NADPH+H⁺ 经转氢生成的 NADH+H⁺
E. 谷氨酸脱氢产生的 NADH+H⁺

57. 参与三羧酸循环酶的正确叙述是
A. 主要位于线粒体外膜
B. Ca²⁺ 可抑制其活性
C. 当 NADH+H⁺/NAD⁺ 值增高时活性较高
D. 氧化磷酸化的速率可调节其活性
E. 在血糖较低时，活性较高

58. 在酵解过程中催化产生 NADH+H⁺ 和消耗无机磷酸的酶是
A. 乳酸脱氢酶
B. 3-磷酸甘油醛脱氢酶
C. 醛缩酶
D. 丙酮酸激酶
E. 烯醇化酶

59. 食用新鲜蚕豆发生溶血性黄疸患者缺乏的酶是
A. 3-磷酸甘油醛脱氢酶
B. 异柠檬酸脱氢酶
C. 琥珀酸脱氢酶
D. 葡萄糖-6-磷酸脱氢酶
E. 6-磷酸葡萄糖酸脱氢酶

60. 关于三羧酸循环过程的叙述正确的是
A. 循环一周生成 4 个 NADH+H⁺
B. 循环一周可生成 2 个 ATP
C. 乙酰 CoA 经三羧酸循环转变成草酰乙酸
D. 循环过程中消耗 O₂
E. 循环一周生成 2 分子 CO₂

61. 不能补充血糖的代谢过程是
A. 肌糖原分解   B. 肝糖原分解
C. 糖类食物消化吸收   D. 糖异生作用
E. 肾小管对糖的重吸收作用

62. 糖代谢中与底物水平磷酸化有关的化合物是
A. 3-磷酸甘油醛   B. 3-磷酸甘油酸
C. 葡萄糖-6-磷酸   D. 1,3-二磷酸甘油酸
E. 2-磷酸甘油酸

63. 含有高能磷酸键的糖代谢中间产物是
A. 6-磷酸果糖   B. 磷酸烯醇式丙酮酸
C. 3-磷酸甘油醛   D. 磷酸二羟丙酮
E. 葡萄糖-6-磷酸

64. 1 分子葡萄糖彻底氧化分解可生成多少分子 ATP
A. 22   B. 26
C. 30 或 32   D. 34
E. 38

65. 长期饥饿时，血糖浓度的维持主要靠
A. 肌糖原分解   B. 肝糖原分解
C. 酮体转变成糖   D. 糖异生作用
E. 组织中葡萄糖的利用

66. 1mol 丙酮酸在线粒体内彻底氧化生成 ATP 的摩尔数量是
A. 12.5   B. 15   C. 18
D. 21   E. 24

67. 调节糖酵解途径的最重要的关键酶是
A. 乳酸脱氢酶   B. 果糖二磷酸酶
C. 磷酸果糖激酶-1   D. 磷酸果糖激酶-2
E. 3-磷酸甘油醛脱氢酶

68. 糖原分子中 1 个葡萄糖单位经糖的无氧氧化途径分解成乳酸时能净产生多少分子 ATP
A. 1   B. 2   C. 3
D. 4   E. 5

69. 能降低血糖水平的激素是
A. 胰岛素   B. 胰高血糖素
C. 糖皮质激素   D. 肾上腺素
E. 生长激素

70. 下述正常人摄取糖类过多时的几种代谢途径中，哪一项是错误的
A. 糖转变为甘油
B. 糖转变为蛋白质
C. 糖转变为脂肪酸
D. 糖氧化分解成 CO₂ 和 H₂O
E. 糖转变成糖原

71. 磷酸戊糖途径的生理意义是生成
A. 5-磷酸核糖和 NADH+H⁺
B. 6-磷酸果糖和 NADPH+H⁺
C. 3-磷酸甘油醛和 NADH+H⁺
D. 5-磷酸核糖和 NADPH+H⁺
E. 葡萄糖-6-磷酸和 NADH+H⁺

72. 血糖水平正常时，葡萄糖虽然易透过肝细胞膜，但是葡萄糖主要在肝外各组织中被利用，其原因是
A. 各组织中均含有己糖激酶
B. 血糖为正常水平
C. 肝中葡糖激酶的 K_m 值比其他己糖激酶高
D. 己糖激酶受产物的反馈抑制
E. 肝中存在抑制葡萄糖转变或利用的因子

73. 下列哪种酶是糖酵解和糖异生途径共同需要的

A. 磷酸果糖激酶-2

B. 3-磷酸甘油醛脱氢酶

C. 丙酮酸激酶

D. 葡萄糖-6-磷酸脱氢酶

E. 果糖二磷酸酶-1

74. 下列哪种酶仅为糖异生需要

A. 磷酸果糖激酶-2

B. 3-磷酸甘油醛脱氢酶

C. 丙酮酸激酶

D. 葡萄糖-6-磷酸脱氢酶

E. 果糖二磷酸酶-1

75. 丙酮酸脱氢酶复合体组成中的辅酶，**不包括**

A. TPP   B. FAD

C. NAD^+ D. CoASH

E. $NADP^+$

76. 关于糖异生途径的关键酶，下述**错误**的是

A. 丙酮酸羧化酶   B. 丙酮酸激酶

C. PEP 羧激酶   D. 果糖二磷酸酶-1

E. 葡萄糖-6-磷酸酶

77. 有关糖的无氧氧化的生理意义叙述**错误**的是

A. 成熟红细胞的 ATP 是由糖的无氧氧化提供

B. 缺氧性疾病，由于糖的无氧氧化减少，易产生代谢性碱中毒

C. 神经细胞、骨髓等的糖无氧氧化旺盛

D. 糖的无氧氧化可迅速提供 ATP

E. 肌肉剧烈运动时，其能量由糖的无氧氧化供给

78. 位于糖的无氧氧化、糖异生、磷酸戊糖途径，糖原合成及分解各代谢途径交汇点上的化合物是

A. 葡萄糖-6-磷酸   B. 葡萄糖-1-磷酸

C. 1,6-二磷酸果糖   D. 6-磷酸果糖

E. 3-磷酸甘油醛

79. 短期饥饿时，血糖浓度的维持主要靠

A. 肌糖原分解   B. 肝糖原分解

C. 酮体转变成糖   D. 糖异生作用

E. 组织中葡萄糖的利用

80. 糖酵解过程中可被别构调节的关键酶是

A. 3-磷酸甘油醛脱氢酶

B. 磷酸果糖激酶-1

C. 乳酸脱氢酶

D. 醛缩酶

E. 磷酸己糖异构酶

81. 在三羧酸循环中既是催化不可逆反应的酶，又是重要调节点的是

A. 异柠檬酸脱氢酶、α-酮戊二酸脱氢酶复合体

B. 柠檬酸合酶、琥珀酸脱氢酶

C. 柠檬酸合酶

D. 琥珀酸合成酶

E. 苹果酸脱氢酶

82. $NADPH+H^+$ 的作用**不包括**

A. 氧化供能

B. 是谷胱甘肽还原酶的辅酶

C. 参与胆固醇的合成

D. 参与脂肪酸的合成

E. 参与单加氧酶系反应

（二）A_2 型选择题

1. 患者，48 岁，因最近厌食、恶心，全身皮肤变黄，萎靡不振就医。医生高度怀疑患者有肝脏、胆囊方面的问题。检查发现其未结合胆红素明显升高，在等待其他检查结果的时候，医生询问患者的病史和饮食情况。患者说最近 3 个月很喜欢吃蚕豆。综合检验结果证明患者得了溶血性疾病——"蚕豆病"，由于红细胞中的还原型谷胱甘肽不足而出现溶血性黄疸，此病是由于缺乏

A. 磷酸果糖激酶-1

B. 葡糖激酶

C. 果糖二磷酸酶-1

D. 葡萄糖-6-磷酸脱氢酶

E. 葡萄糖-6-磷酸酶

2. 长跑爱好者刘先生，每周 3~5 次、每次至少 40 分钟长跑，他的 1 分子葡萄糖完全氧化最多可以净生成多少分子 ATP

A. 35   B. 32   C. 30

D. 24   E. 20

3. 患者，男，习惯吃精米面，不吃粗粮及坚果。最近因行走无力，双脚疼痛、麻木，双腿皮肤粗糙而就医。医生诊断为"脚气病"。"脚气病"因以下哪种维生素缺乏造成

A. 硫胺素   B. 叶酸

C. 吡哆醛   D. 维生素 B_{12}

E. 生物素

4. 患者，女，28 岁。最近去过疟疾疫区，因发热而服用伯氨喹，随后两天发生头痛、呕吐、黄疸等症状而住院，经过一系列检查，医生向她解释：之前只是病毒性感冒，但服用的伯氨喹具有氧化性，可使葡萄糖-6-磷酸脱氢酶缺乏的患者发生溶血性贫血。葡萄糖-6-磷酸脱氢酶是哪条通路的关键酶

A. 三羧酸循环   B. 糖酵解途径

C. 磷酸戊糖途径　　　　D. 糖原合成途径

E. 糖异生途径

5. 患者，女，24 岁，1.60m，67kg，体形偏胖，她很少吃肉食，但喜欢吃甜品。在人体细胞中，葡萄糖可以转变成脂肪，其中从葡萄糖合成脂肪酸的重要中间产物是

A. 丙酮酸　　　　　　　B. ATP

C. 乙酰 CoA　　　　　　D. 乙酰乙酸

E. 磷酸甘油

6. 患儿，男，13 岁，近几天多尿、多饮、乏力，恶心、呕吐，嗜睡、烦躁，呼气中有烂苹果味。就医后，经检查用胰岛素治疗才能获得满意疗效。下列诊断哪个是正确的

A. 低血糖　　　　　　　B. 1 型糖尿病

C. 2 型糖尿病　　　　　D. 妊娠糖尿病

E. 糖尿病肾病

7. 某孕妇，30 岁，怀孕 16 周，原无糖尿病，近期测空腹血糖在 9.1mmol/L，餐后血糖在 14mmol/L，下列诊断正确的是

A. 糖耐量异常　　　　　B. 1 型糖尿病

C. 2 型糖尿病　　　　　D. 妊娠糖尿病

E. 糖尿病肾病

8. 一位较肥胖的女性旅游者，被困山中 6 天，被救援后她发现自己的皮下脂肪减少了。脂肪中的甘油经过糖异生途径可异生为葡萄糖，甘油异生成糖的过程需要下列哪一种关键酶

A. 丙酮酸羧化酶

B. 磷酸烯醇式丙酮酸羧激酶

C. 葡萄糖-6-磷酸酶

D. 醛缩酶

E. 己糖激酶

9. 小云是在读大学生，由于想减肥，早起经常不吃早饭，每次吃饭主食吃得很少，已经持续了很长时间。近几日感到浑身无力，有时抬不起来胳膊，明显感觉到自己的呼吸变慢变浅。那么此时小云肌肉的主要能量来源是

A. 酮体　　　　　　　　B. 葡萄糖

C. 脂肪　　　　　　　　D. 蛋白质

E. 核酸

（三）B₁ 型选择题

A. 细胞质　　　　　　　B. 线粒体和细胞质

C. 微粒体　　　　　　　D. 细胞核

E. 溶酶体

1. 糖的有氧氧化发生的部位为

2. 糖的无氧氧化和磷酸戊糖途径发生的部位为

A. 细胞质　　　　　　　B. 线粒体和细胞质

C. 微粒体　　　　　　　D. 细胞核

E. 溶酶体

3. 糖原合成和分解的部位是

4. 糖异生的部位是

A. 草酰乙酸　　　　　　B. 天冬氨酸

C. 磷酸烯醇式丙酮酸　　D. 苹果酸

E. α-酮戊二酸

5. 苹果酸脱氢后的产物是

6. Asp 转氨基后的产物是

A. 草酰乙酸　　　　　　B. 天冬氨酸

C. 磷酸烯醇式丙酮酸　　D. 苹果酸

E. α-酮戊二酸

7. 丙酮酸羧化后的产物是

8. 不能从线粒体内穿越到线粒体外的是

A. 1,6-双磷酸果糖　　　B. 2,6-双磷酸果糖

C. 6-磷酸果糖　　　　　D. 葡萄糖-6-磷酸

E. 葡萄糖-1-磷酸

9. 磷酸果糖激酶-1 的最强别构激活剂是

10. 果糖二磷酸酶-1 的抑制剂是

A. 1,6-双磷酸果糖　　　B. 2,6-双磷酸果糖

C. 6-磷酸果糖　　　　　D. 葡萄糖-6-磷酸

E. 葡萄糖-1-磷酸

11. 丙酮酸激酶的别构激活剂是

12. 己糖激酶的别构抑制剂是

A. 糖原合酶　　　　　　B. 丙酮酸羧化酶

C. 磷酸化酶　　　　　　D. 丙酮酸脱氢酶复合体

E. 丙酮酸激酶

13. 糖异生的关键酶是

14. 糖有氧氧化和酵解的关键酶是

A. 糖原合酶　　　　　　B. 丙酮酸羧化酶

C. 磷酸化酶　　　　　　D. 丙酮酸脱氢酶复合体

E. 丙酮酸激酶

15. 丙酮酸彻底氧化的关键酶是

16. 糖原分解的关键酶是

A. 磷酸甘油酸激酶　　　B. 烯醇化酶

C. 丙酮酸激酶　　　　　D. 丙酮酸脱氢酶复合体

E. 丙酮酸羧化酶

17. 糖异生途径的关键酶为

18. 糖酵解途径的关键酶为

A. GTP
B. ATP
C. UTP
D. ATP 和 UTP 都需要
E. ATP 和 GTP 都需要

19. 糖原合成时需要
20. 糖异生时需要

A. 糖原合酶
B. 糖原磷酸化酶
C. 分支酶
D. 脱支酶
E. 烯醇化酶

21. 磷酸化时活性高
22. 去磷酸化时活性高

A. 糖酵解途径
B. 糖的有氧氧化途径
C. 磷酸戊糖途径
D. 糖异生途径
E. 糖原合成途径

23. 体内能量的主要来源是
24. 需分支酶参与的是

A. 丙酮酸激酶
B. 丙酮酸脱氢酶
C. 丙酮酸脱羧酶
D. 丙酮酸羧化酶
E. 磷酸烯醇式丙酮酸羧激酶

25. 生物素作为辅酶的酶是
26. 催化反应需要 GTP 参与的酶是

二、填空题

1. 1 分子葡萄糖经无氧分解净生成_____分子 ATP。
2. 丙酮酸脱氢酶复合体由 3 种酶和_____种辅因子组成。
3. 肌组织缺乏_____酶，所以肌糖原不能分解成葡萄糖。
4. 糖酵解过程有三个关键酶，它们分别是己糖激酶、_____和丙酮酸激酶。
5. 磷酸戊糖途径的主要生理意义是生成了 5-磷酸核糖和_____。
6. 糖原合成的关键酶是_____。
7. 催化糖异生中丙酮酸羧化支路进行的两个酶是丙酮酸羧化酶和_____。
8. 糖酵解中催化底物水平磷酸化的两个酶是磷酸甘油酸激酶和_____。
9. 调节三羧酸循环的关键酶是柠檬酸合酶、异柠檬酸脱氢酶、_____。
10. 2 分子乳酸异生为葡萄糖要消耗_____分

子 ATP。
11. 丙酮酸还原为乳酸，反应中的 NADH+H⁺ 来自于_____的氧化。
12. 正常生理条件下，人体所需能量一半以上来源于_____。
13. 糖异生的主要原料为乳酸、甘油和_____。
14. 合成糖原的前体分子是_____。
15. 三羧酸循环过程中有_____次脱氢和 2 次脱羧反应。
16. _____是糖异生最主要的器官，肾也具有糖异生的能力。
17. 催化草酰乙酸生成磷酸烯醇式丙酮酸的酶是_____。
18. 1 分子葡萄糖经有氧氧化净生成 30 或_____分子 ATP。
19. 糖原分解的关键酶是_____。
20. 1 分子糖原的 1 分子葡萄糖基经 1 次无氧分解净生成_____分子 ATP。
21. 糖酵解的产物是_____。
22. 人体内降低血糖水平的激素是_____。
23. 糖酵解中催化第一次底物水平磷酸化的酶是_____。
24. 在人体的大部分组织细胞内，糖氧化的主要方式是_____。
25. 在磷酸戊糖途径的氧化阶段，其中两种脱氢酶的辅酶是_____。
26. 缺乏磷酸戊糖途径的_____可引起蚕豆病。
27. 参与琥珀酸脱氢生成延胡索酸的辅酶是_____。
28. 位于糖酵解、糖异生、磷酸戊糖途径，糖原合成和糖原分解各条代谢途径交汇点上的化合物是_____。
29. 肝糖原经糖原磷酸化酶水解的直接产物是_____。
30. 对血糖调节具有主要作用的器官是_____。
31. 低血糖时首先受影响的器官是_____。
32. 只有_____糖原可以分解为葡萄糖，补充血糖。

三、名词解释

1. 糖酵解
2. 糖原分解
3. 乳酸循环
4. 糖异生

5. 底物水平磷酸化
6. 柠檬酸循环
7. 血糖
8. 磷酸戊糖途径
9. 糖的有氧氧化
10. 糖原合成
11. 高血糖
12. 肾糖阈
13. 蚕豆病
14. 糖原贮积症
15. 葡萄糖耐量
16. 低血糖

四、简答题

1. 试以乳酸为例，说明糖异生的主要过程及关键酶。

2. 血糖有哪些来源与去路？血糖浓度为什么能保持动态平衡？

3. 何谓三羧酸循环？循环中有几次脱氢和脱羧？1分子乙酰 CoA 经该循环氧化可生成多少分子 ATP？

4. 三羧酸循环有何特点？

5. 为什么说三羧酸循环是糖、脂质和蛋白质三大物质代谢的共同通路？

6. 磷酸戊糖途径有何生理意义？

7. 葡萄糖-6-磷酸脱氢酶缺乏者为什么易发生溶血性贫血？

8. α-酮戊二酸如何彻底氧化成 CO_2、H_2O？

9. 试解释 1 型糖尿病时出现下列现象的生化机制：高血糖与糖尿。

10. 简述糖异生的生理意义。

五、论述题

1. 胰岛素、胰高血糖素、肾上腺素是如何调节血糖的？其作用机制是什么？

2. 总结糖的无氧氧化、糖的有氧氧化、磷酸戊糖途径、糖异生、糖原合成、糖原分解进行的部位、关键酶及产物。

3. 试述人体内草酰乙酸的主要来源及在糖代谢中的重要作用。

参 考 答 案

一、选择题

（一）A_1 型选择题

1. B   2. B   3. B   4. B   5. E   6. D   7. D
8. C   9. D   10. A   11. D   12. B   13. D   14. D
15. A   16. B   17. E   18. E   19. D   20. E   21. B
22. E   23. C   24. A   25. A   26. E   27. D   28. D
29. B   30. D   31. D   32. E   33. B   34. D   35. E
36. C   37. E   38. D   39. E   40. A   41. D   42. E
43. C   44. B   45. E   46. A   47. E   48. E   49. A
50. C   51. C   52. B   53. D   54. C   55. D   56. C
57. D   58. B   59. D   60. E   61. A   62. D   63. B
64. C   65. D   66. A   67. C   68. C   69. A   70. B
71. D   72. C   73. D   74. E   75. E   76. B   77. D
78. A   79. B   80. B   81. A   82. A

（二）A_2 型选择题

1. D   2. B   3. A   4. C   5. C   6. B   7. D   8. C
9. A

（三）B_1 型选择题

1. B   2. A   3. A   4. B   5. A   6. A   7. A

8. A   9. B   10. B   11. A   12. D   13. B   14. E
15. D   16. C   17. E   18. C   19. D   20. E   21. B
22. A   23. B   24. E   25. D   26. E

二、填空题

1. 2
2. 5
3. 葡萄糖-6-磷酸
4. 磷酸果糖激酶-1
5. $NADPH+H^+$
6. 糖原合酶
7. 磷酸烯醇式丙酮酸羧激酶
8. 丙酮酸激酶
9. α-酮戊二酸脱氢酶复合体
10. 6
11. 3-磷酸甘油醛
12. 糖
13. 生糖氨基酸
14. 尿苷二磷酸葡萄糖（UDPG）
15. 4
16. 肝
17. 磷酸烯醇式丙酮酸羧激酶

18. 32
19. 磷酸化酶
20. 3
21. 丙酮酸
22. 胰岛素
23. 磷酸甘油酸激酶
24. 有氧氧化
25. NADPH
26. 葡萄糖-6-磷酸脱氢酶
27. FAD
28. 葡萄糖-6-磷酸
29. 葡萄糖-1-磷酸
30. 肝
31. 脑
32. 肝

三、名词解释

1. 糖酵解：是指 1 分子葡萄糖在细胞质中生成 2 分子丙酮酸的过程，净生成 2 分子 ATP 和 2 分子 $NADH+H^+$，是糖有氧氧化和无氧氧化的共同起始阶段。

2. 糖原分解：是指由肝糖原分解为葡萄糖的过程。

3. 乳酸循环：又称 Cori 循环。肌收缩通过糖的无氧氧化生成乳酸入血，再至肝通过糖异生成葡萄糖，葡萄糖入血至肌肉，再生成乳酸，由此构成乳酸循环。此过程既可回收乳酸中的能量，又可避免乳酸堆积引起酸中毒。

4. 糖异生：是指由非糖物质（乳酸、甘油、生糖氨基酸）在肝和肾转变成葡萄糖或糖原的过程，对于饥饿引起肝糖原耗尽后的血糖补给具有重要意义。

5. 底物水平磷酸化：指代谢物因脱氢或脱水等，使分子内电子重排和能量重新分布，形成高能磷酸键（或高能硫酯键）转给 ADP（或 GDP），而生成 ATP（或 GTP）的反应。

6. 柠檬酸循环：又称三羧酸循环（TAC）或克雷布斯（Krebs）循环。是由乙酰 CoA 与草酰乙酸缩合生成柠檬酸开始，经过多次脱氢、脱羧再生成草酰乙酸的循环反应。由于该循环的第一步是乙酰 CoA 与草酰乙酸缩合形成含三个羧基的柠檬酸，故也称柠檬酸循环。它是糖、脂、氨基酸的共同供能途径和物质转变枢纽。

7. 血糖：指血液中的葡萄糖。

8. 磷酸戊糖途径：指从糖酵解的中间产物葡萄糖-6-磷酸开始形成旁路，通过氧化、基团转移两个阶段生成果糖-6-磷酸和 3-磷酸甘油醛，从而返回糖酵解的代谢途径。此途径不产能，但可提供 $NADPH+H^+$ 和磷酸核糖。

9. 糖的有氧氧化：葡萄糖在有氧条件下彻底氧化分解，生成 H_2O 和 CO_2，并释放出大量能量的过程，此过程净生成 30 或 32 分子 ATP，是人体内糖分解供能的主要途径。

10. 糖原合成：指由葡萄糖生成糖原的过程，主要发生在肝和骨骼肌。

11. 高血糖：空腹血糖浓度高于 7mmol/L 时称为高血糖。

12. 肾糖阈：肾小管的重吸收能力，一般为 10mmol/L。

13. 蚕豆病：为葡萄糖-6-磷酸脱氢酶缺乏症的俗称。葡萄糖-6-磷酸脱氢酶缺陷者，其红细胞不能经磷酸戊糖途径获得充足的 $NADPH+H^+$，难以使谷胱甘肽保持还原状态，因而表现出红细胞（尤其是较老的红细胞）易于破裂，发生溶血性黄疸。这种溶血现象常在食用新鲜蚕豆（含强氧化物质）后出现，故称为蚕豆病。

14. 糖原贮积症：是一类遗传性代谢病，其特点为体内某些器官组织中有大量糖原堆积。引起糖原贮积症的原因是患者先天性缺乏糖原代谢有关的酶类。

15. 葡萄糖耐量：人体对摄入的葡萄糖具有很大耐受能力的现象，表现为一次性摄入大量葡萄糖后，血糖水平不会持续升高，也不会出现大的波动。

16. 低血糖：指血糖浓度低于 2.8mmol/L。

四、简答题

1. 试以乳酸为例，说明糖异生的主要过程及关键酶。
主要过程：乳酸→丙酮酸→草酰乙酸（线粒体）→磷酸烯醇式丙酮酸（细胞质）→3-磷酸甘油醛→果糖-1,6-二磷酸→果糖-6-磷酸→葡萄糖-6-磷酸→葡萄糖
关键酶：丙酮酸羧化酶，磷酸烯醇式丙酮酸羧激酶，果糖二磷酸酶-1，葡萄糖-6-磷酸酶。

2. 血糖有哪些来源与去路？血糖浓度为什么能保持动态平衡？
血糖的来源：食物中的淀粉消化吸收；肝糖原分解；非糖物质转变，即糖异生作用。血糖的去路：在各组织细胞内氧化分解；合成肝糖原、肌糖原；转变成其他糖、脂类、氨基酸等。血糖浓度的相对恒定依靠体内血糖的来源和去路之间的动态平衡来维持。

3. 何谓三羧酸循环？循环中有几次脱氢和脱羧？1分子乙酰CoA经该循环氧化可生成多少分子ATP？

这个途径首先由Krebs提出，故又称Krebs循环。由于途径的起始是1分子草酰乙酸与1分子乙酰CoA缩合成具有3个羧基的柠檬酸，后经一系列连续反应再生成1分子草酰乙酸，故称为三羧酸循环或柠檬酸循环。每循环一次有1分子乙酰CoA被氧化，包括2次脱羧和4次脱氢反应。1分子乙酰CoA经该循环氧化可生成10分子ATP。

4. 三羧酸循环有何特点？

三羧酸循环的特点：循环反应在线粒体中进行，为不可逆反应。每完成一次循环，氧化分解1分子乙酰基，可生成10分子ATP。循环的中间产物既不能通过此循环反应生成，也不被此循环反应所消耗。循环中有2次脱羧反应，生成2分子CO_2；循环中有4次脱氢反应，生成3分子$NADH+H^+$和1分子$FADH_2$。循环中有一次直接产能反应，生成1分子GTP/ATP。三羧酸循环的关键酶是柠檬酸合酶、异柠檬酸脱氢酶和α-酮戊二酸脱氢酶复合体，且α-酮戊二酸脱氢酶复合体的结构与丙酮酸脱氢酶复合体相似，辅因子完全相同。

5. 为什么说三羧酸循环是糖、脂质和蛋白质三大物质代谢的共同通路？

三羧酸循环是乙酰CoA最终氧化生成CO_2和H_2O的途径；糖代谢产生的碳骨架最终进入三羧酸循环氧化；脂肪分解产生的甘油可通过有氧氧化进入三羧酸循环氧化，脂肪酸经β氧化产生的乙酰CoA也可进入三羧酸循环氧化。蛋白质分解产生的氨基酸经脱氨基后的碳骨架也可进入三羧酸循环，同时，三羧酸循环的中间产物可作为氨基酸的碳骨架接受氨基后合成非必需氨基酸。所以，三羧酸循环是三大物质代谢的共同通路。

6. 磷酸戊糖途径有何生理意义？

该途径的生理意义是产生了两个重要的中间代谢物：5-磷酸核糖和$NADPH+H^+$。5-磷酸核糖是合成核苷酸和核酸的原料。$NADPH+H^+$具有以下功能：①是脂肪酸、胆固醇、类固醇激素等生物合成的供氢体；②是羟化酶复合体的辅因子，参与药物、毒物等的生物转化作用；③是谷胱甘肽还原酶的辅酶，维持还原性谷胱甘肽的含量，保护巯基酶活性，保护红细胞膜的完整性。

7. 葡萄糖-6-磷酸脱氢酶缺乏者为什么易发生溶血性贫血？

患有先天性葡萄糖-6-磷酸脱氢酶缺乏的患者，由于其磷酸戊糖途径不能进行，使$NADPH+H^+$生成减少，导致GSH含量减少，红细胞膜得不到保护而被破坏，则易发生溶血性贫血。

8. α-酮戊二酸如何彻底氧化成CO_2、H_2O？

α-酮戊二酸→琥珀酰CoA→琥珀酸→延胡索酸→苹果酸→草酰乙酸，草酰乙酸经丙酮酸羧化支路生成磷酸烯醇式丙酮酸，再转变成丙酮酸，丙酮酸进入线粒体经丙酮酸脱氢酶复合体作用生成乙酰CoA，乙酰CoA进入三羧酸循环彻底被氧化成CO_2、H_2O。

9. 试解释1型糖尿病时出现下列现象的生化机制：高血糖与糖尿。

1型糖尿病是由于胰岛素分泌不足引起，胰岛素不足导致：①肌肉、脂肪细胞摄取葡萄糖减少；②肝葡萄糖分解利用减少；③肌肉、肝糖原合成减弱；④糖异生增强；⑤糖转变为脂肪减弱。这些都使血糖来源增多，血糖升高，当高于肾糖阈（8.89～10.00mmol/L）时，糖从尿中排出，出现糖尿。

10. 简述糖异生的生理意义。

在空腹或饥饿情况下维持血糖浓度恒定；通过糖异生补充或恢复肝糖原贮备；乳酸的再利用，在某些情况大量产生乳酸时可异生成糖；糖异生促进肾脏排H^+，缓解酸中毒。

五、论述题

1. 胰岛素、胰高血糖素、肾上腺素是如何调节血糖的？其作用机制是什么？

（1）胰岛素能促进肌肉、脂肪组织细胞膜载体将葡萄糖转入细胞，促进糖的有氧氧化，促进糖转变成脂肪，抑制糖异生；促使糖原合酶活性增强，糖原磷酸化酶活性降低，从而糖原合成加快，分解减慢。总效果是使血糖降低。

（2）胰高血糖素可抑制糖原合酶，激活糖原磷酸化酶，抑制糖酵解促进糖异生，促进脂肪动员。总效果是提高血糖浓度。

（3）肾上腺素促进肝糖原分解；促进肌糖原无氧氧化生成乳酸；促进乳酸异生成糖。总效果也是提高血糖浓度。肾上腺素升高血糖的效力很强。给动物注射肾上腺素后，血糖水平迅速升高且持续几小时，同时血中乳酸水平也升高。其作用机制是引发肝和肌细胞内依赖cAMP的磷酸化级联反应，加速糖原分解。肝糖原分解为葡萄糖，直接升高血糖；肌糖原无氧氧化生成乳酸，再经乳酸循环间接升高血糖。肾上腺素主要在应激状态下发挥调节作用，对经常性血糖波动（尤其是进食-饥饿循环）没有生理意义。

2. 总结糖的无氧氧化、糖的有氧氧化、磷酸戊糖途径、糖异生、糖原合成、糖原分解进行的部位、关键酶及产物。

项目	部位	关键酶	产物
糖的无氧氧化	细胞质	己糖激酶（或葡萄糖激酶）、磷酸果糖激酶-1、丙酮酸激酶	乳酸和 ATP
糖的有氧氧化	细胞质及线粒体	同上，以及丙酮酸脱氢酶复合体、柠檬酸合酶、异柠檬酸脱氢酶、α-酮戊二酸脱氢酶复合体	H_2O、CO_2、ATP、$NADH+H^+$、$FADH_2$
磷酸戊糖途径	细胞质	葡萄糖-6-磷酸脱氢酶	$NADPH+H^+$ 磷酸核糖
糖异生	细胞质及线粒体	丙酮酸羧化酶 磷酸烯醇式丙酮酸羧激酶 果糖二磷酸酶-1 葡萄糖-6-磷酸酶	葡萄糖 糖原
糖原合成	细胞质	糖原合酶	糖原
糖原分解	细胞质	糖原磷酸化酶	肝：葡萄糖 肌肉：葡萄糖-6-磷酸

3. 试述人体内草酰乙酸的主要来源及在糖代谢中的重要作用。

草酰乙酸的主要来源：
（1）天冬氨酸→草酰乙酸 +NH_3（联合脱氨基反应）
（2）丙酮酸 +CO_2+ATP+ 生物素 → 草酰乙酸 +ADP（线粒体内，由丙酮酸羧化酶催化）
（3）柠檬酸→草酰乙酸 + 乙酰 CoA（裂解反应）
（4）苹果酸 +NAD^+→草酰乙酸 +$NADH+H^+$（脱氢反应）

草酰乙酸在糖代谢中的重要作用：
（1）糖有氧氧化时生成的中间产物乙酰 CoA 与草酰乙酸生成柠檬酸是三羧酸循环的第一步反应。
（2）草酰乙酸可通过糖异生途径先生成磷酸烯醇式丙酮酸，而后异生成葡萄糖。
（3）乳酸、丙酮酸、生糖氨基酸异生成葡萄糖时都需先转变成草酰乙酸这个中间产物。

（杨 梅 陈 哲 董祥雨）

第四章 生物氧化

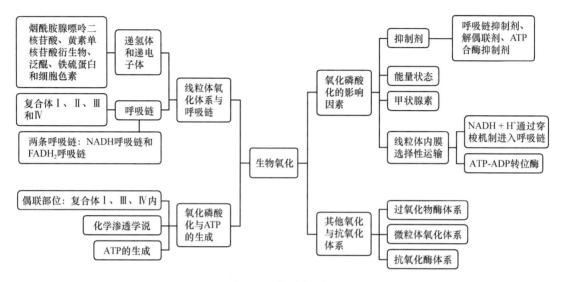

知识点导读

各种代谢物在生物体内的氧化分解过程称为生物氧化（biological oxidation）。与体外燃烧一样，生物氧化也是一个消耗 O_2，生成 CO_2 和 H_2O，并释放出大量能量的过程。但与体外燃烧不同的是，生物氧化过程是在体内由酶催化进行的，且能量逐步释放，其中相当一部分能量以高能磷酸键的形式储存起来。CO_2 是由有机酸脱羧基产生的。

代谢物脱下的成对氢原子，通过多种酶和辅酶形成的连续传递电子/氢的反应链逐步传递，最终与氧结合生成水，故将此反应链称为电子传递链（electron transfer chain），由于此过程与细胞呼吸有关，又称为呼吸链（respiratory chain）。呼吸链包含：复合体 I（NADH-泛醌还原酶），含有以黄素单核苷酸（FMN）为辅基的黄素蛋白和以铁硫中心（Fe-S）为辅基的铁硫蛋白，其功能是将还原型烟酰胺腺嘌呤二核苷酸（NADH）中的 2H 传递给泛醌（CoQ）。复合体 II（琥珀酸-泛醌还原酶），含有以黄素腺嘌呤二核苷酸（FAD）为辅基的黄素蛋白、铁硫蛋白，其功能是将 2H 从琥珀酸传递给泛醌。复合体 III（泛醌-细胞色素 c 还原酶），含有细胞色素（Cyt）b、$Cytc_1$ 和铁硫蛋白，其作用是将电子从泛醌传递给 Cytc。复合体 IV，以 $Cytaa_3$ 形式发挥作用，含有 Cyta 和 $Cyta_3$ 及铜离子，可直接将电子从 Cytc 传递给氧，又称为细胞色素 c 氧化酶。CoQ 和 Cytc 不包含在这些复合体中。组成呼吸链的主要成分中，除细胞色素、铁硫蛋白是单电子传递体外，其余成分均通过加氢和脱氢反应传递底物脱下的氢，发挥递氢体作用。

体内重要的两条呼吸链是 NADH 呼吸链和 $FADH_2$ 呼吸链。NADH+H^+ 呼吸链的递氢体和递电子体排列顺序为 NADH+H^+ → [FMN(Fe-S)] → CoQ → Cytb(Fe-S) → $Cytc_1$ → Cytc → $Cytaa_3$ → O_2。丙酮酸、α-酮戊二酸、异柠檬酸、苹果酸、β-羟丁酸和谷氨酸等脱氢后经此呼吸链递氢。$FADH_2$ 呼吸链的递氢体和递电子体的排列顺序为 [FAD(Fe-S)] → CoQ → Cytb(Fe-S) → $Cytc_1$ → Cytc → $Cytaa_3$ → O_2。琥珀酸、3-磷酸甘油（线粒体）和脂酰 CoA 脱氢后经此呼吸链递氢。NADH+H^+ 呼吸链有 3 个氧化与磷酸化的偶联部位，而 $FADH_2$ 呼吸链只有 2 个氧化与磷酸化的偶联部位。ATP 生成是通过底物水平磷酸化（substrate level phosphorylation）和氧化磷酸化（oxidative phosphorylation）实现的。氧化磷酸化是线粒体产生 ATP 的机制。其过程是将 NADH+H^+ 和 $FADH_2$ 的氧化过程与 ADP 的磷酸化过程相偶联产生 ATP，是机体产生 ATP 的主要方式。氧化过程由线粒体呼吸链将

NADH+H$^+$、FADH$_2$ 的电子传递给氧生成水，并通过质子泵作用产生跨线粒体内膜的 H$^+$ 电化学梯度储存能量。磷酸化过程是 H$^+$ 顺梯度释放势能时促使 H$^+$ 返回基质，驱动 ATP 合酶（复合体 V）催化 ADP 磷酸化产生 ATP。每分子 NADH+H$^+$ 经呼吸链传递可泵出 10H$^+$，每分子 FADH$_2$ 经 FADH$_2$ 呼吸链可泵出 6H$^+$，而合成 1 分子 ATP 需要 4H$^+$，故 NADH 呼吸链和 FADH$_2$ 呼吸链经氧化磷酸化分别生成 2.5 分子和 1.5 分子 ATP。

呼吸链抑制剂可阻断呼吸链某一部位抑制电子传递至氧，解偶联剂（uncoupler）使氧化和磷酸化偶联过程脱离，ATP 合酶抑制剂对电子传递和磷酸化均有抑制作用。此外细胞内 ADP/ATP 值升高和甲状腺激素都能促进氧化磷酸化过程。线粒体 DNA 突变也可影响氧化磷酸化的功能。线粒体外产生的 NADH+H$^+$ 所携带的氢必须通过苹果酸-天冬氨酸穿梭或 α-磷酸甘油穿梭作用进入线粒体后才能经呼吸链氧化，分别生成 2.5 分子或 1.5 分子 ATP。生物体内能量的转化、储存和利用都以 ATP 为中心。磷酸肌酸（creatine phosphate）是肌肉和脑组织中能量的储存形式，其高能磷酸键不能被直接利用，而必须先将其高能磷酸键转移给 ADP 生成 ATP，才能供生理活动之需。

本章习题

一、选择题

（一）A$_1$ 型选择题

1. 下列哪一分子中含维生素 B$_2$
A. NAD$^+$　　　　B. NADP$^+$
C. FMN　　　　　D. Fe-S
E. CoQ

2. 氰化物能与下列哪一种物质结合
A. 细胞色素 aa$_3$　　B. 细胞色素 b
C. 细胞色素 c　　　D. 细胞色素 c$_1$
E. 细胞色素 P$_{450}$

3. 细胞色素 aa$_3$ 中**除**含有铁**外**还含有
A. 钼　　　　B. 镁　　　　C. 锰
D. 铜　　　　E. 钴

4. 经过呼吸链氧化的终产物是
A. H$_2$O　　　　B. H$_2$O$_2$　　　C. O^{2-}
D. CO$_2$　　　　E. H$^+$

5. 下列物质哪一个是细胞色素氧化酶
A. 细胞色素 b　　　B. 细胞色素 c$_1$
C. 细胞色素 c　　　D. 细胞色素 aa$_3$
E. 细胞色素 P$_{450}$

6. 下列物质中哪一个**不经** NADH+H$^+$ 呼吸链氧化
A. 琥珀酸　　　　B. 苹果酸
C. β-羟丁酸　　　D. 异柠檬酸
E. 谷氨酸

7. 只催化电子转移的是
A. 单加氧酶　　　　B. 双加氧酶
C. 不需氧脱氢酶　　D. 需氧脱氢酶
E. 细胞色素与铁硫蛋白

8. 能将 2H$^+$ 游离于介质而将电子递给细胞色素的是
A. NADH+H$^+$　　　　B. FADH$_2$
C. CoQ　　　　　　D. FMNH$_2$
E. NADPH+H$^+$

9. 能使氧化磷酸化加速的物质是
A. ATP　　　　B. ADP
C. CoASH　　　D. GTP
E. 氰化物

10. 与线粒体内膜结合得最疏松的细胞色素是
A. 细胞色素 b　　　B. 细胞色素 c
C. 细胞色素 aa$_3$　　D. 细胞色素 c$_1$
E. 细胞色素 P$_{450}$

11. **不是**呼吸链抑制剂的物质是
A. 鱼藤酮　　　　B. 异戊巴比妥
C. 青霉素　　　　D. CO
E. CN$^-$

12. 体内 CO$_2$ 来自
A. 碳原子被氧原子氧化
B. 呼吸链的氧化还原过程
C. 有机酸脱羧
D. 糖原分解
E. 甘油三酯水解

13. 调节氧化磷酸化的重要激素是
A. 肾上腺素　　　　B. 甲状腺素
C. 肾上腺皮质激素　D. 胰岛素
E. 生长激素

14. 谷胱甘肽过氧化物酶含有
A. 铜　　　　B. 锌　　　　C. 硒
D. 钼　　　　E. 硫

15. 氰化物中毒时呼吸链中受抑制的部位在
A. NADH+H$^+$-FMN   B. FMN-CoQ
C. CoQ-Cytaa$_3$ D. Cytaa$_3$-O$_2$
E. FAD-CoQ

16. 人体活动主要的直接供能物质是
A. 葡萄糖   B. 脂肪酸
C. 磷酸肌酸   D. GTP   E. ATP

17. 以下哪一个是 CoQ 的特点
A. 它是水溶性很强的物质
B. 它是脂溶性物质，能在线粒体内膜中扩散
C. 它是维生素之一
D. 它仅仅是电子传递体
E. 它只存在于人体中

18. 下列哪种化合物中**不含**高能磷酸键
A. 1,6-二磷酸果糖   B. 二磷酸腺苷
C. 1,3-二磷酸甘油酸   D. 磷酸烯醇式丙酮酸
E. 磷酸肌酸

19. FADH$_2$ 呼吸链和 NADH+H$^+$ 呼吸链的共同组成部分是
A. NADH+H$^+$ B. 琥珀酸
C. H$_2$O   D. 细胞色素类
E. FADH

20. 下列哪一项**不是**呼吸链的组成部分
A. NADH+H$^+$ B. NADPH+H$^+$
C. FADH$_2$ D. FMNH$_2$
E. Cytaa$_3$

21. 关于单加氧酶的叙述，**错误**的是
A. 此酶又称羟化酶
B. 发挥催化作用时需要氧分子
C. 该酶催化的反应中有 NADPH+H$^+$
D. 产物中常有 H$_2$O$_2$
E. 混合功能氧化酶就是单加氧酶

22. 线粒体内膜上**不含** Fe^{2+} 的是
A. 复合体 I   B. 复合体 II
C. 复合体 III   D. 复合体 IV
E. 复合体 V

23. FAD 结构中能递氢的成分是
A. 核糖醇   B. 磷酸
C. 异咯嗪环   D. 腺嘌呤
E. Cytb

24. FADH$_2$ 呼吸链的排列顺序是
A. FMNH$_2$ → CoQ → Cyt(b → c$_1$ → c → aa$_3$) → 1/2O$_2$
B. FMNH$_2$(Fe-S) → CoQ → Cyt(b → c$_1$ → c → aa$_3$) → 1/2O$_2$
C. FADH$_2$ → CoQ → Cyt(b → c$_1$ → c → aa$_3$) → 1/2O$_2$
D. FADH$_2$ → NAD$^+$ → CoQ → Cyt(b → c$_1$ → c → aa$_3$) → 1/2O$_2$
E. FADH$_2$ → CoQ → Cyt(b → c → c$_1$ → aa$_3$) → 1/2O$_2$

25. 电子传递过程的主要调节因素是
A. ATP/ADP   B. FADH$_2$
C. NADH+H$^+$ D. Cytb
E. O$_2$

26. 在三羧酸循环的反应中，下列哪一步**不能**为呼吸链提供氢原子
A. α-酮戊二酸→琥珀酸
B. 异柠檬酸→ α-酮戊二酸
C. 苹果酸→草酰乙酸
D. 琥珀酸→延胡索酸
E. 柠檬酸→异柠檬酸

27. 下列**不属于**高能磷酸化合物的是
A. ATP   B. 磷酸肌酸
C. 1,3-二磷酸甘油酸   D. 葡萄糖-1-磷酸
E. 磷酸烯醇式丙酮酸

28. 甲亢患者**不会**出现
A. 耗氧增加   B. ATP 生成增多
C. ATP 分解减少   D. ATP 分解增加
E. 基础代谢率升高

29. 心肌细胞质中的 NADH+H$^+$ 进入线粒体主要通过
A. α-磷酸甘油穿梭
B. 肉碱穿梭
C. 苹果酸-天冬氨酸穿梭
D. 丙氨酸-葡萄糖循环
E. 柠檬酸-丙酮酸循环

30. 离体肝线粒体中加入氰化物和丙酮酸，其 P/O 值是
A. 2   B. 3   C. 0
D. 1   E. 4

31. 二硝基苯酚能抑制下列哪项细胞功能
A. 糖酵解   B. 肝糖异生
C. 氧化磷酸化   D. 柠檬酸循环
E. 肝糖原合成

32. 脑细胞质中的 NADH+H$^+$ 进入线粒体主要是通过
A. 苹果酸-天冬氨酸穿梭
B. 肉碱穿梭
C. 柠檬酸-丙酮酸循环
D. α-磷酸甘油穿梭
E. 丙氨酸-葡萄糖循环

33. 在心肌，1 分子葡萄糖在有氧氧化途径中，

通过氧化磷酸化可生成 ATP 的分子数是

A. 18　　　　　B. 22　　　　　C. 28

D. 32　　　　　E. 38

34. 关于底物水平磷酸化的正确描述是

A. 底物分子上脱氢传递给氧产生能量，生成 ATP 的过程

B. 底物中的高能键直接转移给 ADP 生成 ATP 的过程

C. 体内产生高能磷酸化合物的主要途径

D. 底物分子的磷酸基团被氧化，释放出大量能量的过程

E. 底物氧化的能量导致 AMP 磷酸化生成 ATP 的过程

35. 近年来关于氧化磷酸化的机制是通过下列哪个学说被阐明的

A. 巴斯德效应

B. 化学渗透学说

C. 瓦尔堡（Warburg）效应

D. 共价催化理论

E. 协同效应

36. 鱼藤酮抑制呼吸链的部位是

A. 抑制 NADH+H$^+$ → CoQ

B. 抑制琥珀酸脱氢酶

C. 抑制细胞色素氧化酶

D. 抑制 CoQ →细胞色素 b

E. 抑制细胞色素 b →细胞色素 c

37. 肌肉中能量的主要储存形式是

A. ADP　　　　　B. 磷酸烯醇式丙酮酸

C. cAMP　　　　　D. ATP

E. 磷酸肌酸

（二）A$_2$ 型选择题

1. 患者，35 岁，男，入院时出现头痛、恶心、心悸、呕吐、四肢无力和短暂昏厥等，检查结果为 CO 中毒。CO 中毒后出现能量代谢受阻、细胞的呼吸作用停止等症状的原因是

A. 抑制复合体Ⅰ的功能

B. 抑制复合体Ⅱ的功能

C. 阻断电子从 Cytb 到 CoQ 的传递

D. 抑制复合体Ⅴ的功能

E. 与 Cytaa$_3$ 结合，阻断电子传递给 O$_2$

2. 患者，30 岁，女，因服用大量苦杏仁后出现口舌麻木、恶心呕吐、腹痛、腹泻等症状来院就诊。根据病史和临床症状考虑苦杏仁中毒。苦杏仁中含有苦杏仁苷（氰苷），水解后可产生氢氰酸，故食入过量或生食可引起氢氰酸中毒，抑制

细胞呼吸，导致组织缺氧。下列描述正确的是

A. 氢氰酸可结合 Cyta$_3$，阻断电子由 Cyta 到 Cyta$_3$ 的传递

B. 氢氰酸可结合 Cytc$_1$

C. 呼吸链被阻断部位之前的组分均处于氧化态

D. 只抑制呼吸链电子传递，不影响 ATP 生成

E. 可通过吸氧治疗逆转中毒症状

3. 患者，25 岁，男，因心悸、怕热多汗，食欲亢进，消瘦无力，体重减轻来院就诊。体格检查：体温 37.4℃，脉率 100 次/分，眼球突出，双侧甲状腺弥漫性对称性肿大。基础代谢率 +65%（正常范围：−10%～+15%）。结合其他检查诊断为甲状腺功能亢进症。关于该患者基础代谢率增加的原因，**错误**的是

A. 甲状腺素使 ATP 分解加速

B. 甲状腺素可促进氧化磷酸化

C. 呼吸链电子传递加速

D. ATP 合成大于分解

E. 甲状腺素可诱导解偶联蛋白表达

4. 蚕豆病是一种遗传性葡萄糖-6-磷酸脱氢酶（G6PD）缺乏所导致的疾病，表现为食用新鲜蚕豆后可发生急性血管内溶血。该病患者发生溶血的原因**不包括**

A. 新鲜蚕豆含有蚕豆嘧啶等强氧化剂

B. 还原型谷胱甘肽数量减少

C. NADPH+H$^+$ 生成减少

D. 细胞色素 P$_{450}$ 单加氧酶活性下降

E. 红细胞内抗氧化系统功能障碍

（三）B$_1$ 型选择题

A. 磷酸肌酸　　　　　B. CTP

C. UTP　　　　　D. TTP　　　　　E. GTP

1. 用于糖原合成的直接能源是

2. 肌肉和脑中高能磷酸键的贮存形式是

A. 细胞色素 aa$_3$　　　　　B. 细胞色素 b$_{560}$

C. 细胞色素 P$_{450}$　　　　　D. 细胞色素 c$_1$

E. 细胞色素 c

3. 在线粒体中电子传递给氧的是

4. 与单加氧酶功能有关的是

A. 氰化物　　　　　B. 抗霉素 A

C. 寡霉素　　　　　D. 二硝基苯酚

E. 异戊巴比妥

5. ATP 合酶抑制剂是

6. 氧化磷酸化解偶联剂是

A. 异咯嗪环　　　　B. 烟酰胺
C. 苯醌结构　　　　D. 铁硫中心
E. 铁卟啉
7. 细胞色素中含有
8. FMN 发挥递氢体作用的结构是

二、填空题

1. 体内 CO_2 的生成不是碳与氧的直接化合，而是通过_____方式产生的。
2. 体内 ATP 的生成方式有底物水平磷酸化和_____两种。
3. 氰化物、CO 阻断电子由 $Cytaa_3$ 向_____传递。
4. FAD 中含维生素_____。
5. 线粒体内重要的呼吸链有两条，它们是_____和 $FADH_2$ 呼吸链。
6. 解偶联剂使氧化和磷酸化过程分离，抑制_____磷酸化生成 ATP，典型解偶联剂是 2,4-二硝基苯酚。
7. $FADH_2$ 呼吸链的组成成分有_____、泛醌、复合体Ⅲ、细胞色素 c、复合体Ⅳ。
8. 细胞质中 NADH+H$^+$ 通过_____和苹果酸-天冬氨酸穿梭两种穿梭机制进入线粒体。
9. 体内可消除过氧化氢的酶有过氧化氢酶、_____和谷胱甘肽过氧化物酶。
10. 微粒体中的氧化酶类主要有_____和双加氧酶。
11. NAD$^+$ 中含维生素_____。

12. 胞质中 NADH+H$^+$ 通过 α-磷酸甘油穿梭机制进入线粒体产生_____个 ATP。
13. 胞质中 NADH+H$^+$ 通过苹果酸-天冬氨酸穿梭机制进入线粒体产生_____个 ATP。
14. FAD 结构中能递氢的成分是_____。
15. 人体活动主要的直接供能物质是_____。
16. _____是调节氧化磷酸化的重要激素。

三、名词解释

1. 呼吸链
2. 氧化磷酸化
3. 生物氧化
4. P/O 值
5. 解偶联剂
6. 细胞色素

四、简答题

1. 苹果酸脱下的氢是如何氧化成水的？它同琥珀酸脱下的氢氧化成水的过程有何不同？
2. 何谓氧化磷酸化作用？ NADH+H$^+$ 呼吸链中有几个氧化磷酸化偶联部位？
3. 细胞质中 NADH+H$^+$ 如何进入线粒体氧化？

五、论述题

试说明物质在体内氧化和体外氧化的主要异同点。

参 考 答 案

一、选择题

（一）A$_1$ 型选择题

1. C　2. A　3. D　4. A　5. D　6. A　7. E
8. C　9. B　10. B　11. C　12. C　13. B　14. C
15. D　16. E　17. B　18. A　19. D　20. B　21. D
22. E　23. C　24. C　25. A　26. E　27. D　28. C
29. C　30. C　31. C　32. D　33. D　34. B　35. B
36. A　37. E

（二）A$_2$ 型选择题

1. E　2. A　3. D　4. D

（三）B$_1$ 型选择题

1. C　2. A　3. A　4. C　5. C　6. D　7. E　8. A

二、填空题

1. 有机酸脱羧基
2. 氧化磷酸化
3. O_2
4. B_2
5. NADH+H$^+$ 呼吸链
6. ADP
7. 复合体Ⅱ
8. α-磷酸甘油穿梭
9. 过氧化物酶
10. 单加氧酶
11. PP
12. 1.5
13. 2.5

14. 异咯嗪环
15. ATP
16. 甲状腺素

三、名词解释

1. 呼吸链：又称电子传递链，指线粒体内膜中按一定顺序排列的一系列具有电子传递功能的酶复合体，形成一个传递电子/氢的体系，可通过连续的氧化还原反应将电子最终传递给氧生成水，并释放能量。

2. 氧化磷酸化：物质在体内氧化时释放的能量供给 ADP 与无机磷合成 ATP 的偶联反应。主要在线粒体中进行。代谢物脱氢生成 NADH+H$^+$ 和 FADH$_2$，两者均通过呼吸链传递电子被氧化，氧化过程产生的自由能储存于跨线粒体内膜的质子电化学梯度中，质子返回基质时释放此能量，驱动 ATP 合酶结合 ADP 及无机磷，使 ADP 磷酸化生成 ATP 的过程。

3. 生物氧化：各种代谢物在生物体内的氧化分解过程。其中糖、脂肪、蛋白质等营养物质产生的 NADH+H$^+$、FADH$_2$ 在线粒体内经氧化分解产生 CO_2 和 H_2O，释放能量驱动 ADP 磷酸化生成 ATP，是细胞产生 ATP 的主要方式。

4. P/O 值：氧化磷酸化过程中，每消耗 1/2mol O_2 所需磷酸的摩尔数，即所能合成 ATP 的摩尔数（或 1 对电子通过呼吸链传递给氧所生成 ATP 的分子数）。

5. 解偶联剂：使氧化与 ADP 磷酸化的偶联作用分离的化学物质称为解偶联剂。

6. 细胞色素：是以血红素为辅基的蛋白质，血红素中的铁离子可通过二价与三价铁的转变传递电子，是电子传递体。

四、简答题

1. 苹果酸脱下的氢是如何氧化成水的？它同琥珀酸脱下的氢氧化成水的过程有何不同？

苹果酸脱下的氢先交给 NAD$^+$ 生成 NADH+H$^+$，2H 再传递给 CoQ 生成 CoQH$_2$，CoQH$_2$ 再传递给 Cytc，最后 2H 传递给氧生成水。苹果酸脱下的氢传递方向是复合体 I →复合体 III →复合体 IV → O_2，经过 NADH+H$^+$ 呼吸链进行传递，产生 2.5 个 ATP。而琥珀酸脱下的氢传递方向是复合体 II →复合体 III →复合体 IV → O_2，经 FADH$_2$ 呼吸链氧化成水，产生 1.5 个 ATP。

2. 何谓氧化磷酸化作用？NADH+H$^+$ 呼吸链中有几个氧化磷酸化偶联部位？

物质在体内氧化时释放的能量供给 ADP 与无机磷合成 ATP 的偶联反应。主要在线粒体中进行。代谢物脱氢生成 NADH+H$^+$ 和 FADH$_2$，两者均通过呼吸链传递电子被氧化，氧化过程产生的自由能储存于跨线粒体内膜的质子电化学梯度中，质子返回基质时释放此能量，驱动 ATP 合酶结合 ADP 及无机磷，使 ADP 磷酸化生成 ATP 的过程。

NADH+H$^+$ 呼吸链中有三个氧化磷酸化偶联部位，分别是 NADH+H$^+$ → CoQ，Cytb → Cytc，Cytaa$_3$ → O_2。

3. 细胞质中 NADH+H$^+$ 如何进入线粒体氧化？

细胞质中 NADH+H$^+$ 须经穿梭作用进入线粒体氧化。穿梭机制有两种：① α-磷酸甘油穿梭：脑和骨骼肌细胞的细胞质 NADH+H$^+$ 需通过此穿梭机制进入线粒体呼吸链进行氧化，1 分子的 NADH+H$^+$ 经此穿梭能产生 1.5 分子 ATP。②苹果酸-天冬氨酸穿梭：肝、肾及心肌细胞中主要采用此机制将细胞质 NADH+H$^+$ 转运至线粒体呼吸链，即通过 NADH+H$^+$ 呼吸链进行氧化生成 2.5 分子 ATP。

五、论述题

试说明物质在体内氧化和体外氧化的主要异同点。

糖和脂肪在体内、外氧化相同点：终产物都是 CO_2 和 H_2O，耗氧量相同。不同点：体内条件温和，在体温情况下进行，pH 近中性，有酶参与，逐步释放能量；体外则是在高温下发生，甚至出现火焰，体内有部分能量形成 ATP 储存，体外以光和热的形式释放。体内以有机酸脱羧方式生成 CO_2，以呼吸链氧化为主使氢与氧结合成水，体外是氢与氧直接结合生成 H_2O。

（胡博文 努尔比耶·努尔麦麦提）

第五章　脂质代谢

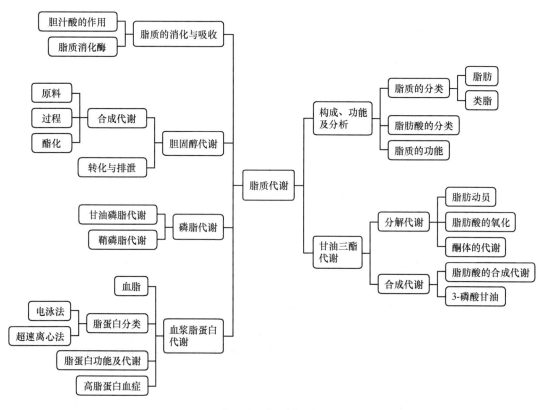

知识点导读

脂质（lipid）包括脂肪和类脂。脂肪即甘油三酯（triglyceride，TG）或三酰甘油，类脂包括胆固醇（cholesterol，Ch）、胆固醇酯（cholesterol ester，CE）、磷脂及糖脂等。脂肪的主要功能是储能和供能，类脂是生物膜结构的重要成分，参与细胞识别及信息传递，在体内可转化为生理活性物质。

脂质消化主要在小肠上段，在各种脂肪酶或酯酶及胆汁酸盐的共同作用下被水解为甘油、脂肪酸（fatty acid）及一些不完全水解产物，主要在空肠被吸收。吸收的甘油及中、短链脂肪酸，经门静脉进入血液循环。长链脂肪酸（12C~26C）在小肠黏膜上皮细胞内再合成为脂肪，与ApoB48、ApoC、ApoA I 等载脂蛋白（Apo），以及磷脂、胆固醇共同形成乳糜微粒（chylomicron，CM）后经淋巴管进入血液循环。

甘油三酯的分解代谢包括脂肪动员、脂肪酸的氧化及酮体（ketone body）的生成和利用等。脂肪动员是指储存在脂肪细胞中的脂肪，被脂肪酶逐步水解为游离脂肪酸和甘油并释放入血，以供组织利用的过程。甘油经磷酸化生成 α-磷酸甘油，脱氢生成磷酸二羟丙酮，进入糖酵解途径进行分解或经糖异生途径转变成糖。脂肪酸的氧化过程包括四个阶段：脂肪酸的活化，脂酰 CoA 进入线粒体，脂酰 CoA 的 β 氧化及乙酰 CoA 的氧化。①脂肪酸的活化：脂肪酸在脂酰 CoA 合成酶的催化下生成脂酰 CoA 的过程，反应需要 ATP，1 分子脂肪酸活化消耗 2 分子高能磷酸键。②脂酰 CoA 进入线粒体：催化脂肪酸氧化的酶系存在于线粒体基质，故胞质中活化的脂酰 CoA 需要经过肉碱脂酰转移酶 I（carnitine acyl-transferase I，CAT I）、肉碱脂酰转移酶 II（CAT II）和肉碱-脂酰肉碱转位酶（carnitine-acylcarnitine translocase，CAAT）的催化，通过线粒体内膜进入线粒体基质。CAT Ⅰ是脂肪酸β氧化的限速酶。③脂酰CoA的β氧化：脂酰CoA的β氧化是从脂酰基的β碳原子开始，进行脱氢、加水、再脱氢及硫解四步连续的反应，生成1分子乙酰CoA和比原来少2个碳原子的脂酰CoA，同时生成1分子$FADH_2$和1分子$NADH+H^+$。脂酰CoA可继续进行β氧化，经数次循环，偶数碳的饱和脂酰CoA可全部生成乙酰CoA、$FADH_2$和$NADH+H^+$。④乙酰CoA的去路：脂酰CoA通过β氧化生成的乙酰CoA经三羧酸循环彻底被氧化，$FADH_2$和$NADH+H^+$可经呼吸链分别产生1.5分子ATP和2.5分子ATP。1分子软脂酸经β氧化彻底分解可净生成106分子ATP。

脂肪大量动员时肝内生成的乙酰CoA主要转变为酮体。酮体是脂肪酸在肝脏中不完全氧化分解的中间产物，包括乙酰乙酸、β-羟丁酸及丙酮。酮体的生成是在肝细胞中以β氧化产生的乙酰CoA为原料，首先合成羟甲基戊二酸单酰CoA（HMG-CoA），随后裂解生成酮体。由于肝脏缺少利用酮体的酶，酮体在肝内生成后，通过血液循环运往肝外组织氧化利用。β-羟丁酸和乙酸乙酸可经琥珀酰CoA转硫酶或乙酰乙酸硫激酶活化为乙酰乙酰CoA后，转化为乙酰CoA，再经三羧酸循环被彻底氧化利用。在正常生理条件下，肝外组织氧化利用酮体的能力远远超过肝内生成酮体的能力，因此血中仅含少量酮体。在饥饿、糖尿病时，糖代谢障碍的情况下，脂肪动员加强，当酮体的生成超过肝外氧化利用能力时，血液酮体升高，可导致酮血症、酮尿症及酮症酸中毒。

甘油三酯由脂肪酸和甘油合成，肝、脂肪组织及小肠是甘油三酯合成的主要场所，合成途径包括甘油一酯途径和甘油二酯途径。脂肪酸的合成是由糖代谢产生的乙酰CoA为原料，另外还需要ATP、$NADPH+H^+$、HCO_3^-等，经乙酰CoA羧化酶（脂肪酸合成的限速酶）催化生成丙二酸单酰CoA，再以丙二酸单酰CoA为二碳供体，经缩合、还原、脱水、再还原连续的反应，每个循环增加2个碳原子，经7次循环，可以合成16碳的软脂酸。必需脂肪酸是维持机体正常生命活动所必需，但体内不能合成，必须由食物提供的脂肪酸，包括亚油酸、α-亚麻酸、花生四烯酸等。花生四烯酸是前列腺素、血栓噁烷及白三烯重要生理活性物质的前体。

甘油磷脂在肝、肾及肠等组织的内质网中合成；合成原料有脂肪酸、甘油、磷酸盐、胆碱、丝氨酸、肌醇等，ATP、CTP除供能外，还参与原料的活化，CDP-胆碱、CDP-乙醇胺分别是胆碱及乙醇胺的活性形式。磷脂酰胆碱和磷脂酰乙醇胺主要通过甘油二酯途径合成。甘油磷脂的分解代谢主要涉及磷脂酶A_1、A_2、B、C、D，分别作用于甘油磷脂分子中不同的酯键，生成多种产物。

肝脏是合成胆固醇的主要场所，合成原料有乙酰CoA、$NADPH+H^+$、ATP等。反应过程首先是乙酰CoA缩合为HMG-CoA，HMG-CoA再通过还原作用生成甲羟戊酸，然后经多步反应生成鲨烯后转化为胆固醇，此过程的限速酶是HMG-CoA还原酶。胆固醇、激素、饮食结构等都可通过影响限速酶来调节胆固醇的合成。胆固醇不能被彻底氧化分解，只能进行有限降解或转化。胆固醇最主要的代谢去路为转化成胆汁酸，在肾上腺皮质和性腺，胆固醇可转变为类固醇激素。在皮肤转变为7-脱氢胆固醇，经紫外线照射转变为维生素D_3，再经肝、肾羟化转变为1，25-$(OH)_2$-D_3，参与钙磷代谢的调节。

血脂是血浆脂质的统称，包括甘油三酯、磷脂、胆固醇及其酯和游离脂肪酸，血脂主要来源于食物及体内合成。血浆脂蛋白是血浆脂质的运输和代谢形式，血浆脂蛋白由脂质和载脂蛋白组成。载脂蛋白分为ApoA、ApoB、ApoC、ApoD、ApoE五大类，载脂蛋白的主要作用是转运脂质，稳定脂蛋白结构，并具有激活脂蛋白代谢相关酶、识别脂蛋白受体的作用。按超速离心法或电泳法可将血浆脂蛋白分为4类：CM、极低密度脂蛋白（very low density lipoprotein，VLDL）/前β-脂蛋白、低密度脂蛋白（low density lipoprotein，LDL）/β-脂蛋白及高密度脂蛋白（high density lipoprotein，HDL）/α-脂蛋白。CM主要转运外源性甘油三酯及胆固醇，VLDL主要转运内源性甘油三酯和胆固醇。LDL主要将肝合成的内源性胆固醇转运至肝外组织，HDL主要将肝外组织的胆固醇逆向转运至肝。

本 章 习 题

一、选择题

（一）A₁型选择题

1. 胆固醇是下述哪种物质的前体
A. 辅酶 A   B. 辅酶 Q
C. 维生素 A   D. 维生素 D_3
E. 维生素 E

2. 下述哪种辅因子用于脂肪酸的还原合成
A. $NADP^+$ B. FAD
C. $FADH_2$ D. $NADPH+H^+$
E. FMN

3. 下述哪种情况机体能量的提供主要来自脂肪
A. 空腹   B. 进餐后   C. 禁食
D. 剧烈运动   E. 安静状态

4. 高 β-脂蛋白血症患者血浆脂质含量测定可出现
A. TG 明显升高，Ch 正常
B. Ch 明显升高，TG 正常
C. TG 明显升高，Ch 明显升高
D. TG 明显升高，Ch 轻度升高
E. TG 轻度升高，Ch 轻度升高

5. 下列血浆脂蛋白密度由低到高的顺序正确的是
A. LDL，HDL，VLDL，CM
B. CM，VLDL，HDL，LDL
C. VLDL，HDL，LDL，CM
D. CM，VLDL，LDL，HDL
E. HDL，VLDL，LDL，CM

6. 合成胆固醇的限速酶是
A. HMG-CoA 合成酶
B. HMG-CoA 还原酶
C. HMG-CoA 裂解酶
D. 甲羟戊酸激酶
E. 鲨烯环氧酶

7. 密度最低的脂蛋白是
A. 乳糜微粒   B. β-脂蛋白
C. 前 β-脂蛋白   D. α-脂蛋白
E. 中间密度脂蛋白

8. 脂肪酸的生物合成
A. 不需要乙酰 CoA
B. 中间产物是丙二酸单酰 CoA
C. 在线粒体内进行
D. 以 $NADH+H^+$ 为还原剂

E. 最终产物为十碳以下脂肪酸

9. 肝脏生成乙酰乙酸的直接前体是
A. β-羟丁酸   B. 乙酰乙酰 CoA
C. β-羟丁酰 CoA   D. 甲羟戊酸
E. HMG-CoA

10. 胞质中合成脂肪酸的限速酶是
A. β-酮脂酰合成酶
B. 水化酶
C. 乙酰 CoA 羧化酶
D. 脂酰转移酶
E. 软脂酸脱酰酶

11. 下列关于肉碱功能的叙述正确的是
A. 转运中链脂肪酸进入肠上皮细胞
B. 转运中链脂肪酸通过线粒体内膜
C. 参与视网膜的暗适应
D. 参与脂酰转移酶促反应
E. 为脂肪酸合成时所需的一种辅酶

12. 下列哪一生化反应主要在线粒体内进行
A. 脂肪酸合成
B. 乙酰 CoA 的氧化
C. 脂肪酸的 ω 氧化
D. 胆固醇合成
E. 甘油三酯分解

13. 脂蛋白脂肪酶（LPL）催化
A. 脂肪细胞中 TG 的水解
B. 肝细胞中 TG 的水解
C. VLDL 中 TG 的水解
D. HDL 中 TG 的水解
E. LDL 中 TG 的水解

14. 体内贮存的脂肪主要来自
A. 类脂   B. 生糖氨基酸
C. 葡萄糖   D. 脂肪酸
E. 酮体

15. 下列哪个化合物是长链脂酰 CoA 进入线粒体的载体
A. NAD^+ B. 肉碱   C. FAD
D. CoA   E. $NADP^+$

16. 脂肪大量动员时肝内生成的乙酰 CoA 主要转变为
A. 葡萄糖   B. 胆固醇
C. 脂肪酸   D. 酮体
E. 草酰乙酸

17. 合成卵磷脂时所需的活性胆碱是

A. TDP-胆碱　　　　　B. ADP-胆碱

C. UDP-胆碱　　　　　D. GDP-胆碱

E. CDP-胆碱

18. 软脂酰 CoA 经过一次 β 氧化，其产物通过三羧酸循环和氧化磷酸化，生成 ATP 的分子数为

A. 5　　　　　B. 9　　　　　C. 14

D. 17　　　　　E. 36

19. 脂酰 CoA 的 β 氧化酶促反应的过程为

A. 脱氢，再脱氢，加水，硫解

B. 硫解，脱氢，加水，再脱氢

C. 脱氢，加水，再脱氢，硫解

D. 脱氢，脱水，再脱氢，硫解

E. 加水，脱氢，硫解，再脱氢

20. 导致脂肪肝的主要原因是

A. 食入脂肪过多

B. 食入过量糖类食品

C. 肝内脂肪合成过多

D. 肝内脂肪分解障碍

E. 肝内脂肪运出障碍

21. 下列哪一种化合物不是以胆固醇为原料合成的

A. 皮质醇　　　　　B. 胆汁酸

C. 雌二醇　　　　　D. 胆红素

E. 1,25-$(OH)_2$-D_3

22. 下列血浆脂蛋白的作用，哪种描述是正确的

A. CM 主要转运内源性 TG

B. VLDL 主要转运外源性 TG

C. HDL 主要将 Ch 从肝内转运至肝外组织

D. 中间密度脂蛋白（IDL）主要转运 TG

E. LDL 是运输 Ch 的主要形式

23. 脂肪酸的 β 氧化需要下列哪组维生素参与

A. 维生素 B_1 + 维生素 B_2 + 泛酸

B. 维生素 B_{12} + 叶酸 + 维生素 B_2

C. 维生素 B_6 + 泛酸 + 维生素 B_1

D. 生物素 + 维生素 B_6 + 泛酸

E. 维生素 B_2 + 维生素 PP + 泛酸

24. 八碳的饱和脂肪酸经 β 氧化彻底氧化分解净生成

A. 15 分子 ATP　　　　B. 62 分子 ATP

C. 13 分子 ATP　　　　D. 50 分子 ATP

E. 48 分子 ATP

25. 下列哪种代谢形成的乙酰 CoA 为酮体生成的原料

A. 葡萄糖氧化分解所产生的乙酰 CoA

B. 甘油转变的乙酰 CoA

C. 脂肪酸 β 氧化所形成的乙酰 CoA

D. 丙氨酸转变而成的乙酰 CoA

E. 甘氨酸转变而成的乙酰 CoA

26. 严重糖尿病患者不妥善处理可危及生命，主要是由于

A. 代谢性酸中毒

B. 丙酮过多

C. 脂肪酸不能氧化

D. 葡萄糖从尿中排出过多

E. 消瘦

27. 乙酰 CoA 羧化酶受抑制时，下列哪种代谢会受影响

A. 胆固醇的合成　　　　B. 脂肪酸的氧化

C. 酮体的合成　　　　　D. 糖异生

E. 脂肪酸的合成

28. 当葡萄糖-6-磷酸脱氢酶受抑制时，影响脂肪酸的生物合成是因为

A. 乙酰 CoA 生成减少

B. 柠檬酸减少

C. ATP 形成减少

D. NADPH+H^+ 生成减少

E. 丙二酸单酰 CoA 减少

29. 脂肪动员时，甘油三酯逐步水解所释放的脂肪酸在血中的运输形式是

A. 与载脂蛋白结合　　　　B. 与球蛋白结合

C. 与清蛋白结合　　　　　D. 与磷脂结合

E. 与胆红素结合

30. 在脂肪酸 β 氧化的每一次循环中，不生成下述哪种化合物

A. H_2O　　　　　B. 乙酰 CoA

C. 脂酰 CoA　　　　D. NADH+H^+

E. $FADH_2$

31. 下列物质均为十八碳，若在体内彻底氧化，哪一种生成 ATP 最多

A. 3 个葡萄糖分子　　　　B. 1 个硬脂酸分子

C. 6 个甘油分子　　　　　D. 6 个丙酮酸分子

E. 9 个乙酰 CoA 分子

32. 糖与脂肪酸及胆固醇的代谢交叉点是

A. 磷酸烯醇式丙酮酸　　　B. 丙酮酸

C. 乙酰 CoA　　　　　　　D. 琥珀酸

E. 延胡索酸

33. 某高脂蛋白血症患者，血浆 VLDL 增高宜以何种膳食治疗

A. 无胆固醇膳食　　　　B. 低脂膳食

C. 低糖膳食　　　　　　D. 低脂低胆固醇膳食

E. 普通膳食

34. 肝脏在脂肪代谢中产生过多酮体意味着
A. 肝功能不好　　　　B. 肝中脂肪代谢紊乱
C. 脂肪摄入过多　　　D. 酮体是病理性产物
E. 糖的供应不足

35. 血浆中催化脂酰基转移到胆固醇生成胆固醇酯的酶是
A. LCAT　　　　　　　B. 脂酰转移酶
C. LPL　　　　　　　　D. 磷脂酶
E. 肉碱脂酰转移酶

36. 关于载脂蛋白的功能，下列叙述不正确的是
A. 与脂质结合，在血浆中转运脂质
B. ApoA Ⅰ能激活 LCAT
C. ApoB 能识别细胞膜上的 LDL 受体
D. ApoC Ⅰ能激活 LPL
E. ApoC Ⅱ能激活 LPL

37. 通常生物膜中不存在的脂质是
A. 脑磷脂　　　　　　B. 卵磷脂
C. 胆固醇　　　　　　D. 甘油三酯
E. 糖脂

38. 甘油氧化分解及其异生成糖的共同中间产物是
A. 丙酮酸　　　　　　B. 2-磷酸甘油酸
C. 3-磷酸甘油酸　　　D. 磷酸二羟丙酮
E. 磷酸烯醇式丙酮酸

39. 下列脂肪酸中属于必需脂肪酸的是
A. 软脂酸　　　　　　B. 油酸
C. 亚油酸　　　　　　D. 硬脂酸
E. 饱和脂肪酸

40. 体内合成卵磷脂时不需要
A. ATP 与 CTP　　　　B. NADPH+H$^+$
C. 甘油二酯　　　　　D. 丝氨酸
E. S-腺苷甲硫氨酸

41. 以甘油一酯途径合成甘油三酯主要存在于
A. 脂肪细胞　　　　　B. 肠黏膜细胞
C. 肌细胞　　　　　　D. 肝细胞
E. 肾脏细胞

42. 肝脏不能氧化利用酮体是由于缺乏
A. HMG-CoA 合成酶
B. HMG-CoA 裂解酶
C. HMG-CoA 还原酶
D. 琥珀酰 CoA 转硫酶
E. 乙酰乙酰 CoA 硫解酶

43. 下列哪种物质不属于脂质
A. 胆固醇　　　　　　B. 磷脂酸
C. 甘油　　　　　　　D. 前列腺素
E. 维生素 E

44. 脂肪肝的形成与下列哪一种因素无关
A. 必需脂肪酸缺乏　　B. 胆碱缺乏
C. 必需氨基酸缺乏　　D. 酗酒
E. 维生素 B$_6$ 缺乏

45. 蛋白质含量最高的血浆脂蛋白是
A. VLDL　　　　　B. LDL　　　　C. HDL
D. CM　　　　　　　E. β-脂蛋白

46. 下列哪一种脂肪酸是合成前列腺素（PG）的前体
A. 软脂酸　　　　　　B. 硬脂酸
C. 油酸　　　　　　　D. 亚油酸
E. 花生四烯酸

47. 细胞质中 3-磷酸甘油脱氢酶的辅酶是
A. NADP$^+$　　　　　　B. CoASH
C. NAD$^+$　　　　　　　D. FAD　　　　E. CoQ

48. CM 主要合成部位为
A. 小肠黏膜细胞　　　B. 血浆
C. 心脏　　　　　　　D. 肝脏　　　E. 大脑

49. 下列关于 HMG-CoA 还原酶的叙述错误的是
A. 此酶存在于细胞质中
B. 是胆固醇合成过程中的限速酶
C. 胰岛素可诱导此酶合成
D. 经磷酸化后活性增强
E. 胆固醇可反馈抑制其活性

50. 甘油磷脂合成过程中需要的高能化合物是
A. ATP、CTP　　　　　B. CTP、TTP
C. TTP、UTP　　　　　D. UTP、GTP
E. ATP、GTP

51. 有关 HDL 的叙述错误的是
A. 主要由肝脏合成，小肠合成少部分
B. 肝脏新合成的 HDL 呈圆盘状，主要由磷脂、胆固醇和载脂蛋白组成
C. HDL 成熟后呈球形，胆固醇酯含量增加
D. HDL 主要在肝脏降解
E. HDL 的主要功能是血浆中甘油三酯和磷脂的运输形式

52. 下列关于 LPL 的叙述错误的是
A. LPL 是一种细胞外酶，主要存在于毛细血管内皮细胞表面
B. 可催化脂蛋白中的 TG 水解
C. 脂肪组织、心肌、脾及乳腺等组织中该酶活性高
D. ApoC Ⅲ可抑制其活性
E. ApoA Ⅰ可激活 LPL

53. 人体内多不饱和脂肪酸指的是
A. 油酸、软脂酸

B. 油酸、亚油酸

C. 亚油酸、α-亚麻酸

D. 软脂酸、亚油酸

E. 硬脂酸、花生四烯酸

54. 乳糜微粒中含量最少的成分是

A. 磷脂酰胆碱　　　　B. 脂肪酸

C. 甘油三酯　　　　　D. 胆固醇

E. 蛋白质

55. 下列对混合微团的叙述，错误的是

A. 在小肠上段形成

B. 体积更小、极性更大的微团

C. 由甘油一酯、脂肪酸、胆固醇及溶血磷脂等与胆汁酸乳化而成

D. 是胰脂酶、磷脂酶 A_2、胆固醇酯酶及辅脂酶等消化脂质作用的主要场所

E. 易于穿过小肠黏膜细胞表面的水屏障被肠黏膜细胞吸收

56. 血浆脂蛋白用琼脂糖凝胶电泳进行分离时，从负极到正极的电泳图谱顺序是

A. CM→前 β-脂蛋白→β-脂蛋白→α-脂蛋白

B. CM→α-脂蛋白→β-脂蛋白→前 β-脂蛋白

C. α-脂蛋白→β-脂蛋白→前 β-脂蛋白→CM

D. CM→β-脂蛋白→前 β-脂蛋白→α-脂蛋白

E. α-脂蛋白→前 β-脂蛋白→β-脂蛋白→CM

57. 血浆中哪种脂蛋白浓度增加，可能具有抗动脉粥样硬化作用

A. 乳糜微粒　　　　　B. 极低密度脂蛋白

C. 低密度脂蛋白　　　D. 中间密度脂蛋白

E. 高密度脂蛋白

58. 1mol 羟基甲基戊二酸单酰辅酶 A 生成需要

A. 2mol 的乙酰 CoA　　B. 3mol 的乙酰 CoA

C. 4mol 的乙酰 CoA　　D. 5mol 的乙酰 CoA

E. 6mol 的乙酰 CoA

59. 下列哪种器官中不能氧化利用体内所合成的酮体

A. 骨骼肌　　　B. 脑　　　C. 肾脏

D. 肝脏　　　　E. 心肌

60. Ⅱa 型脂蛋白异常血症患者空腹血浆

A. 乳糜微粒升高

B. 极低密度脂蛋白升高

C. 低密度脂蛋白升高

D. 极低密度脂蛋白及低密度脂蛋白升高

E. 乳糜微粒及极低密度脂蛋白升高

61. 正常情况下，CM 的半衰期为

A. 5～15 分钟　　　B. 6～12 小时

C. 2～4 天　　　　　D. 3～5 天

E. 7～10 天

62. 下列哪种不是合成脑磷脂、卵磷脂的共同原料

A. α-磷酸甘油　　　B. 脂肪酸

C. 丝氨酸　　　　　D. S-腺苷甲硫氨酸

E. ATP 与 CTP

63. 长期不食用植物油时可能会缺乏

A. 亚油酸　　　　　B. 油酸

C. 月桂酸　　　　　D. 硬脂酸

E. 软脂酸

64. 体内甘油三酯合成能力最强的部位为

A. 脂肪组织　　　　B. 小肠

C. 心脏　　　　　　D. 肝脏

E. 肾脏

65. 氧化脂肪酸能力最强的组织有

A. 肝、心肌、脑　　B. 肝、心肌、肾

C. 肝、肾、脑　　　D. 肝、心肌、骨骼肌

E. 肾、脑、心肌

66. 合成胆固醇的酶系分布于

A. 光面内质网和线粒体

B. 线粒体和高尔基体

C. 细胞质和光面内质网

D. 线粒体和溶酶体

E. 细胞质和高尔基体

67. 健康成人摄入充足的低糖低蛋白高脂膳食后，心肌细胞中

A. 乙酰 CoA 羧化酶活性明显增强

B. 磷酸果糖激酶-1 活性明显增强

C. 肉碱脂酰转移酶Ⅰ活性明显增强

D. 丙酮酸脱氢酶复合体活性明显增强

E. L-谷氨酸脱氢酶活性明显增强

68. 脂肪酸 β 氧化时有两步脱氢反应，其受氢体为

A. NAD^+，FAD　　　B. NAD^+，FMN

C. NAD^+，$NADP^+$　　D. FAD，FMN

E. NAD^+，CoQ

69. 下列合成代谢中需要 S-腺苷甲硫氨酸参与的是

A. 胆固醇的合成　　　B. 酮体的合成

C. 卵磷脂的合成　　　D. 心磷脂的合成

E. 鞘氨醇的合成

70. Ⅴ型脂蛋白异常血症的空腹血浆中

A. 乳糜微粒升高

B. 极低密度脂蛋白升高

C. 低密度脂蛋白升高

D. 极低密度脂蛋白和低密度脂蛋白均升高

E. 乳糜微粒和极低密度脂蛋白均升高

71. 下列哪种载脂蛋白可以与 LDL 受体识别结合

A. ApoA Ⅰ   B. ApoA Ⅱ

C. ApoE   D. ApoC Ⅱ

E. ApoD

72. 在高密度脂蛋白成熟过程中，使游离胆固醇转化成胆固醇酯的酶是

A. 卵磷脂-胆固醇脂酰转移酶

B. 脂酰 CoA-胆固醇脂酰转移酶

C. 乙酰基转移酶

D. 脂酰 CoA 转移酶

E. 胆固醇酯酶

73. 空腹血脂含量通常指餐后

A. 4～6 小时   B. 6～8 小时

C. 8～10 小时   D. 10～12 小时

E. 12～14 小时

74. 血浆脂蛋白 LDL 中含量最丰富的载脂蛋白是

A. ApoA Ⅰ   B. ApoA Ⅱ

C. ApoB48   D. ApoB100

E. ApoD

75. 饱食后脂肪酸合成加强，丙二酸单酰辅酶 A 含量增加，从而抑制

A. HMG-CoA 合成酶的活性

B. 乙酰 CoA 羧化酶的活性

C. 肉碱脂酰转移酶 Ⅰ 的活性

D. 脂酰 CoA 脱氢酶的活性

E. 乙酰 CoA 合成酶的活性

76. 合成胆碱时所需要的氨基酸是

A. 甘氨酸   B. 苏氨酸

C. 丙氨酸   D. 苯丙氨酸

E. 甲硫氨酸

77. 在哺乳动物中，鲨烯经过环化首先形成

A. 胆固醇   B. 谷固醇

C. 羊毛固醇   D. 皮质醇

E. 7-脱氢胆固醇

78. 下列哪种化合物具有环戊烷多氢菲骨架

A. 酮体   B. 前列腺素

C. 白三烯   D. 胆固醇

E. 磷脂酰胆碱

79. 用密度分离法和电泳法对血浆脂蛋白进行分类的正确对应关系是

A. CM—前 β-脂蛋白

B. VLDL—β-脂蛋白

C. LDL—前 β-脂蛋白

D. HDL—β-脂蛋白

E. VLDL—前 β-脂蛋白

80. 下列磷脂中可以生成第二信使 DAG 和 IP_3 的是

A. 二磷脂酰甘油   B. 磷脂酰丝氨酸

C. 磷脂酰乙醇胺   D. 磷脂酰胆碱

E. 磷脂酰肌醇

81. 合成 1 分子胆固醇需要

A. 27 分子 ATP   B. 36 分子 ATP

C. 38 分子 ATP   D. 42 分子 ATP

E. 48 分子 ATP

（二）A₂ 型选择题

1. 李先生，52 岁，3 年前被诊断患有糖尿病。近期体检时发现，血液中胆固醇含量为 10.23mmol/L（正常值＜6.21mmol/L），甘油三酯含量 1.89mmol/L（正常值＜2.26mmol/L）。请问与李先生血脂异常最相关的血浆脂蛋白为

A. CM   B. VLDL   C. LDL

D. IDL   E. HDL

2. 夏女士最近因步态短促不稳等原因去医院就诊，检查发现下肢动脉管腔狭窄，血管壁上有脂肪沉积。请问：有助于防止这类病症的血浆脂蛋白是

A. CM   B. VLDL   C. LDL

D. IDL   E. HDL

3. 张先生患家族性高胆固醇血症，其血浆胆固醇高达 17.8mmol/L，引起张先生血脂异常主要的原因是

A. LDL 受体缺陷   B. CM 升高

C. LPL 被激活   D. ApoB48 升高

E. VLDL 升高

4. 患者，48 岁，男，5 个月前出现上腹痛（本人描述为持续隐痛，与进食无关），近期症状复发，检查发现血中谷丙转氨酶（GPT）和谷草转氨酶（GOT）均升高，结合腹部超声检查诊断为脂肪肝。请问脂肪肝的形成与肝细胞中哪种脂蛋白的合成障碍有关

A. CM   B. VLDL   C. LDL

D. IDL   E. HDL

5. 刘女士，62 岁，近期出现头晕、胸闷等症状，空腹血清总胆固醇（7.45mmol/L）和甘油三酯（2.37mmol/L）含量升高，请问将肝内合成的胆固醇向肝外组织运输的血浆脂蛋白和运输外源性甘油三酯的血浆脂蛋白分别是

A. VLDL、CM   B. HDL、LDL

C. CM、HDL   D. VLDL、HDL

E. VLDL、LDL

6. 患者，38 岁，女，近两个月出现怕热多汗、心慌失眠、食欲减退、消瘦等情况，检查显示：胆固醇 1.82mmol/L（正常参考值：2.8～6.0mmol/L），三碘甲状腺原氨酸（T_3）17.9pg/ml（正常参考值：1.45～3.48pg/ml），甲状腺素（T_4）13.9ng/dl（正常参考值：0.89～1.76ng/dl），甲状腺彩超见双侧甲状腺弥漫性肿大。诊断为甲亢。请问患者血清中胆固醇含量偏低的原因是

A. 由于甲状腺素促进胆固醇的氧化分解

B. 由于甲状腺素促进胆固醇转化为性激素

C. 由于甲状腺素促进胆固醇转化为维生素 D_3

D. 由于甲状腺素促进胆固醇转化为胆汁酸

E. 由于甲状腺素促进胆固醇转化为胆固醇酯

7. 患者，34 岁，女，1 型糖尿病，晚上睡前出现抽搐等症状，去医院检查后发现血酮＞5mmol/L。该女士出现抽搐等症状，应首先考虑

A. 低血糖   B. 高胆固醇血症

C. 缺乏维生素   D. 酮症酸中毒

E. 高脂血症

（三）B_1 型选择题

A. 前 β-脂蛋白   B. β-脂蛋白

C. α-脂蛋白   D. 清蛋白   E. CM

1. 转运外源性 TG 的是

2. 转运内源性 TG 的是

A. VLDL   B. LDL   C. HDL

D. 清蛋白   E. CM

3. 逆向转运胆固醇的是

4. 转运游离脂肪酸的是

A. 胰脂酶   B. 辅脂酶

C. 肝脂酶   D. LPL

E. 激素敏感性脂肪酶（HSL）

5. 催化 CM 中 TG 水解的是

6. 催化食物中 TG 分解的是

A. HMG-CoA 合成酶

B. HMG-CoA 还原酶

C. 乙酰 CoA 羧化酶

D. 激素敏感脂肪酶

E. 卵磷脂胆固醇酰基转移酶（LCAT）

7. 胆固醇合成的限速酶为

8. 脂肪酸合成的限速酶为

A. 乳糜微粒   B. 前 β-脂蛋白

C. β-脂蛋白   D. α-脂蛋白

E. 清蛋白

9. ApoB100 主要存在于

10. 电泳速度最快的是

A. ApoA Ⅰ   B. ApoA Ⅱ

C. ApoB100   D. ApoC Ⅱ

E. ApoC Ⅲ

11. 激活 LCAT 的是

12. 激活 LPL 的是

A. 再脱氢   B. 脱水

C. 加水   D. 硫解   E. 脱氢

13. 脂酰 CoA β 氧化的第二步反应为

14. 脂酰 CoA β 氧化的最后一步反应为

A. 油酸   B. 亚麻酸

C. 软脂酸   D. 硬脂酸

E. 花生酸

15. 营养必需脂肪酸是

16. 结构有 18 个碳原子的饱和脂肪酸是

二、填空题

1. 动物脂肪中含量最丰富的饱和脂肪酸为软脂酸和_____。

2. 胆固醇在体内主要的去路是形成_____。

3. 酮体是乙酰乙酸、β-羟丁酸和_____的总称。

4. 合成脂肪酸的直接原料是_____和 NADPH+H^+。

5. 脂肪酸合成的限速酶是_____。

6. 甘油二酯与_____作用生成卵磷脂。

7. 甘油二酯与_____作用生成脑磷脂。

8. 哺乳动物的必需脂肪酸有_____、亚麻酸和花生四烯酸。

9. 采用乙酸纤维素薄膜电泳分离血浆脂蛋白时，迁移速度最快的是_____。

10. ApoC Ⅱ能激活_____。

11. 血液中胆固醇酯化需_____催化。

12. 组织细胞内胆固醇酯化需_____催化。

13. LDL 受体能识别和结合含载脂蛋白_____和载脂蛋白 E 的脂蛋白。

14. 脂质消化的主要部位是＿＿＿＿＿＿＿。

15. 脂质吸收入血有两条途径，中短链脂肪酸经门静脉吸收入血，长链脂肪酸、胆固醇、磷脂等合成乳糜微粒经＿＿＿＿＿＿吸收入血。

16. 胆固醇可在肝脏转化成＿＿＿＿＿＿排出体外，这是机体排出多余胆固醇的主要途径。

17. LPL 的功能主要是水解 CM 和＿＿＿＿＿中的甘油三酯。

18. LDL 中的载脂蛋白主要是＿＿＿＿＿＿。

19. 细胞内游离胆固醇升高能抑制 HMG-CoA 还原酶的活性，增加＿＿＿＿＿＿＿＿酶的活性。

20. 酮体在肝内生成，＿＿＿＿＿＿＿利用。

21. 脂酰 CoA β 氧化过程包括脱氢、加水、再脱氢和＿＿＿＿＿＿＿。

22. 肝脏、脂肪组织及＿＿＿＿＿＿＿是甘油三酯合成的主要场所。

23. 脑磷脂和卵磷脂通过＿＿＿＿＿＿＿＿途径合成。

24. 体内胆固醇合成的主要场所是＿＿＿＿＿。

25. ＿＿＿＿＿＿＿＿＿＿ 的主要生理功能是逆向转运胆固醇。

26. LCAT 在＿＿＿＿＿＿的作用下活化后，在血浆中将游离胆固醇酯化成胆固醇酯。

27. Ⅰ 型高脂蛋白血症的血浆脂蛋白变化是＿＿＿＿＿＿＿＿升高。

28. 脂酰 CoA β 氧化的限速酶是＿＿＿＿＿＿。

29. 游离脂肪酸不能直接在血浆中运输，＿＿＿＿＿＿＿＿＿具有结合游离脂肪酸的能力，能将脂肪酸运送至全身。

30. 胰腺分泌的脂质消化酶包括胰脂酶、辅脂酶、磷脂酶 A_2 和＿＿＿＿＿＿＿＿＿。

31. 脂质以＿＿＿＿＿＿＿＿＿＿的形式在血中运输和代谢。

32. 肝脏中脂酰 CoA β 氧化生成的乙酰 CoA 能转化成＿＿＿＿＿＿＿＿＿＿，经血液运输至肝外组织利用。

三、名词解释

1. 不饱和脂肪酸
2. 脂肪动员
3. 脂蛋白
4. 载脂蛋白
5. 必需脂肪酸
6. 脂肪肝
7. 酮体
8. 脂质
9. 胆固醇的逆向转运
10. LPL
11. LCAT
12. ACAT
13. 脂肪酸活化
14. 乳糜微粒
15. VLDL
16. LDL
17. HDL

四、简答题

1. 什么是血浆脂蛋白？分离血浆脂蛋白的方法有几种？各将血浆脂蛋白分成哪几种？

2. 计算 1mol 软脂酸彻底氧化能生成多少摩尔 ATP？净生成多少摩尔 ATP？

3. 试述酮体的生成过程及氧化利用过程。

4. 在一段时间里，只单一地给动物脂肪食物时，为什么会出现酮症？若给酮症的动物适当注射葡萄糖，又为什么能使酮症消失？

5. 脂肪酸合成的原料是什么？合成的限速酶是什么？

6. 试比较脂肪组织甘油三酯脂肪酶（ATGL）和组织毛细血管壁上 LPL 两种酶有何异同（从底物、影响活性或表达的因素等方面分析）？

7. 磷脂合成的原料是什么？它在体内的主要生理功能有哪些？

8. 超速离心法将血浆脂蛋白分成哪几类？试述每类血浆脂蛋白的合成部位，组成的主要脂质及生理功能。

9. 试述胆固醇的合成部位、合成原料、限速酶及转化、排泄。

10. 乙酰 CoA 可由哪些物质代谢产生？它又有哪些代谢去路？

11. 载脂蛋白的种类有哪些？主要作用如何？

五、论述题

1. 为什么糖吃多了人体会发胖（写出主要反应过程）？脂肪能转变成葡萄糖吗？为什么？

2. 各类脂蛋白在体内如何代谢？

3. 试以脂质代谢及代谢紊乱理论分析酮症、脂肪肝的成因。

4. 患者，42 岁，因"烦渴、多饮、消瘦 12 年，咳嗽 3 天，伴意识模糊 1 天"入院。患者曾有糖尿病史 12 年，一直用胰岛素治疗，血糖控制情况不详。1 天前出现意识障碍，家属发现其呼吸急促，并有烂苹果味。重度脱水貌，浅昏迷；脉搏 108 次/分，血压 69/43mmHg；空腹血糖 45.72mmol/L，β-羟丁酸 11.2mmol/L，乙酰乙酸 4.6mmol/L，血肌酐 355.42μmol/L，尿素氮 28.1mmol/L，血白细胞 16.22×10^9/L，中性粒细胞 97.21%，尿酮体（+++），尿糖（++++），以上指标均超过正常范围。

初步诊断：糖尿病酮症酸中毒，糖尿病高渗性昏迷，1 型糖尿病。

根据以上案例请回答以下问题：

（1）什么是酮体？该患者呼气时为什么带有烂苹果味？

（2）糖尿病酮症酸中毒发病的生化机制是什么？

参 考 答 案

一、选择题

（一）A$_1$ 型选择题

1. D	2. D	3. C	4. B	5. D	6. B	7. A
8. B	9. E	10. C	11. D	12. B	13. C	14. C
15. B	16. D	17. E	18. C	19. C	20. E	21. D
22. E	23. E	24. D	25. C	26. A	27. E	28. D
29. C	30. A	31. B	32. C	33. D	34. E	35. A
36. D	37. D	38. D	39. C	40. B	41. B	42. D
43. C	44. E	45. C	46. E	47. C	48. A	49. D
50. A	51. E	52. E	53. C	54. E	55. D	56. D
57. D	58. E	59. D	60. C	61. A	62. D	63. D
64. D	65. D	66. C	67. C	68. A	69. C	70. D
71. C	72. A	73. E	74. D	75. C	76. E	77. C
78. D	79. E	80. E	81. B			

（二）A$_2$ 型选择题

1. C　2. E　3. A　4. B　5. A　6. D　7. D

（三）B$_1$ 型选择题

1. E　2. A　3. C　4. D　5. D　6. A　7. B
8. C　9. C　10. D　11. A　12. D　13. C　14. D
15. B　16. D

二、填空题

1. 硬脂酸
2. 胆汁酸
3. 丙酮
4. 乙酰 CoA
5. 乙酰 CoA 羧化酶
6. CDP-胆碱
7. CDP-乙醇胺
8. 亚油酸
9. α-脂蛋白
10. 脂蛋白脂肪酶（LPL）
11. LCAT
12. ACAT
13. B100
14. 小肠上段十二指肠下段
15. 淋巴系统
16. 胆汁酸
17. VLDL
18. ApoB100
19. ACAT
20. 肝外
21. 硫解
22. 小肠
23. 甘油二酯
24. 肝脏
25. HDL
26. ApoA I
27. CM
28. 肉碱脂酰转移酶 I
29. 清蛋白/白蛋白
30. 胆固醇酯酶
31. 脂蛋白
32. 酮体

三、名词解释

1. 不饱和脂肪酸：结构中含一个或一个以上双键的脂肪酸。

2. 脂肪动员：是指储存在脂肪细胞中的脂肪，被脂肪酶逐步水解为游离脂肪酸和甘油并释放入血，以供组织利用的过程。

3. 脂蛋白：血浆脂蛋白是脂质与载脂蛋白结合形成的复合体，一般呈球形，表面为载脂蛋白、磷脂、胆固醇的亲水基团，疏水基团朝向球内，内核为甘油三酯、胆固醇酯等疏水脂质。血浆脂蛋白是血浆脂质的运输和代谢形式。

4. 载脂蛋白：载脂蛋白是脂蛋白中的蛋白质部分，分为 A、B、C、D、E 等几大类，在血浆中起运载脂质的作用，还能识别脂蛋白受体、调节血浆脂蛋白代谢酶的活性。

5. 必需脂肪酸：机体必需但自身又不能合成或合成量不足、必须靠食物提供的多不饱和脂肪酸。

6. 脂肪肝：在肝细胞合成的脂肪不能顺利移出而造成肝脏脂肪堆积的现象，称为脂肪肝。

7. 酮体：脂肪酸在肝脏中不完全氧化分解的中间产物，包括乙酰乙酸、β-羟丁酸及丙酮。

8. 脂质：脂肪和类脂的总称。

9. 胆固醇的逆向转运：新生 HDL 从肝外组织细胞获取胆固醇并在血浆 LCAT、ApoA、ApoD 及胆固醇酯转运蛋白（CETP）和磷脂转运蛋白（PLTP）共同作用下，胆固醇被酯化、双脂层盘状 HDL 逐步膨胀为单脂层球状的成熟 HDL，经血液运输至肝，与肝细胞膜表面 HDL 受体结合，被肝细胞摄取降解，其中的胆固醇酯可被分解转化成胆汁酸排出体外，这种将肝外组织多余胆固醇运输至肝，分解转化排出体外的过程就是胆固醇逆向转运。

10. LPL：脂蛋白脂肪酶，分布于骨骼肌、心肌及脂肪等组织毛细血管内皮细胞表面的一种脂肪酶，能水解 CM 和 VLDL 中的甘油三酯，释放出甘油和游离脂肪酸供组织细胞摄取利用。

11. LCAT：卵磷脂胆固醇酰基转移酶，催化 HDL 中卵磷脂 2 位上的脂酰基转移至游离胆醇的 3 位羟基上，使位于 HDL 表面的胆固醇酯化，促成 HDL 成熟及胆固醇逆向转运。

12. ACAT：脂酰 CoA-胆固醇酰基转移酶，分布于细胞内质网，能将脂酰辅酶 A 上的脂酰基转移至游离胆固醇的 3 位羟基上，使胆固醇酯化储存在细胞质中。

13. 脂肪酸活化：脂肪酸在内质网、线粒体外膜上的脂酰 CoA 合成酶的催化下生成脂酰 CoA 的过程。

14. 乳糜微粒：由小肠黏膜细胞利用从消化道摄取的食物脂肪酸，再合成甘油三酯后组装形成的一种脂蛋白颗粒，经过淋巴系统吸收入血，功能是运输外源性甘油三酯和胆固醇。

15. VLDL：极低密度脂蛋白，肝细胞合成的甘油三酯在肝细胞内质网与 ApoB100、ApoC 及磷脂、胆固醇组装成的一种脂蛋白，由肝细胞分泌入血，功能是运输内源性甘油三酯和胆固醇。

16. LDL：低密度脂蛋白，在血浆中由 VLDL 的代谢转化所形成，转运内源性胆固醇的一种脂蛋白颗粒。

17. HDL：高密度脂蛋白，在肝脏或小肠中形成，由载脂蛋白、甘油三酯和磷脂所组成，具有逆向转运胆固醇功能的一种脂蛋白颗粒。

四、简答题

1. 什么是血浆脂蛋白？分离血浆脂蛋白的方法有几种，各将血浆脂蛋白分成哪几种？

血浆脂蛋白：由血浆中的脂质与载脂蛋白结合形成。分离血浆脂蛋白常用的方法有超速离心法和电泳法。超速离心法将血浆脂蛋白分为四类：即乳糜微粒（CM）、极低密度脂蛋白（VLDL）、低密度脂蛋白（LDL）、高密度脂蛋白（HDL）。电泳法将血浆脂蛋白分为四类，分别称为乳糜微粒、前 β-脂蛋白、β-脂蛋白、α-脂蛋白。

2. 计算 1mol 软脂酸彻底氧化能生成多少摩尔 ATP？净生成多少摩尔 ATP？

1mol 软脂酸活化生成软脂酰 CoA 需消耗 2 个高能磷酸键。软脂酰 CoA 再经 7 次 β 氧化，生成 7 分子 $FADH_2$、7 分子 $NADH+H^+$ 和 8 分子乙酰 CoA。经氧化磷酸化和三羧酸循环，共可生成（1.5×7）+（2.5×7）+（10×8）= 108mol ATP，除去活化时所耗，则 1mol 软脂酸彻底氧化净生成 106mol ATP。

3. 试述酮体的生成过程及氧化利用过程。

（1）生成：在肝细胞线粒体内。

2 乙酰 CoA → 乙酰乙酰 CoA → HMG-CoA → 乙酰乙酸

乙酰乙酸 → β-羟丁酸

乙酰乙酸 → 丙酮

（2）氧化利用：在肝外组织。

乙酰乙酸＋琥珀酰 CoA → 乙酰乙酰 CoA ＋琥珀酸→ 2 乙酰 CoA

β-羟丁酸→乙酰乙酸→乙酰 CoA

丙酮正常情况下生成量很少，可经肺呼出。

4. 在一段时间里，只单一地给动物脂肪食物时，为什么会出现酮症？若给酮症的动物适当注射葡萄糖，又为什么能使酮症消失？

单一地给动物脂肪食物，体内脂肪分解代谢增强，乙酰 CoA 生成量大大增加，肝内酮体的生成数量也会大大增加，会出现酮症；酮症的动物给糖后，一方面糖代谢的增强会产生大量的草酰乙酸，草酰乙酸与乙酰 CoA 结合进入三羧酸循环，使体内酮体迅速被代谢；另一方面糖代谢的增强，使脂肪分解代谢减弱，乙酰 CoA 产生也减少，酮体的生成数量减少。

5. 脂肪酸合成的原料是什么？合成的限速酶是什么？

脂肪酸合成的原料是乙酰 CoA、NADPH+H$^+$、

ATP。脂肪酸合成的限速酶为乙酰 CoA 羧化酶。

6. 试比较脂肪组织甘油三酯脂肪酶（ATGL）和组织毛细血管壁上 LPL 两种酶有何异同（从底物、影响活性或表达的因素等方面分析）？

	ATGL	LPL
名称	脂肪组织甘油三酯脂肪酶	脂蛋白脂肪酶
底物	脂肪组织中的甘油三酯	脂蛋白中的甘油三酯
影响因素	激素（肾上腺素、胰岛素等）和细胞因子	ApoC Ⅱ 是不可缺少的激活因素；ApoC Ⅲ 是抑制因素

7. 磷脂合成的原料是什么？它在体内的主要生理功能有哪些？

磷脂合成的原料：甘油、脂肪酸、磷酸盐、胆碱、丝氨酸、肌醇、ATP 及 CTP 等。磷脂在体内主

要是构成生物膜，并参与细胞识别及信息传递。

8. 超速离心法将血浆脂蛋白分成哪几类？试述每类血浆脂蛋白的合成部位、组成的主要脂质及生理功能。

分类	合成部位	组成的主要脂质	生理功能
CM	小肠黏膜上皮细胞	甘油三酯	转运外源性甘油三酯及胆固醇
VLDL	肝细胞	甘油三酯	转运内源性甘油三酯及胆固醇
LDL	血浆	胆固醇及其酯	转运内源性胆固醇
HDL	肝、肠、血浆	磷脂、胆固醇及其酯	逆向转运胆固醇

9. 试述胆固醇的合成部位、合成原料、限速酶及转化、排泄。

合成部位：肝为最主要部位，其次为小肠、皮肤、肾上腺皮质、性腺等。

合成原料：乙酰 CoA、NADPH+H$^+$、ATP。

限速酶：HMG-CoA 还原酶。

转化：①转变为胆汁酸，参与脂质的消化与吸收；②转变为类固醇激素，参与机体生长发育；③转变为 7-脱氢胆固醇，经紫外线照射转变为维生素 D$_3$ 促进钙磷吸收。

排泄：胆固醇在体内并不被彻底氧化为 CO_2、H_2O，但其侧链可经氧化、还原转变为其他含环戊烷多氢菲母核的化合物，大部分进一步参与体内的代谢，还有一部分胆固醇随胆汁酸盐一起进入肠道，受细菌作用还原成粪固醇排出体外。

10. 乙酰 CoA 可由哪些物质代谢产生？它又有哪些代谢去路？

乙酰 CoA 的来源：由糖、脂肪、氨基酸及酮体分解产生。

乙酰 CoA 的去路：进入三羧酸循环彻底氧化、合成脂肪酸、胆固醇及酮体。

11. 载脂蛋白的种类有哪些？主要作用如何？

载脂蛋白主要有 A、B、C、D、E 五大类及许多亚类，如 A Ⅰ、A Ⅱ、C Ⅰ、C Ⅱ、C Ⅲ、B48、B100 等。载脂蛋白的主要作用是结合转运脂质并稳定脂蛋白结构，调节脂蛋白代谢限速酶活性，识别脂蛋白受体，介导脂蛋白颗粒之间相互作用，促进脂质转化或转运等，如 ApoA Ⅰ 激活 LCAT，ApoC Ⅱ 激活 LPL，ApoB100、ApoE 识别 LDL 受体等。

五、论述题

1. 为什么糖吃多了人体会发胖（写出主要反应过程）？脂肪能转变成葡萄糖吗？为什么？

人摄入过多的糖会造成体内能量物质过剩，进而合成脂肪储存起来，因此会发胖。

主要反应过程：

葡萄糖→丙酮酸→乙酰 CoA →合成脂肪酸→脂酰 CoA

葡萄糖→磷酸二羟丙酮→ 3-磷酸甘油

脂酰 CoA+3-磷酸甘油→脂肪（储存）

脂肪分解产生脂肪酸和甘油，脂肪酸不能转变成葡萄糖，因为脂肪酸氧化产生的乙酰 CoA 不能逆转为丙酮酸，但脂肪分解产生的甘油可以

通过糖异生途径生成葡萄糖。

2. 各类脂蛋白在体内如何代谢？

（1）CM：小肠黏膜细胞内产生→血中形成成熟的 CM →肌肉、心及脂肪等组织毛细血管内皮细胞表面的 LPL 使其中 TG 逐步水解→释出脂肪酸为心、肌、脂肪组织及肝所利用。

（2）VLDL：肝细胞内合成后入血→获得 ApoC II →激活 LPL →水解 TG。

（3）LDL：包括 LDL 受体途径和清道夫受体途径。①LDL 受体途径：由 VLDL 转变而来→分别与肝、动脉壁细胞等细胞膜表面的 LDL 受体结合 → 受体聚集成簇，胞吞入细胞与溶酶体融合→其中的胆固醇酯被水解为游离胆固醇和脂肪酸。②清道夫受体途径：血浆中部分 LDL 可被修饰为氧化型 LDL（oxidized LDL，Ox-LDL），Ox-LDL 可与清除细胞（如单核吞噬细胞系统的巨噬细胞及血管内皮细胞）表面的清道夫受体结合而被清除，清道夫受体途径约占 LDL 代谢去路的 1/3。

（4）HDL：肝脏合成新生 HDL → 其表面的 ApoA I 激活 LCAT →血中胆固醇酯化→转运进入 HDL 的核心→成熟的 HDL 与肝细胞膜的受体结合→被肝细胞摄取→胆固醇转化。

3. 试以脂质代谢及代谢紊乱理论分析酮症、脂肪肝的成因。

（1）酮症：在糖尿病或糖供给障碍等病理情况下，胰岛素分泌减少（或作用低下），而胰高血糖素、肾上腺素等分泌增加→脂肪动员加强→脂肪酸在肝内分解加快→酮体生成增加，当超过肝外组织氧化利用的能力时→血酮体升高，导致酮血症、酮尿症及酮症酸中毒。

（2）脂肪肝：肝细胞内脂肪来源多及去路少导致脂肪积存。原因：①糖代谢障碍导致脂肪动员加强，进入肝内脂肪酸增多，合成脂肪增多；②肝细胞用于合成脂蛋白的磷脂缺乏（包括合成磷脂原料缺乏）；③肝功能低下，合成磷脂、脂蛋白能力下降，导致肝内脂肪运出障碍。

4. 患者，42 岁，因"烦渴、多饮、消瘦 12 年，咳嗽 3 天，伴意识模糊 1 天"入院。患者曾有糖尿病史 12 年，一直用胰岛素治疗，血糖控制情况不详。1 天前出现意识障碍，家属发现其呼吸急促，并有烂苹果味。重度脱水貌，浅昏迷；脉搏 108 次/分，血压 69/43mmHg；空腹血糖 45.72mmol/L，β-羟丁酸 11.2mmol/L，乙酰乙酸 4.6mmol/L，血肌酐 355.42μmol/L，尿素氮 28.1mmol/L，血白细胞 $16.22×10^9$/L，中性粒细胞 97.21%，尿酮体（+++），尿糖（++++），以上指标均超过正常范围。

初步诊断：糖尿病酮症酸中毒，糖尿病高渗性昏迷，1 型糖尿病。

根据以上案例请回答以下问题：

（1）什么是酮体？该患者呼气时为什么带有烂苹果味？

脂肪酸在肝脏中不完全氧化分解的中间产物，包括乙酰乙酸、β-羟丁酸及丙酮。该患者因酮体合成过多，血中酮体含量升高，丙酮从呼吸道呼出时出现烂苹果味。

（2）糖尿病酮症酸中毒发病的生化机制是什么？

糖尿病患者由于胰岛素抵抗或分泌不足，葡萄糖利用出现障碍，机体需要通过氧化脂肪酸供能，因而脂肪动员加强。由于患者体内胰岛素不足，胰岛素对 HSL 的抑制作用减弱，脂肪细胞中的甘油三酯水解，使血液中脂肪酸浓度升高。肝细胞通过摄取更多的脂肪酸，经 β 氧化产生更多的乙酰 CoA 用于合成酮体。同时脂肪动员加强脂酰 CoA 的产生，别构抑制脂肪酸合成的限速酶乙酰 CoA 羧化酶，不仅使脂肪酸合成受阻，同时使丙二酰 CoA 生成减少，对脂肪酸 β 氧化的限速酶肉碱脂酰转移酶 I 抑制作用减弱，从而促进脂酰 CoA 进入线粒体分解产生酮体。

当酮体产生超过肝外组织氧化利用的能力时，血中酮体水平升高。如在血中过多积累超过机体利用能力，即可导致酮症酸中毒。

（卡思木江·阿西木江　陈紫微）

第六章　蛋白质消化吸收和氨基酸代谢

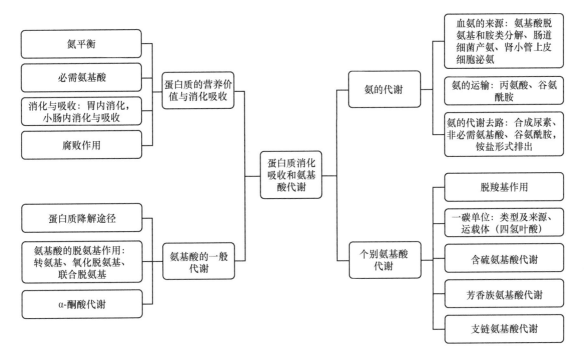

知识点导读

  体内的蛋白质处于不断合成与分解的动态平衡，组织蛋白质首先分解成氨基酸，然后再进一步代谢，所以氨基酸代谢是蛋白质分解代谢的中心内容。氮平衡（nitrogen balance）反映机体蛋白质合成和分解的平衡状况，包括氮的总平衡、负平衡和正平衡三种情况。蛋白质的营养价值取决于食物蛋白质中必需氨基酸的种类和比例。人体内有 9 种氨基酸不能合成，必须从食物中摄取，在营养学上称为必需氨基酸（essential amino acid），包括亮氨酸、异亮氨酸、缬氨酸、苏氨酸、色氨酸、苯丙氨酸、赖氨酸、甲硫氨酸和组氨酸。食物蛋白质在胃和小肠被消化成氨基酸及寡肽后，主要在小肠通过主动转运机制被吸收，这是体内氨基酸的主要来源。

  未被消化吸收的蛋白质和氨基酸在结肠下段还可发生腐败（putrefaction）作用。肠道细菌蛋白酶水解蛋白质生成氨基酸后，通过脱羧基作用产生胺类。其中酪氨酸和苯丙氨酸通过脱羧基作用分别生成酪胺及苯乙胺，两者经门静脉进入肝脏，通常经肝生物转化后排出体外。但在肝功能受损时，酪胺和苯乙胺不能在肝内及时转化，经血液循环进入脑，经 β-羟化酶催化分别转化为β-羟酪胺和苯乙醇胺，因后两者结构类似于儿茶酚胺，故被称为假神经递质。假神经递质增多时，可竞争性地干扰儿茶酚胺的正常功能，阻碍神经冲动传递，使大脑发生异常抑制，这可能是肝性脑病发生的原因之一。

  氨基酸代谢库是体内分布于各组织及体液中参与代谢的游离氨基酸的总和，包括食物蛋白质经消化后被吸收的氨基酸、体内组织蛋白质降解产生的氨基酸及体内合成的非必需氨基酸。氨基酸的分解代谢包括一般代谢和个别代谢，一般代谢途径是针对氨基酸的 α-氨基和 α-酮酸共性结构的分解。氨基酸通过脱氨基作用，生成氨及相应的 α-酮酸，脱氨基作用主要有转氨基作用、氧化脱氨基作用和联合脱氨基作用，其中转氨基与 L-谷氨酸氧化脱氨基偶联的联合脱氨基作用是体内主要的脱氨基方式。由于这个过程可逆，因此联合脱氨基作用的逆反应过程是体内合成非必需氨基酸的重要途径。在肝、肾组织中还存在一种 L-氨基酸氧化酶，将氨基酸氧化为 α-酮酸，并释放铵离子。

氨基酸脱氨基后生成的 α-酮酸可彻底氧化分解并提供能量，或经氨基化生成营养非必需氨基酸，也可转变成糖和脂质。氨基酸脱氨基后生成的氨（ammonia）、肠道细菌作用产生的氨，以及肾小管上皮细胞分解谷氨酰胺分泌的氨进入血液，形成血氨。氨在人体内是有毒物质，在血液中需以丙氨酸和谷氨酰胺两种形式进行转运，大部分氨被转运至肝脏经鸟氨酸循环（ornithine cycle）（又称尿素循环）合成尿素后排出体外，被转运到肾脏的部分则以铵盐的形式排出体外。在尿素循环中，首先 NH_3、CO_2 和 ATP 在氨基甲酰磷酸合成酶 I 的催化下生成氨基甲酰磷酸，氨基甲酰磷酸再与鸟氨酸缩合成瓜氨酸，瓜氨酸与天冬氨酸在精氨酸代琥珀酸合成酶的作用下缩合生成精氨酸代琥珀酸，后者进一步裂解生成的精氨酸在精氨酸酶的催化下水解生成尿素和鸟氨酸，鸟氨酸可继续循环。鸟氨酸循环前两个反应在肝细胞线粒体，后三步反应在胞质中进行，氨基甲酰磷酸合成酶 I 是鸟氨酸循环启动的关键酶，而精氨酸代琥珀酸合成酶是尿素合成启动以后的关键酶。每合成 1 分子尿素消耗 4 个高能磷酸键。

在正常生理情况下，血氨的来源与去路保持动态平衡，而氨在肝中合成尿素是维持这种平衡的关键。当肝功能严重损伤或尿素合成相关酶遗传性缺陷时，都可导致尿素合成发生障碍，血氨浓度升高，称为高氨血症。氨进入脑组织，可与脑中的 α-酮戊二酸结合生成谷氨酸，氨也可与脑中的谷氨酸进一步结合生成谷氨酰胺，脑细胞中的 α-酮戊二酸减少，导致三羧酸循环减弱，ATP 生成减少；另外谷氨酸、谷氨酰胺增多，渗透压增大引起脑水肿，导致大脑功能障碍，严重时可发生昏迷。

氨基酸脱羧基产生的胺类物质如 γ-氨基丁酸、组胺、5-羟色胺等，在体内发挥不同的生理作用。某些氨基酸（丝氨酸、甘氨酸、组氨酸、色氨酸）在分解代谢过程中可以产生含有一个碳原子的基团，称为一碳单位（one carbon unit），包括甲基、亚甲基、次甲基、甲酰基及亚氨甲基等。一碳单位不能游离存在，常与四氢叶酸（tetrahydrofolic acid，FH_4）结合被转运并参与代谢。一碳单位的主要功能是参与嘌呤与嘧啶的合成。甲硫氨酸代谢产生的 S-腺苷甲硫氨酸（S-adenosyl methionine，SAM）是机体活性甲基的供体，参与体内重要含甲基化合物的合成；半胱氨酸转变成牛磺酸作为结合胆汁酸盐的组成成分，活性硫酸根 3′-磷酸腺苷-5′-磷酰硫酸（3′-phosphoadenosine-5′-phosphosulfate，PAPS）作为硫酸基供体参与生物转化等。

苯丙氨酸和酪氨酸是两种重要的芳香族氨基酸，苯丙氨酸在苯丙氨酸羟化酶催化下生成酪氨酸是其主要代谢途径，先天性苯丙氨酸羟化酶缺陷患者，不能将苯丙氨酸羟化为酪氨酸，使其另一代谢产物苯丙酮酸的堆积导致苯丙酮尿症。酪氨酸在神经和肾上腺髓质中转变为儿茶酚胺，包括多巴胺、肾上腺素和去甲肾上腺素，脑组织中多巴胺生成减少可产生帕金森病（Parkinson disease）。酪氨酸在甲状腺组织参与甲状腺素的生成，在黑色素细胞经酪氨酸酶等的催化生成黑色素，先天性酪氨酸酶缺乏的患者，因不能合成黑色素，皮肤、毛发等发白，称为白化病（albinism）。

本 章 习 题

一、选择题

（一）A_1 型选择题

1. 体内运输一碳单位的载体是
A. 叶酸　　　　　　　B. 泛酸
C. 维生素 B_{12}　　　　D. FH_4
E. S-腺苷甲硫氨酸

2. 脑中 γ-氨基丁酸是由下列哪种物质脱羧基产

生的
A. 天冬氨酸　　　　　B. 谷氨酸
C. α-酮戊二酸　　　　D. 草酰乙酸
E. 苹果酸

3. 儿茶酚胺是由哪种物质转化产生的
A. 色氨酸　　　　　　B. 谷氨酸
C. 天冬氨酸　　　　　D. 酪氨酸
E. 赖氨酸

4. 下列哪种氨基酸体内不能合成，必须由食物

供给

A. 缬氨酸   B. 精氨酸

C. 丝氨酸   D. 胱氨酸

E. 丙氨酸

5. 血氨升高最主要的原因是

A. 摄入蛋白质过多   B. 肝功能障碍

C. 肠道吸收氨增多   D. 肾功能障碍

E. 组织蛋白分解过多

6. 氮负平衡见于

A. 营养充足的婴幼儿   B. 疾病恢复期

C. 癌症晚期患者   D. 营养充足的孕妇

E. 健康成年人

7. 下列哪组氨基酸都是营养必需氨基酸

A. 赖氨酸、丙氨酸、酪氨酸、色氨酸

B. 甲硫氨酸、苯丙氨酸、色氨酸、赖氨酸

C. 甘氨酸、缬氨酸、异亮氨酸、丙氨酸

D. 甲硫氨酸、脯氨酸、苏氨酸、色氨酸

E. 谷氨酸、色氨酸、甲硫氨酸、赖氨酸

8. 尿素合成启动过程的限速酶是

A. 谷氨酰胺酶

B. 氨基甲酰磷酸合成酶 I

C. 精氨酸酶

D. 精氨酸代琥珀酸合成酶

E. 精氨酸代琥珀酸裂解酶

9. 肌肉氨基酸脱氨基产生的氨向肝脏转运的过程是

A. 三羧酸循环   B. 鸟氨酸循环

C. 丙氨酸-葡萄糖循环   D. 甲硫氨酸循环

E. γ-谷氨酰基循环

10. 肾小管中排出的氨主要来自

A. 血中游离氨   B. 谷氨酰胺分解

C. 氨基酸氧化脱氨   D. 联合脱氨基作用

E. 嘌呤核苷酸循环

11. 组氨酸经过下列哪种作用生成组胺

A. 转氨基作用   B. 羟化作用

C. 氧化作用   D. 脱羧作用

E. 氧化脱氨基作用

12. 下列氨基酸中哪种脱羧基后生成血管扩张物质

A. 精氨酸   B. 谷氨酸

C. 组氨酸   D. 天冬氨酸

E. 色氨酸

13. 氨基酸脱羧酶的辅酶是

A. 硫胺素   B. 硫辛酸

C. 磷酸吡哆醛   D. 辅酶 A

E. 维生素 PP

14. 我国营养学会推荐的成人每天蛋白质的需要量是

A. 80g   B. 30～50g

C. 20g   D. 60～70g

E. 正常人处于氮平衡，所以无须补充

15. 天冬氨酸和 α-酮戊二酸经谷草转氨酶和下述哪种酶的连续作用才能产生游离的氨

A. 腺苷酸脱氨酶   B. GOT

C. L-谷氨酸脱氢酶   D. 谷氨酸脱羧酶

E. GPT

16. 以 NH_3 和 α-酮酸合成非必需氨基酸的主要方式是下列哪一途径的逆反应过程

A. 联合脱氨基作用

B. 氧化脱氨基作用

C. 转氨基作用

D. 非氧化脱氨基作用

E. 嘌呤核苷酸循环

17. 下列哪种氨基酸缺乏可引起氮负平衡

A. 丙氨酸   B. 甘氨酸

C. 谷氨酸   D. 天冬氨酸

E. 亮氨酸

18. 体内的尿素是经下列哪条途径生成的

A. 甲硫氨酸循环   B. 乳酸循环

C. 鸟氨酸循环   D. 尿素的肝肠循环

E. 嘌呤核苷酸循环

19. 急性肝炎时，血中哪种酶的活性显著增加

A. GOT   B. GPT   C. LDH

D. 淀粉酶   E. 脂蛋白脂肪酶

20. 体内甲基的直接供体是

A. $N^{10}—CH_3—FH_4$ B. 胆碱   C. 甲硫氨酸

D. S-腺苷甲硫氨酸   E. 肾上腺素

21. 没有在尿素循环中出现的氨基酸是

A. 组氨酸   B. 精氨酸

C. 瓜氨酸   D. 天冬氨酸

E. 鸟氨酸

22. 鸟氨酸循环与三羧酸循环的共同中间产物是

A. 鸟氨酸   B. 瓜氨酸

C. 精氨酸   D. 天冬氨酸

E. 延胡索酸

23. 高氨血症导致脑功能障碍的生化机制之一：血氨增高可

A. 降低脑中的 pH

B. 抑制呼吸链的电子传递

C. 抑制脑中酶的活性

D. 升高脑中尿素的浓度

E. 消耗脑细胞中的 α-酮戊二酸，导致三羧酸循环减弱

24. 下列哪一种化合物**不能**由酪氨酸合成
A. 维生素 D_3　　　　B. 肾上腺素
C. 去甲肾上腺素　　　D. 多巴胺
E. 黑色素

25. 以氨基酸为原料生成糖的过程称为
A. 糖原分解作用　　　B. 糖原合成作用
C. 糖酵解　　　　　　D. 糖异生作用
E. 磷酸戊糖途径

26. 四氢叶酸**不是**下列哪种基团或化合物的载体
A. —CHO　　　　　　B. CO_2
C. —CH=　　　　　　D. —CH_3
E. —CH=NH

27. 心肌梗死时血清中哪些酶的活性升高
A. LDH_5、GOT　　　B. LDH_5、GPT
C. LDH_1、GPT　　　D. LDH_1、GOT
E. ALT、GOT

28. 白化病是由于**缺乏**
A. 色氨酸羟化酶　　　B. 酪氨酸酶
C. 苯丙氨酸羟化酶　　D. 脯氨酸羟化酶
E. 赖氨酸羟化酶

29. 下列哪组维生素参与联合脱氨基作用
A. 维生素 B_1、维生素 B_{12}
B. 维生素 B_1、维生素 B_6
C. 泛酸、维生素 B_6
D. 叶酸、维生素 B_2
E. 维生素 B_6、维生素 PP

30. 脱氨基后生成 α-酮戊二酸的氨基酸是
A. 天冬氨酸　　　　　B. 丙氨酸
C. 谷氨酸　　　　　　D. 谷氨酰胺
E. 天冬酰胺

31. 下列关于 γ-氨基丁酸的叙述正确的是
A. 由组氨酸脱氨生成
B. 由 L-谷氨酸脱氢酶催化生成
C. 由组氨酸脱羧生成
D. 属于抑制性神经递质
E. 是 CPS-I 的别构激活剂

32. 肝脏进行生物转化时活性硫酸根的供体是
A. H_2SO_4
B. 3′-磷酸腺苷-5′-磷酸硫酸
C. 半胱氨酸
D. 牛磺酸
E. S-腺苷甲硫氨酸

33. 临床上对肝硬化伴有高血氨患者禁忌使用碱性肥皂水灌肠，这是因为
A. 碱性肥皂水严重损伤肝功能
B. 碱性肥皂水严重损伤肾功能
C. 可能引起碱中毒
D. 肥皂水使肠道 pH 升高，增加氨的吸收
E. 肥皂水引起肠道功能紊乱

34. **缺乏**下列哪种维生素可产生巨幼红细胞贫血
A. 维生素 B_1　　　　B. 维生素 B_2
C. 维生素 B_{12}　　　D. 泛酸
E. 维生素 C

35. 生物体内大多数氨基酸脱去氨基生成 α-酮酸是通过下列哪种反应过程完成的
A. 氧化脱氨基　　　　B. 还原脱氨基
C. 联合脱氨基　　　　D. 转氨基
E. 脱水脱氨基

36. 下列氨基酸中哪一种可以通过转氨基作用生成 α-酮戊二酸
A. Glu　　　　B. Ala　　　　C. Asp
D. Ser　　　　E. Gln

37. 转氨酶的辅酶是
A. TPP　　　　　　B. 磷酸吡哆醛
C. 生物素　　　　　D. 核黄素　　E. 烟酰胺

38. 以下对 L-谷氨酸脱氢酶的描述**错误**的是
A. 催化 L-谷氨酸氧化脱氨反应
B. 辅酶是 NAD^+ 或 $NADP^+$
C. 催化可逆反应
D. 在骨骼肌中活性很高
E. 催化生成游离的氨

39. 下列氨基酸可以作为一碳单位供体的是
A. Pro　　　　B. Ser　　　　C. Gln
D. Thr　　　　E. Tyr

40. 鸟氨酸循环中，合成尿素的第二个氨原子来自
A. 氨基甲酰磷酸　　　B. 天冬氨酸
C. 天冬酰胺　　　　　D. 谷氨酰胺
E. 游离氨

41. 血清中的 GOT 活性异常升高，提示下列哪种细胞可能受损伤
A. 心肌细胞　　　　　B. 肝细胞
C. 肺细胞　　　　　　D. 肾细胞
E. 脾细胞

42. 血清中的 GPT 活性异常升高，可能是下列哪种细胞受损伤
A. 心肌细胞　　　　　B. 肝细胞
C. 肺细胞　　　　　　D. 肾细胞

E. 脾细胞

43. 癌组织中含量较高的胺是
A. 组胺　　　　B. 色胺　　　　C. 多胺
D. 酪胺　　　　E. 酰胺

44. 下列关于氨基酸代谢的说法**错误**的是
A. 氨基酸吸收是耗能过程
B. 转氨基作用是所有氨基酸共有的代谢途径
C. 主要的脱氨基方式是联合脱氨基作用
D. 脱氨基后生成 α-酮酸和氨
E. 脱羧基生成胺类物质

45. 半胱氨酸代谢能生成具有重要生理功能的物质为
A. 5-羟色胺　　　B. γ-氨基丁酸
C. 牛磺酸　　　　D. 组胺
E. SAM

46. 在尿素合成过程中，下列哪一步反应需要能量
A. 精氨酸→鸟氨酸 + 尿素
B. 草酰乙酸 + 谷氨酸→天冬氨酸 +α-酮戊二酸
C. 瓜氨酸 + 天冬氨酸→精氨酸代琥珀酸
D. 延胡索酸→苹果酸
E. 精氨酸代琥珀酸→精氨酸

47. 尿素循环中需要 N-乙酰谷氨酸（AGA）作为激活剂的酶是
A. 氨基甲酰磷酸合成酶 Ⅰ
B. 鸟氨酸氨甲酰基转移酶
C. 精氨酸代琥珀酸合成酶
D. 精氨酸酶
E. 精氨酸代琥珀酸裂解酶

48. 同型半胱氨酸和 N^5-甲基四氢叶酸反应生成甲硫氨酸时需要的维生素是
A. 叶酸　　　　　B. 维生素 B_2
C. 维生素 B_6　　　D. 维生素 B_{12}
E. N^5-甲基四氢叶酸

49. 合成肌酸的原料是
A. 精氨酸、瓜氨酸
B. 精氨酸、甘氨酸和 SAM
C. 精氨酸、鸟氨酸
D. 鸟氨酸、甘氨酸和 SAM
E. 鸟氨酸、瓜氨酸

50. CPS-Ⅰ 和 CPS-Ⅱ 均催化氨基甲酰磷酸的合成，下述叙述正确的是
A. CPS-Ⅰ 催化嘧啶核苷酸合成
B. CPS-Ⅱ 催化尿素的合成
C. N-乙酰谷氨酸是 CPS-Ⅰ 的别构激活剂
D. N-乙酰谷氨酸是 CPS-Ⅱ 的别构抑制剂

E. CPS-Ⅰ 作为细胞增殖的指标，而 CPS-Ⅱ 作为肝细胞分化的指标

51. L-谷氨酸脱氢酶的别构抑制剂是
A. UDP　　　　B. CTP　　　　C. GTP
D. UTP　　　　E. GDP

52. 下列反应中，**不需要**磷酸吡哆醛参与的是
A. 由丙氨酸脱氨基生成丙酮酸
B. 谷氨酸转氨基生成 α-酮戊二酸
C. 组氨酸脱羧基生成组胺
D. 苯丙氨酸生成酪氨酸
E. 谷氨酸脱羧基生成 γ-氨基丁酸

53. 糖、脂肪酸和氨基酸代谢的交叉点是
A. 草酰乙酸　　　　B. 丙酮酸
C. 乙酰 CoA　　　　D. 延胡索酸
E. α-酮戊二酸

54. 尿素循环的中间产物中，需穿过线粒体膜的物质是
A. 氨基甲酰磷酸　　B. 精氨酸和延胡索酸
C. 尿素和鸟氨酸　　D. 鸟氨酸和瓜氨酸
E. 精氨酸和延胡索酸

55. 鸟氨酸循环中，合成尿素的第一个氮源来自
A. 游离的氨　　　　B. 天冬氨酸
C. 天冬酰胺　　　　D. 谷氨酰胺
E. 组胺

56. 下面关于 γ-氨基丁酸的叙述正确的是
A. 由谷氨酸脱羧基生成
B. 由谷氨酸脱氢酶催化生成
C. 由天冬氨酸脱羧基生成
D. 属于兴奋性神经递质
E. 是氨基甲酰磷酸合成酶的别构激活剂

57. 临床上对高氨血症患者做结肠透析时常使用
A. 弱碱性透析液　　B. 弱酸性透析液
C. 中性透析液　　　D. 强碱性透析液
E. 强酸性透析液

58. 能增加尿中酮体排出量的氨基酸是
A. 甘氨酸　　　　B. 丝氨酸
C. 赖氨酸　　　　D. 组氨酸
E. 精氨酸

59. 关于肾小管分泌氨的叙述，下列正确的是
A. NH_3 可与 H^+ 结合成 NH_4^+ 随尿液排出
B. 碱性尿有利于 NH_3 的排出
C. 碱性利尿药可能使血氨降低
D. 肾小管分泌氨主要来自天冬酰胺
E. 酸性尿妨碍肾小管分泌氨

60. 以下哪项**不是**血氨的代谢去路
A. 合成非必需氨基酸　　B. 合成谷氨酰胺

C. 合成肌酸　　　　　　D. 合成尿素

E. 合成其他含氮化合物

61. FH₄合成受阻时，**除**了影响蛋白质的合成**外**，还影响下列哪种物质的合成

A. 糖　　　　　　　　　B. 甘油三酯

C. 胆固醇酯　　　　　　D. DNA

E. 甘油磷脂

62. 下列 B 族维生素与氨基酸脱羧基有关的是

A. 维生素 B₁₂　　　　　B. 维生素 B₂

C. 维生素 B₆　　　　　D. 泛酸

E. 维生素 PP

63. 下列哪一种氨基酸代谢后可产生假神经递质

A. Phe　　　　　　B. Ser　　　C. Lys

D. His　　　　　　E. Gly

64. 对 PAPS 描述**不正确**的是

A. 参与硫酸软骨素的合成

B. 主要由半胱氨酸分解产生

C. 主要由谷氨酸分解产生

D. 活性硫酸根的供体

E. 参与类固醇激素的生物转化

65. 用亮氨酸喂养实验性糖尿病犬时，哪种物质从尿中排出增多

A. 葡萄糖　　　　　　　B. 酮体

C. 脂肪酸　　　　　　　D. 乳酸

E. 非必需氨基酸

（二）A₂ 型选择题

1. 患儿被诊断为苯丙酮尿症，该患儿需在饮食上严格控制下面哪种必需氨基酸

A. 甘氨酸　　　　　　　B. 天冬氨酸

C. 苯丙氨酸　　　　　　D. 酪氨酸

E. 赖氨酸

2. 某人一天摄入 65g 蛋白质，经过 24h 后从尿中排出 20g 氮，他处于

A. 氮负平衡　　　　　　B. 氮总平衡

C. 氮正平衡　　　　　　D. 明确性别后方可判断

E. 明确年龄后方可判断

3. 患儿，8 岁，出生时未见异常，但随着年龄增大，智力发育明显低于同龄人，生长迟缓、多动、毛发颜色浅，身上有特殊的发霉样气味，临床诊断为苯丙酮尿症。以下说法**错误**的是

A. 该疾病为苯丙氨酸羟化酶缺陷导致

B. 该疾病为酪氨酸酶缺陷导致

C. 苯丙酮酸堆积产生神经毒性，导致患儿智力低下

D. 减少膳食中苯丙氨酸的含量可控制该疾病

E. 一旦确诊应尽早给予积极治疗

4. 孕妇，孕 32 周，皮肤、口唇苍白，血常规检查发现平均红细胞体积（MCV）增大，粒细胞多核及几种其他细胞类型改变。可能导致该孕妇贫血的原因是

A. 叶酸缺乏

B. 铁缺乏

C. 葡萄糖-6-磷酸脱氢酶缺乏

D. 维生素 B₆ 缺乏

E. 铅中毒

5. 患者，男性，65 岁，5 年前诊断为肝硬化，间歇性乏力、纳差 2 年。1 天前因进食不洁食物后出现高热、频繁呕吐，继而出现说胡话、扑翼样震颤而急诊入院。

实验室检查：血清胆红素 27μmol/L，谷丙转氨酶 128U/L，血氨 109.08μmol/L。入院后给予谷氨酸钠、谷氨酸钾、六合氨基酸静脉注射及补钾等处理。请问其中六合氨基酸溶液中**不应**包含

A. L-酪氨酸　　　　　　B. L-亮氨酸

C. L-赖氨酸　　　　　　D. L-谷氨酸

E. L-精氨酸

（三）B₁ 型选择题

A. 磷酸吡哆胺　　　　　B. 磷酸吡哆醛

C. 四氢叶酸　　　　　　D. 硫辛酸

E. 泛酸

1. 氨基酸脱羧基的辅酶是

2. 转甲基作用不可缺少的辅酶是

A. γ-谷氨酰基循环

B. 鸟氨酸循环

C. 葡萄糖-丙氨酸循环

D. 嘌呤核苷酸循环

E. 三羧酸循环

3. 把肌肉中的氨运输到肝脏的方式是

4. 肌肉细胞中氨基酸脱氨基的方式是

A. 丙酮酸　　　　　　　B. 谷氨酸

C. α-酮戊二酸　　　　　D. 草酰乙酸

E. 甘氨酸

5. 体内广泛存在活性最大的转氨酶是将氨基转给

6. 代谢能生成一碳单位的是

A. 芳香族氨基酸

B. 非极性脂肪族氨基酸

C. 碱性氨基酸

D. 含硫氨基酸

E. 酸性氨基酸

7. 在体内能衍生为甲状腺素、儿茶酚胺的氨基酸属于

8. 肠道腐败作用产生的尸胺、组胺来源于

A. 尿素 B. 核苷酸

C. 尿酸 D. 氨基酸

E. γ-氨基丁酸

9. 体内蛋白质分解代谢的最终产物是

10. 谷氨酸脱去羧基生成

A. 柠檬酸循环 B. γ-谷氨酰基循环

C. 鸟氨酸循环 D. 甲硫氨酸循环

E. 嘌呤核苷酸循环

11. 参与脱氨基作用的是

12. 参与 SAM 生成的是

A. 甘氨酸 B. 缬氨酸

C. 酪氨酸 D. 丝氨酸

E. 精氨酸

13. 可在尿素合成过程中生成的中间产物是

14. 可在体内代谢生成胆碱的氨基酸是

A. γ-谷氨酰基循环

B. 柠檬酸-丙酮酸循环

C. 柠檬酸循环

D. 鸟氨酸循环

E. 乳酸循环

15. 肌组织进行糖的无氧氧化后，避免代谢产物局部堆积的方式是

16. 能够为机体合成脂肪酸提供乙酰 CoA 的是

A. 维生素 B_{12} B. 磷酸吡哆醛

C. NAD(P)$^+$ D. 维生素 B_2

E. 叶酸

17. 谷氨酸脱氢酶的辅酶是

18. N^5—CH_3—FH_4 转甲基酶的辅酶是

A. 赖氨酸 B. 鸟氨酸

C. 瓜氨酸 D. 精氨酸代琥珀酸

E. 天冬氨酸

19. 两种氨基酸的缩合产物是

20. 尿素循环中，精氨酸水解释放尿素并再生成

二、填空题

1. 体内以 NH_3 和 α-酮酸合成非必需氨基酸的主要方式是_____。

2. 蛋白质的营养价值主要取决于_____的种类、含量和比例。

3. 转氨酶为结合蛋白酶，所有转氨酶辅酶都是_____的磷酸酯，即磷酸吡哆醛。

4. GOT 和 GPT 的共同底物是_____和 α-酮戊二酸。

5. 肝组织中活性最高的转氨酶是_____。

6. L-谷氨酸脱氢酶的辅酶是_____。

7. 蛋白酶体存在于细胞核和细胞质内，主要降解_____和短寿命蛋白质。

8. 肌肉组织产生的氨通过血液向肝转运的过程是_____循环。

9. 正常人每天摄入食物蛋白适宜时，氮平衡实验为_____平衡。

10. 临床上对高氨血症患者禁止用_____肥皂水灌肠，目的是减少氨的吸收。

11. 三羧酸循环和鸟氨酸循环共同的中间代谢产物是_____。

12. 细胞内一碳单位的运载体是_____。

13. 同型半胱氨酸和 N^5-甲基四氢叶酸反应生成甲硫氨酸所必需的维生素是_____。

14. 肝细胞参与合成尿素的两个亚细胞部位是胞质和_____。

15. 生酮氨基酸有赖氨酸和_____。

16. PAPS 的前体氨基酸是_____。

17. 氨基酸脱羧酶通常也需要_____作为其辅酶。

18. 脑中氨的主要去路是_____。

19. 氨在血液中以_____和谷氨酰胺两种方式进行转运。

20. 氨在体内最主要的代谢去路是在_____（器官）生成尿素。

21. 谷氨酸脱羧生成_____，是抑制性神经递质。

22. 肝细胞中参与尿素合成的两个氮原子，一个来源于游离的氨，另一个来源于_____。

23. 甲硫氨酸是必需氨基酸，代谢生成的_____是体内甲基化反应的活性甲基的供体。

三、名词解释

1. 必需氨基酸
2. 转氨基作用
3. 一碳单位
4. 氮平衡
5. 鸟氨酸循环
6. 蛋白质的互补作用
7. 氨基酸代谢库
8. 甲硫氨酸循环
9. 生酮氨基酸
10. 联合脱氨基作用
11. 高氨血症

四、简答题

1. 氨基酸脱氨基作用有哪些方式？哪一种最重要？为什么？写出其反应过程。
2. 氮平衡有哪 3 种类型？如何根据氮平衡来分析体内蛋白质的代谢状况？

3. 血氨在肝脏中的主要去路是什么？简述尿素生成的基本过程和生理意义。
4. 列表比较体内两种氨基甲酰磷酸合成酶在亚细胞分布、氮源、别构激活剂及功能等方面的区别。
5. 简述氨基酸代谢库中的氨基酸的来源与去路。
6. 简述血氨的来源和去路。
7. 简述谷氨酰胺的生成与生理作用。
8. B 族维生素在氨基酸代谢中有哪些重要的作用？

五、论述题

1. 试述能直接生成游离氨的氨基酸脱氨基方式。
2. 试述食物蛋白质的生理功能。
3. 试从蛋白质、氨基酸代谢角度分析严重肝功能障碍时肝昏迷的生化机制。
4. 试从氨基酸代谢角度分析巨幼红细胞贫血发生的生化机制。

参 考 答 案

一、选择题

（一）A₁型选择题

1.D 2.B 3.D 4.A 5.B 6.C 7.B
8.B 9.C 10.B 11.D 12.C 13.C 14.A
15.C 16.A 17.E 18.C 19.B 20.D 21.A
22.E 23.E 24.C 25.D 26.C 27.D 28.B
29.E 30.C 31.D 32.B 33.D 34.C 35.C
36.A 37.B 38.D 39.B 40.B 41.A 42.B
43.C 44.B 45.C 46.C 47.A 48.D 49.C
50.C 51.C 52.D 53.C 54.D 55.A 56.A
57.B 58.C 59.A 60.C 61.D 62.C 63.A
64.C 65.B

（二）A₂型选择题

1.C 2.A 3.B 4.A 5.A

（三）B₁型选择题

1.B 2.C 3.C 4.D 5.C 6.E 7.A
8.C 9.A 10.E 11.E 12.D 13.E 14.D
15.E 16.B 17.C 18.A 19.D 20.B

二、填空题

1. 联合脱氨基的逆反应
2. 必需氨基酸
3. 维生素 B_6
4. 谷氨酸
5. 谷丙转氨酶（GPT）/ALT
6. NAD^+ 或 $NADP^+$
7. 异常蛋白质
8. 丙氨酸-葡萄糖
9. 氮总
10. 碱性
11. 延胡索酸
12. 四氢叶酸（FH_4）
13. 维生素 B_{12}
14. 线粒体
15. 亮氨酸
16. 半胱氨酸
17. 磷酸吡哆醛
18. 合成谷氨酰胺
19. 丙氨酸
20. 肝脏

21. γ-氨基丁酸
22. 天冬氨酸
23. S-腺苷甲硫氨酸（SAM）

三、名词解释

1. 必需氨基酸：体内合成的量不能满足机体需要，必须从食物中摄取的氨基酸。包括：亮氨酸、异亮氨酸、缬氨酸、苏氨酸、色氨酸、苯丙氨酸、赖氨酸、甲硫氨酸和组氨酸。

2. 转氨基作用：氨基转移酶所催化的将 α-氨基酸的氨基转移给 α-酮酸，从而产生相应 α-酮酸与 α-氨基酸的可逆的氨基转移过程。

3. 一碳单位：某些氨基酸在分解代谢过程中产生的含有一个碳原子的有机基团，包括甲基（—CH₃）、亚甲基（—CH₂—）、次甲基（═CH—）、甲酰基（—CHO）及亚氨甲基（—CH═NH）等。

4. 氮平衡：机体从食物中摄入氮与排泄氮之间的关系。正常成人食入的蛋白质等含氮物质可以补偿含氮物质代谢产生的含氮排泄物。

5. 鸟氨酸循环：又称尿素循环，机体通过此循环合成尿素。整个循环包括：NH₃、CO₂ 和 ATP 在氨基甲酰磷酸合成酶 I 催化下合成氨基甲酰磷酸。鸟氨酸与氨基甲酰磷酸作用生成瓜氨酸，瓜氨酸与天冬氨酸缩合生成精氨酸代琥珀酸，后者裂解生成精氨酸和延胡索酸，精氨酸水解生成尿素和鸟氨酸，鸟氨酸再重复上述过程，构成循环。

6. 蛋白质的互补作用：多种营养价值较低的蛋白质混合食用，彼此间必需氨基酸可以得到互相补充，从而提高蛋白质的营养价值，这种作用称为食物蛋白质的互补作用。

7. 氨基酸代谢库：指体内分布于各组织及体液中参与代谢的游离氨基酸的总和，包括食物蛋白质经消化而被吸收的氨基酸、体内组织蛋白质降解产生的氨基酸及体内合成的非必需氨基酸，可作贮存或被利用。

8. 甲硫氨酸循环：指甲硫氨酸经 S-腺苷甲硫氨酸 → S-腺苷同型半胱氨酸 → 同型半胱氨酸 → 甲硫氨酸的过程。

9. 生酮氨基酸：氨基酸的代谢可沿脂肪酸分解或合成途径生成酮体者，称为生酮氨基酸，有亮氨酸、赖氨酸。

10. 联合脱氨基作用：氨基酸首先与 α-酮戊二酸在转氨酶作用下生成相应的 α-酮酸和谷氨酸，谷氨酸再经 L-谷氨酸脱氢酶作用，脱去氨基而生成 α-酮戊二酸以继续参与转氨基作用，即转氨基作用与 L-谷氨酸的氧化脱氨基作用偶联进行脱氨反应，称为联合脱氨基作用。

11. 高氨血症：当某种原因，如肝功能严重损伤或尿素合成相关酶遗传性缺陷时，导致尿素合成发生障碍引起的血氨浓度升高，称为高氨血症。

四、简答题

1. 氨基酸脱氨基作用有哪些方式？哪一种最重要？为什么？写出其反应过程。

氨基酸脱氨基方式有氧化脱氨基作用、转氨基作用和联合脱氨基作用等。其中以联合脱氨基作用最重要。在氧化脱氨基中，L-氨基酸氧化酶活性不高，D-氨基酸氧化酶的底物缺乏，且氨基酸的氨基只是转给 α-酮酸生成相应的 α-氨基酸，并没有游离氨的产生。虽然谷氨酸脱氢酶的活性较强，但仅作用于谷氨酸氧化脱氨基，因此将上述两个过程联合进行，由转氨酶与谷氨酸脱氢酶共同作用，可使多种氨基酸脱氨，并且这两种酶分布广泛，活性又强，因此体内以联合脱氨基作用最重要。

反应过程简写为

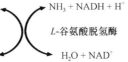

2. 氮平衡有哪 3 种类型？如何根据氮平衡来分析体内蛋白质的代谢状况？

氮平衡有 3 种情况，即氮总平衡、氮正平衡和氮负平衡。①氮总平衡是指摄入氮等于排出氮，表示体内蛋白质的合成与分解处于动态平衡；②氮正平衡是指摄入氮多于排出氮，表示体内蛋白质合成大于分解；③氮负平衡是指摄入氮少于排出氮，表示体内蛋白质合成小于分解。

3. 血氨在肝脏中的主要去路是什么？简述尿素生成的基本过程和生理意义。

血氨在肝脏中的主要去路是通过鸟氨酸循环合成尿素。尿素生成的基本过程：氨和二氧化碳结合生成氨基甲酰磷酸；鸟氨酸结合氨基甲酰磷酸提供的氨甲酰基产生瓜氨酸；进一步与天冬氨酸结合生成精氨酸代琥珀酸；裂解产生精氨酸及延胡索酸；精氨酸水解释放 1 分子尿素并转化为鸟氨酸进入下一次的循环。生理意义：尿素合成是体内氨代谢的最重要途径，也是体内解除氨毒的最主要、最有效的方式。

4. 列表比较体内两种氨基甲酰磷酸合成酶在亚细胞分布、氮源、别构激活剂及功能等方面的区别。

	氨基甲酰磷酸合成酶 I	氨基甲酰磷酸合成酶 II
分布	线粒体（肝）	细胞质
氮源	氨	谷氨酰胺
别构激活剂	N-乙酰谷氨酸	无
功能	合成尿素	合成嘧啶核苷酸

5. 简述氨基酸代谢库中的氨基酸的来源与去路。

氨基酸代谢库中的氨基酸主要来源：①食物蛋白质的消化吸收；②组织蛋白质的分解；③体内合成的非必需氨基酸。主要去路有：①合成组织蛋白质；②脱氨基作用生成 α-酮酸并释放氨；③脱羧基作用生成胺类；④转变成一些重要的含氮化合物，如儿茶酚胺、嘌呤、嘧啶等。

6. 简述血氨的来源和去路。

体内的氨有 3 个主要的来源：①各器官组织中氨基酸及胺分解产生的氨；②肠道吸收的氨；③肾小管上皮细胞分泌的氨。氨的去路：①尿素的合成；②谷氨酰胺的生成；③参与合成一些重要的含氮化合物（如嘌呤、嘧啶、非必需氨基酸等）；④以铵盐形式由尿排出。

7. 简述谷氨酰胺的生成与生理作用。

谷氨酰胺的生成：$Glu + NH_3 + ATP \rightarrow Gln + ADP + P_i$

谷氨酰胺的生理作用：①用于合成组织蛋白质；②作为血氨的运输形式，将脑、肌肉等组织中的氨运往肝、肾组织；③用于合成嘌呤、嘧啶等重要含氮化合物；④水解生成谷氨酸，进一步代谢。

8. B 族维生素在氨基酸代谢中有哪些重要的作用？

B 族维生素在氨基酸代谢中的作用：①维生素 B_6 的衍生物磷酸吡哆醛，是转氨酶和氨基酸脱羧酶的辅酶；②维生素 PP 的衍生物 NAD^+ 和 $NADP^+$，是 L-谷氨酸脱氢酶的辅酶，该酶催化氧化脱氨基反应；③叶酸脱氢形成的 FH_4，是一碳单位的载体，参与一碳单位的代谢；④维生素 B_{12} 的衍生物是 N^5—CH_3—FH_4 转甲基酶的辅酶，参与甲硫氨酸循环；⑤在氨基酸彻底氧化或异生为葡萄糖时，需要泛酸、维生素 B_1、维生素 B_2、维生素 PP、硫辛酸和生物素等的衍生物作为辅酶参加上述反应。

五、论述题

1. 试述能直接生成游离氨的氨基酸脱氨基方式。

直接生成游离氨的氨基酸脱氨基方式：①氧化脱氨基作用，由 L-谷氨酸脱氢酶催化谷氨酸完成。②联合脱氨基作用，转氨基作用和 L-谷氨酸氧化脱氨基联合是肝等器官的主要脱氨基方式。③氨基酸氧化酶，在肝、肾组织中存在一种 L-氨基酸氧化酶，属黄素酶类，其辅基是 FMN 或 FAD。能将氨基酸氧化为 α-亚氨基酸，然后再加水分解成相应的 α-酮酸，并释放铵离子。

2. 试述食物蛋白质的生理功能。

（1）维持细胞、组织的生长、发育和修补作用。蛋白质是细胞组织的主要成分，因此参与构成各种细胞、组织是蛋白质最重要的功能。儿童必须摄入足量的蛋白质，才能保证其正常生长发育；成人也必须摄入足量的蛋白质，才能维持其组织蛋白的更新，特别是组织损伤时，也需要从食物蛋白获得修补的原料。

（2）参与合成重要的含氮化合物如酶、核酸、抗体、血红蛋白、神经递质和蛋白质、多肽激素等，这些重要含氮化合物在体内的更新以食物蛋白质作为合成原料。

（3）是体内能量的来源之一。一般来说，成人每日约有 18% 能量来自蛋白质，但是蛋白质的这种功能可由糖或脂肪代替，因此氧化供能仅是蛋白质的一种次要功能。

3. 试从蛋白质、氨基酸代谢角度分析严重肝功能障碍时肝昏迷的生化机制。

肠道蛋白质腐败产物吸收后因不能在肝有效解毒、处理，尤其是酪胺和苯乙胺，因肝功能障碍不能在肝内及时转化而进入脑组织，生成

β-羟酪胺和苯乙醇胺。它们的化学结构与儿茶酚胺类似，称为假神经递质。可以取代正常的儿茶酚胺类神经递质但不能传导神经冲动，引起大脑异常抑制，这可能是肝昏迷发生的原因之一。此外，严重肝功能障碍时，肝脏尿素合成功能不足，导致血氨升高，氨进入脑组织后可与α-酮戊二酸结合生成谷氨酸，并进一步生成谷氨酰胺，引起脑组织中α-酮戊二酸的减少，三羧酸循环减弱，使ATP减少，另外谷氨酸、谷氨酰胺增多，渗透压增大引起脑水肿进而引起大脑功能障碍，严重时可导致肝昏迷。

4. 试从氨基酸代谢角度分析巨幼红细胞贫血发生的生化机制。

氨基酸代谢的多个环节可直接或间接引起一碳单位代谢障碍，导致核酸合成障碍，影响红细胞分裂，产生巨幼红细胞贫血。①维生素 B_{12} 缺乏，N^5—CH_3—FH_4 上的甲基不能转移给同型半胱氨酸，不仅不利于甲硫氨酸的生成，也影响四氢叶酸的再生，使组织中游离的四氢叶酸含量减少，一碳单位参与核苷酸合成受到影响，可导致核酸合成障碍，影响细胞分裂。因此，维生素 B_{12} 不足时可引起巨幼红细胞贫血。②叶酸摄入不足，导致四氢叶酸合成量减少，影响核酸合成。③ $NADPH+H^+$ 含量不足，导致 FH_2 还原酶活性降低，FH_4 相对不足，进而一碳单位代谢障碍。

（焦 谊 谢敬辉）

第七章　核酸的结构与功能

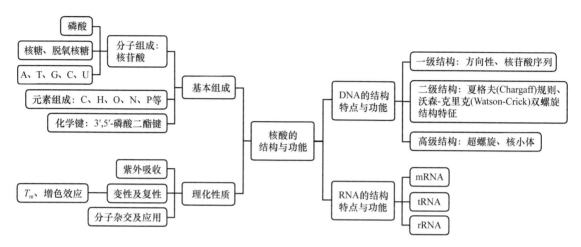

知识点导读

核酸（nucleic acid）是由核苷酸或脱氧核苷酸通过 3′,5′-磷酸二酯键连接而成的一类生物大分子，有脱氧核糖核酸（deoxyribonucleic acid，DNA）和核糖核酸（ribonucleic acid，RNA）两类。DNA 存在于细胞核和线粒体内，主要生物学功能是携带遗传信息。RNA 存在于细胞质、细胞核和线粒体内，主要包括信使 RNA（mRNA）、转运 RNA（tRNA）和核糖体 RNA（rRNA）。mRNA 是合成蛋白质的模板，tRNA 是蛋白质合成过程中氨基酸的运输工具，rRNA 与多种蛋白质结合形成核糖体作为蛋白质合成的场所。调控性非编码 RNA 参与基因表达调控。RNA 在某些情况下也可以作为遗传信息的载体。

核酸在核酸酶的作用下水解为核苷酸（nucleotide），DNA 的基本组成单位是脱氧核糖核苷酸，而 RNA 的基本组成单位是核糖核苷酸。核苷酸可水解为磷酸、戊糖和碱基。戊糖分为存在于 RNA 中的 β-D-核糖和存在于 DNA 中的 β-D-2′-脱氧核糖。碱基主要有腺嘌呤（A）、鸟嘌呤（G）、胞嘧啶（C）、尿嘧啶（U）和胸腺嘧啶（T）。tRNA 分子中含有少量稀有碱基。碱基和戊糖通过糖苷键相连形成核苷或脱氧核苷。核苷中戊糖羟基与磷酸之间脱水生成核苷酸。核苷酸之间以 3′,5′-磷酸二酯键彼此连接而形成多核苷酸链，书写方式是 5′ → 3′ 方向。

核酸的一级结构是指 RNA 的核苷酸和 DNA 的脱氧核苷酸从 5′ 端至 3′ 端的排列顺序。由于 DNA 或 RNA 中只有碱基不同，核酸的一级结构也可理解为碱基序列。DNA 的二级结构是双螺旋结构。沃森-克里克（Watson-Crick）双螺旋结构模型（B-DNA）的特征包括：①由两条反向平行的多核苷酸链围绕同一个中心轴形成的右手螺旋，碱基位于螺旋内侧。②碱基间遵循严格的碱基配对原则，即 A 与 T 配对形成 2 个氢键，G 与 C 配对形成 3 个氢键。③螺旋直径为 2.37nm，螺距为 3.54nm，每旋转 1 周含 10.5 个碱基对，相邻的碱基对平面之间的垂直距离为 0.34nm。双螺旋表面具有大沟和小沟。④氢键维持横向稳定，碱基堆积力维持纵向稳定。另外也有 A-DNA、Z-DNA，甚至多股螺旋结构。绝大多数原核生物 DNA 是环状分子，是在二级结构的基础上进一步盘绕形成的超螺旋结构，当盘绕方向与 DNA 双螺旋方向相同时，为正超螺旋，反之则为负超螺旋。真核细胞染色质的基本组成单位是核小体，参与构成核小体的组蛋白包括 H_1、H_{2A}、H_{2B}、H_3、H_4 五种。H_{2A}、H_{2B}、H_3、H_4 各两分子共同构成八聚体，长度约 146bp 的 DNA 在八聚体上缠绕 1.75 圈形成核小体的核心颗粒，颗粒之间再由 DNA 和组蛋白 H_1 连接形成串珠样结构。

RNA 分为编码 RNA 和非编码 RNA。编码 RNA 即 mRNA，其核苷酸序列可以翻译成蛋白质；非编码 RNA 主要包括 tRNA、rRNA 及调控性 RNA 等。RNA 通常以单链形式存在，但也有局部的双螺旋结构。三类主要 RNA 的功能及结构特点：① mRNA 是指导蛋白质合成的直接模板。mRNA 含量最少，种类最多。真核生物成熟的 mRNA 由其前体核内不均一 RNA（heterogeneous nuclear RNA，hnRNA）剪接而成，其 5′ 端有 m⁷Gppp 的帽子结构，3′ 端有 poly(A) 的尾巴结构。② tRNA 在多肽链合成中转运活化的氨基酸。含有较多的稀有碱基，二级结构呈三叶草形，包含氨基酸臂、二氢尿嘧啶（DHU）环、反密码环、TψC 环及可变臂五个部分。3′ 端的 CCA-OH 结构与氨基酸结合，反密码环上的反密码子与 mRNA 上的密码子反向互补。tRNA 的三级结构为倒 "L" 形。③ rRNA 与核糖体蛋白质共同构成核糖体，为蛋白质生物合成提供场所，是细胞内含量最多的 RNA，原核细胞有三种 rRNA，依照分子量的大小分为 5S rRNA、16S rRNA 和 23S rRNA。真核细胞中有 5S rRNA、5.8S rRNA、18S rRNA 和 28S rRNA 四种 rRNA。调控性非编码 RNA 包括非编码小 RNA（sncRNA）、长非编码 RNA（lncRNA）和环状 RNA（circRNA）。

核酸是两性电解质，并具有一定的黏度。含有共轭双键的嘌呤和嘧啶在紫外波段 260nm 附近有最大吸收值（OD₂₆₀）。根据 OD₂₆₀ 可计算溶液中的 DNA 或 RNA 的含量。DNA 变性是指在某些理化因素（温度、pH、离子强度等）作用下，DNA 双链之间的氢键断裂和碱基堆积力被破坏，使一条 DNA 双链解离成为两条单链的现象。对于热变性 DNA，当紫外吸光度达到最大变化值一半时所对应的温度称为 DNA 的解链温度（T_m），DNA 分子的 G、C 含量越高，片段越长，T_m 值也越大。变性后的 DNA 溶解度增加、黏度降低、紫外吸收增加（增色效应）。DNA 的复性是把变性条件缓慢地去除后，两条解离的 DNA 链可重新互补配对形成 DNA 双链，恢复原来的双螺旋结构的过程。热变性的双链 DNA 经缓慢冷却而恢复天然双螺旋构象的过程称为退火（annealing）。核酸分子杂交是指具有互补碱基序列的 DNA 或 RNA 分子，在一定条件下通过碱基互补形成异源双链的过程，包括 DNA 与 DNA 双链、RNA 与 RNA 双链或 DNA 与 RNA 双链等类型。

本 章 习 题

一、选择题

（一）A₁ 型选择题

1. 构成核酸的基本单位是
A. 核苷　　　　B. 磷酸戊糖
C. 核苷酸　　　D. 多核苷酸
E. 脱氧核苷

2. 下列哪一种碱基存在于 RNA 不存在于 DNA 中
A. C　　　　B. G　　　C. A
D. U　　　　E. T

3. RNA 和 DNA 彻底水解后的产物
A. 碱基不同，核糖相同
B. 碱基不同，核糖不同
C. 碱基相同，核糖不同
D. 核糖不同，部分碱基不同
E. 核糖、碱基均不同

4. 稀有碱基在哪类核酸中多见
A. rRNA　　　　B. mRNA
C. tRNA　　　　D. 核仁 DNA
E. 线粒体 DNA

5. RNA 的核苷酸之间由哪种键相连接
A. 磷酸酯键　　　B. 疏水键
C. 糖苷键　　　　D. 磷酸二酯键

E. 氢键

6. 决定 tRNA 携带氨基酸特异性的关键部位是
A. —CCA 末端　　B. TψC 环
C. DHU 环　　　　D. 附加叉
E. 反密码环

7. 绝大多数真核生物 mRNA 5′ 端有
A. poly(A)　　　　B. 帽子结构
C. 起始密码子　　D. 终止密码子
E. 普里布诺（Pribnow）盒

8. DNA 的二级结构是
A. α 螺旋　　　　B. β 转角
C. β 片层　　　　D. 超螺旋结构
E. 双螺旋结构

9. DNA 的超螺旋结构是
A. 二级结构的一种形式　B. 三级结构
C. 一级结构　　　　D. 四级结构
E. 无定型结构

10. 核酸的紫外吸收特性来自
A. 核糖　　　　B. 脱氧核糖
C. 嘌呤、嘧啶碱基　D. 磷酸二酯键
E. 磷酸核糖

11. tRNA 氨基酸臂的特点是

A. 5′端有羟基

B. 3′端有 CCA-OH 结构

C. 3′端有磷酸

D. 由 9 个碱基对组成

E. 富含腺嘌呤

12. 有一 DNA 双链，已知其中一股单链 A 占 30%，G 占 24%，其互补链的碱基组成应为

	A	G	C	T
A.	30%	24%	46%	（C+T）
B.	24%	30%	46%	（C+T）
C.	46%	（A+G）	30%	24%
D.	46%	（A+G）	24%	30%
E.	20%	26%	24%	30%

13. DNA 的 T_m

A. 只与 DNA 链的长短有直接关系

B. 与 G-C 碱基对含量成正比

C. 与 A-T 碱基对含量成正比

D. 与碱基组成无关

E. 所有真核生物 T_m 都一样

14. 下列是几种 DNA 分子的碱基组成比例，哪一种 DNA 的 T_m 最高

A. A+T=15%　　　B. G+C=25%

C. G+C=40%　　　D. A+T=80%

E. G+C=35%

15. 关于真核生物的 mRNA，正确的是

A. 在胞质内合成和发挥其功能

B. 帽子结构是一系列的腺苷酸

C. 有帽子结构和 poly(A) 尾

D. mRNA 因能携带遗传信息，所以可以长期存在

E. mRNA 的前身是 rRNA

16. 下列关于核酸分子杂交的叙述**错误**的是

A. 不同来源的两条单链 DNA，只要有大致相同的互补碱基，就可以形成杂交 DNA

B. DNA 单链也可与相同或几乎相同的互补碱基 RNA 链杂交形成双螺旋

C. RNA 链可与其编码的多肽链结合形成杂交分子

D. 杂交技术可用于核酸结构与功能的研究

E. 杂交技术可用于基因工程的研究

17. 在 DNA 的双螺旋模型中

A. 两条多核苷酸链完全相同

B. 一条链是左手螺旋，另一条链是右手螺旋

C. A+G/C+T=1

D. A+T/G+C=1

E. 两条链的碱基之间以共价键结合

18. 关于 DNA 热变性的叙述**错误**的是

A. 核苷酸之间的磷酸二酯键断裂

B. 在 260nm 处光吸收增加

C. 两条链之间氢键断裂

D. DNA 黏度下降

E. 浮力密度升高

19. DNA 携带生物遗传信息这一事实意味着

A. 不论哪一物种碱基组成均应相同

B. 病毒的侵染是靠蛋白质转移至宿主细胞来实现的

C. 同一生物不同组织的 DNA，其碱基组成相同

D. DNA 碱基组成随机体年龄及营养状况而改变

E. DNA 以小环状结构存在

20. 核酸变性后可发生哪种效应

A. 减色效应

B. 增色效应

C. 失去对紫外线的吸收能力

D. 最大吸收峰波长发生转移

E. 溶液黏度增加

21. 核酸分子中储存、传递遗传信息的关键部分是

A. 核苷　　　　　　B. 碱基序列

C. 磷酸戊糖　　　　D. 磷酸二酯键

E. 磷酸戊糖骨架

22. 关于 tRNA 的叙述**错误**的是

A. tRNA 二级结构呈三叶草形

B. tRNA 分子中含有稀有碱基

C. tRNA 的二级结构有二氢尿嘧啶环

D. 反密码子环是由 CCA 三个碱基组成反密码子

E. tRNA 分子中有一个额外环

23. 下列关于双链 DNA 碱基含量关系的叙述**错误**的是

A. [A]=[T]　[G]=[C]　　B. [A]+[G]=[C]+[T]

C. [A]+[T]=[G]+[C]　　D. [A]+[C]=[G]+[T]

E. [A]/[T]=[G]/[C]

24. 某 DNA 分子中腺嘌呤的含量为 15%，则胞嘧啶的含量应为

A. 15%　　　　B. 30%　　　C. 40%

D. 35%　　　　E. 7%

25. 与 mRNA 密码子 ACG 相对应的 tRNA 反密码子是

A. UGC　　　　B. TGC　　　C. GCA
D. CGU　　　　E. CGT

26. tRNA 的结构特点**不包括**
A. 含甲基化核苷酸
B. 5′端具有特殊的帽子结构
C. 三叶草形的二级结构
D. 有局部的双链结构
E. 含有二氢嘧啶环

27. DNA 的解链温度指的是
A. A_{260} 达到最大值时的温度
B. A_{260} 达到最大变化值 50% 时的温度
C. DNA 开始解链时所需要的温度
D. DNA 完全解链时所需要的温度
E. A_{280} 达到最大变化值 50% 时的温度

28. tRNA 分子上 3′端 CCA-OH 的功能为
A. 辨认 mRNA 上的密码子
B. 提供—OH 基与氨基酸结合
C. 形成局部双链
D. 被剪接的组分
E. 供应能量

29. 在同一种哺乳动物细胞中，下列哪种情况是对的
A. 在过剩的 DNA 存在下，所有 RNA 都能与 DNA 杂交
B. 在过剩的 RNA 存在下，所有 DNA 片段能与 RNA 杂交
C. RNA 与 DNA 有相同的碱基比例
D. RNA 与 DNA 有相同核苷酸组成
E. RNA 和 DNA 含量相同

30. 绝大多数真核生物 mRNA 3′端有
A. poly(A) 尾　　　B. 帽子结构
C. 起始密码子　　　D. 终止密码子
E. Pribnow 盒

31. 核酸分子中的主要碱基有
A. 5 种　　　　B. 4 种　　　C. 3 种
D. 2 种　　　　E. 1 种

32. 关于 RNA 的描述**错误**的是
A. mRNA 传递遗传信息
B. 细胞质中只有 mRNA
C. rRNA 是核糖体的一部分
D. tRNA 比 mRNA 小
E. 主要有 mRNA、tRNA 和 rRNA

33. 下列碱基中，DNA 和 RNA 中都**不含有**的是
A. X　　　　B. G　　　　C. C
D. T　　　　E. A

34. B 型 DNA 双螺旋结构中，每个螺旋的碱基对数为
A. 9　　　　B. 9.5　　　C. 10
D. 10.5　　　E. 11

35. 关于核酶的叙述，正确的是
A. 又称核酸酶　　　B. 本质是核糖核酸
C. 本质是蛋白质　　D. 辅酶是 CoA
E. 底物是 NTP

36. DNA 变性时
A. 磷酸键断裂
B. 碱基对的氢键断裂
C. N—C 糖苷键断裂
D. 肽键断裂
E. 碱基内 C—C 键断裂

37. DNA 变性时
A. A_{260} 减小　　　B. A_{260} 增大
C. A_{280} 减小　　　D. A_{280} 增大
E. A_{260} 不变

38. DNA 变性时
A. 一级结构被破坏　　B. 不能复性
C. 分子量变大　　　　D. 易被蛋白酶降解
E. 不伴有共价键的断裂

39. 碱基数目相同的下列 DNA 分子中，T_m 最低的是
A. A+T 含量占 15%　　B. A+T 含量占 25%
C. A+T 含量占 45%　　D. A+T 含量占 65%
E. A+T 含量占 75%

40. 关于退火的描述正确的是
A. 需要缓慢降温
B. 分子越大越容易复性
C. 变性后都能复性
D. DNA 浓度越低越容易复性
E. 需要迅速冷却

41. 下列含有 RNA 的物质是
A. 核酶　　　　　B. 逆转录酶
C. 蛋白酶　　　　D. 淀粉酶
E. DNase

（二）A_2 型选择题

1. 核酸分子杂交是临床检验常用的技术，碱基互补配对是该技术的基础。关于核酸分子杂交的叙述**错误**的是
A. 不同来源的两条单链 DNA，只要有部分的互补碱基，即可杂交
B. RNA 能与 DNA 杂交形成双链
C. RNA 也可与多肽链结合形成杂交分子
D. 可用于核酸结构的研究

E. 可以鉴定菌种

2. 从小鼠的一种有荚膜的致病性肺炎球菌中提取出的 DNA，可使另一种无荚膜、不具有致病性的肺炎球菌转变为有荚膜并具致病性的肺炎球菌，而蛋白质、RNA 无此作用，由此可以证明

A. DNA 是遗传物质

B. DNA 是遗传信息的体现者

C. DNA 与蛋白质均是遗传物质

D. RNA 是遗传物质

E. RNA 和蛋白质是遗传物质

3. 一地中海贫血患者的珠蛋白基因内含子序列 IVS-Ⅱ-654（C>T）突变，可产生异常剪接产物而导致错误蛋白质产生，发现这种基因突变可通过什么方法鉴定

A. 测定该基因 A_{260} 的紫外吸收值

B. 测定该基因 A_{280} 的紫外吸收值

C. 变性

D. 退火

E. 分子杂交

4. 确定是否被新冠病毒感染，可以通过抗体也可以通过实时-定量聚合酶链反应（RT-qPCR）的方法检测，新冠病毒的遗传物质是

A. 蛋白质 　　　　　 B. dsDNA

C. ssDNA 　　　　　 D. dsRNA

E. ssRNA

（三）B₁ 型选择题

A. C_1'-N_1 糖苷键 　　　 B. C_1'-N_9 糖苷键

C. 3′,5′-磷酸二酯键 　　 D. 氢键

E. 肽键

1. 嘌呤核苷的糖苷键是

2. 嘧啶核苷的糖苷键是

A. 碱基顺序 　　　　 B. 双螺旋

C. 超螺旋 　　　　　 D. 核小体

E. 核糖体

3. 真核生物 DNA 的高级结构染色体的基本单位是

4. 核酸的一级结构是

A. tRNA 　　　　　 B. mRNA

C. rRNA 　　　　　 D. hnRNA

E. snRNA

5. 作为核糖体组成成分的是

6. 作为合成蛋白质模板的是

A. RNA 　　　　　 B. siRNA

C. miRNA 　　　　　 D. hnRNA

E. tRNA

7. 可携带氨基酸，并将其转运到核糖体上的是

8. 成熟 mRNA 的前体是

A. C_1'-N_1 糖苷键 　　　 B. 氢键

C. C_1'-N_9 糖苷键 　　 D. 3′,5′-磷酸二酯键

E. 肽键

9. 维持 RNA 一级结构的键是

10. 维持 DNA 二级结构的键有

二、填空题

1. DNA 分子中，两条链通过碱基之间的_____相连。

2. 通常，碱基配对可以发生在 A 与_____之间。

3. 真核生物成熟 mRNA 的前体是_____。

4. 真核生物成熟 mRNA 的 5′ 帽结构是 m⁷Gppp，其 3′ 端有_____结构。

5. 核苷是碱基和戊糖之间通过_____连接。

6. 维持核酸一级结构稳定的是_____键。

7. tRNA 的二级结构为_____形结构。

8. 组成 DNA 的基本单位是 dAMP、dGMP、dCMP 和_____。

9. 组成 RNA 的基本单位是 AMP、GMP、CMP 和_____。

10. 核酸分子对波长_____的紫外线有强烈的吸收。

11. 核酸分子中含有的碱基均具有_____键，故对 260nm 的紫外线有吸收作用。

12. tRNA 的氨基酸臂 3′ 端最后 3 个碱基是_____。

13. DNA 双螺旋结构的横向稳定性靠_____维系。

14. 体内两个主要的环核苷酸是_____和 cGMP。

15. DNA 的 T_m 的大小与其分子中所含的_____的种类、数量及比例关系有关。

16. 一般来说 DNA 分子中 G、C 含量高则分子较稳定，解链温度也较_____。

17. DNA 变性后，其黏度_____。

18. DNA 分子中两条多核苷酸链所含碱基

_____和 C 间有三个氢键。

19. RNA 链可局部盘曲成_____结构。

20. 生物细胞中主要含有三种 RNA，其中含有稀有碱基最多的是_____。

21. tRNA 二级结构中，反密码环的功能是_____。

22. tRNA 反密码环中有三个相连的单核苷酸组成的_____。

23. rRNA 在蛋白质生物合成中起_____的作用。

三、名词解释

1. 核酸
2. DNA
3. DNA 变性
4. T_m
5. 编码 RNA

6. 增色效应
7. DNA 复性
8. 核酸分子杂交
9. 退火

四、简答题

1. 将核酸完全水解后可得到哪些组分？
2. RNA 主要有几种？每种的功能是什么？
3. RNA 和 DNA 在组成上有何异同点？
4. tRNA 的二级结构有何特点？
5. 根据分子大小，rRNA 可以分为哪些类型？
6. 简述核小体的结构及功能。
7. 比较真核生物 mRNA 和原核生物 mRNA 两端的不同之处。

五、论述题

试述 B 型 DNA 双螺旋结构的要点。

参 考 答 案

一、选择题

（一）A₁ 型选择题

1.C 2.D 3.D 4.C 5.D 6.E 7.B
8.E 9.B 10.C 11.B 12.D 13.B 14.A
15.C 16.C 17.C 18.A 19.C 20.B 21.B
22.D 23.C 24.D 25.D 26.B 27.B 28.B
29.A 30.A 31.A 32.B 33.A 34.D 35.B
36.B 37.B 38.E 39.E 40.A 41.A

（二）A₂ 型选择题

1.C 2.A 3.E 4.E

（三）B₁ 型选择题

1.B 2.A 3.D 4.A 5.C 6.B 7.E 8.D
9.D 10.B

二、填空题

1. 氢键
2. T
3. hnRNA
4. poly(A) 尾
5. 糖苷键
6. 3′,5′-磷酸二酯键
7. 三叶草

8. 脱氧腺苷一磷酸（dTMP）
9. 尿嘧啶核苷酸（UMP）
10. 260nm
11. 共轭双
12. CCA
13. 氢键
14. cAMP
15. 碱基
16. 高
17. 降低
18. G
19. 双螺旋
20. tRNA
21. 辨认密码子
22. 反密码子
23. 参与组成核糖体

三、名词解释

1. 核酸：由核苷酸或脱氧核苷酸通过 3′,5′-磷酸二酯键连接而成的一类生物大分子，有 DNA 和 RNA 两种。分别具有携带和传递遗传信息的功能。
2. DNA：是多个脱氧核糖核苷酸聚合而成的线性大分子，脱氧核糖核苷酸之间通过 3′,5′-磷酸二酯键共价连接。
3. DNA 变性：指在一定的理化条件（温度、

pH、离子强度等）下 DNA 双链互补碱基对之间的氢键及碱基平面间的碱基堆积力被破坏，使一条 DNA 双链解离成为两条单链的现象。

4. T_m：对于热变性 DNA，当紫外吸光度达到最大变化值一半时所对应的温度称为 DNA 的解链温度。

5. 编码 RNA：是那些从基因组上转录而来、其核苷酸序列可以翻译成蛋白质的 RNA，编码 RNA 仅有 mRNA 一种。

6. 增色效应：在 DNA 解链过程中，包埋在双螺旋结构内部的碱基得以暴露，DNA 溶液在 260nm 处的吸光度随之增加的现象。

7. DNA 复性：把变性条件缓慢地除去后，两条解离的 DNA 互补链可重新互补配对形成 DNA 双链，恢复原来的双螺旋结构的过程。

8. 核酸分子杂交：具有互补碱基序列的 DNA 或 RNA 分子，通过碱基对之间氢键形成稳定的双链结构的过程，包括 DNA 与 DNA 双链、RNA 与 RNA 双链或 DNA 与 RNA 双链等类型。

9. 退火：变性的双链 DNA 经缓慢冷却后，两条互补链可以重新恢复天然双螺旋构象的过程。

四、简答题

1. 将核酸完全水解后可得到哪些组分？
核酸（DNA、RNA）完全水解后可得到：①戊糖：核糖、脱氧核糖；②碱基：A、G、C、T、U；③磷酸。

2. RNA 主要有几种？每种的功能是什么？
RNA 主要有 3 种，分别是 mRNA、tRNA 和 rRNA。mRNA 是合成蛋白质的模板，tRNA 是蛋白质合成过程中氨基酸的运输工具，rRNA 与多种蛋白质结合形成核糖体作为蛋白质合成的场所。

3. RNA 和 DNA 在组成上有何异同点？
RNA 含核糖，碱基组成有 A、G、C、U；tRNA 还含有稀有碱基。DNA 含脱氧核糖，碱基组成有 A、G、C、T。RNA 和 DNA 均含有磷酸。

4. tRNA 的二级结构有何特点？
tRNA 的二级结构为三叶草形结构，含有：①氨基酸臂，其 3′ 端为 CCA-OH，是连接氨基酸的部位；② DHU 环，含有 5,6-二氢尿嘧啶；③

反密码环，此环顶部的 3 个碱基构成反密码子，和 mRNA 上的密码子互补；④ TψC 环，含有假尿嘧啶核苷酸和胸腺嘧啶（T）；⑤可变臂/额外环。

5. 根据分子大小，rRNA 可以分为哪些类型？
原核细胞有 3 种 rRNA，分为 5S rRNA、16S rRNA 和 23S rRNA。真核细胞中分别为 5S rRNA、5.8S rRNA、18S rRNA 和 28S rRNA。

6. 简述核小体的结构及功能。
核小体是染色质基本组成单位，它由一段双链 DNA 和 4 种碱性的组蛋白共同构成。组蛋白分子（H_2A，H_2B，H_3 和 H_4 各两个）共同形成了一个八聚体的核心组蛋白，长度约 146bp 的 DNA 双链在核心组蛋白上盘绕 1.75 圈，连接相邻核小体之间的一段 DNA 称为连接段 DNA，组蛋白 H_1 结合在盘绕在核心组蛋白上的 DNA 双链的进出口处，发挥稳定核小体结构的作用。

7. 比较真核生物 mRNA 和原核生物 mRNA 两端的不同之处。
大部分真核细胞 mRNA 的 5′ 端都有一个 m^7Gppp 的起始结构，被称为 5′ 帽结构，原核生物 mRNA 没有这种特殊的 5′ 帽结构。
真核生物 3′ 端有 poly(A) 尾结构，这种结构和 5′ 帽结构共同负责 mRNA 从细胞核向细胞质的转运、维持 mRNA 的稳定性及翻译起始的调控。有些原核生物 mRNA 的 3′ 端也有这种 poly(A) 尾结构，虽然它的长度较短，但是同样具有重要的生物学功能。

五、论述题

试述 B 型 DNA 双螺旋结构的要点。
①由两条反向平行的多聚核苷酸链围绕同一个中心轴形成的右手螺旋，脱氧核糖和磷酸基团构成的亲水性骨架位于双螺旋外侧，碱基位于双螺旋内侧。②碱基间有严格的配对关系，即 A 与 T 形成 2 个氢键，G 与 C 形成 3 个氢键。③螺旋直径为 2.37nm，螺距为 3.54nm，每旋转 1 周含 10.5 个碱基对，相邻的碱基对平面之间为 0.34nm。双螺旋表面具有大沟和小沟。④氢键维持横向稳定，碱基堆积力维持纵向稳定。

（王延蛟 伊 娜 刘 展）

第八章 核苷酸代谢

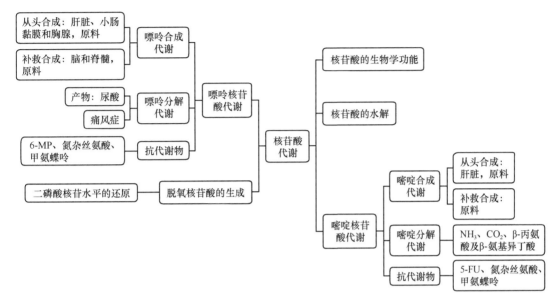

知识点导读

核苷酸具有多种重要的生物学功能，其中最主要的是作为合成核酸的基本原料。其次核苷酸还可作为体内能量的利用形式（如 ATP、GTP、UTP 等）；参与辅酶的组成（如 NAD^+、FAD、CoA 等）；参与物质代谢的调节（如 cAMP、cGMP）。人体内的核苷酸主要由机体细胞自身合成，因此不属于营养必需物质，食物来源的嘌呤和嘧啶极少被机体利用。

体内嘌呤核苷酸的合成有从头合成途径（*de novo* pathway）和补救合成途径（salvage pathway）两条。一般情况下，从头合成途径是合成的主要途径。从头合成的主要器官是肝，其次是小肠黏膜和胸腺，反应过程在细胞质中进行。合成原料是磷酸核糖、氨基酸（甘氨酸、谷氨酰胺、天冬氨酸）、一碳单位及 CO_2 等。合成过程分为两个阶段，首先是在 5'-磷酸核糖-1'-焦磷酸（5'-phosphoribosyl-1'- pyrophosphate，PRPP）的基础上经过一系列酶促反应，生成次黄嘌呤核苷酸（inosine monophosphate，IMP），然后转变成腺嘌呤核苷酸（AMP）和鸟嘌呤核苷酸（GMP）。AMP 和 GMP 可在激酶作用下分别生成 ATP 和 GTP。PRPP 合成酶和 PRPP 酰胺转移酶是嘌呤核苷酸从头合成途径的限速酶。补救合成的主要器官是脑和骨髓。补救合成是嘌呤或嘌呤核苷的重新利用，虽然合成量极少，但也有重要的生理意义。次黄嘌呤-鸟嘌呤磷酸核糖转移酶（hypoxanthine-guanine phosphoribosyl transferase，HGPRT）和腺嘌呤磷酸核糖转移酶（adenine phosphoribosyl transferase，APRT）是补救合成途径中两种重要的酶。HGPRT 遗传性缺陷会引起一种称为莱施-奈恩（Lesch-Nyhan）综合征的严重代谢性疾病，其特征是尿酸增高，智力低下，有攻击和破坏性行为，该病也称为自毁容貌症。

机体从头合成嘧啶核苷酸的原料是氨基酸（天冬氨酸、谷氨酰胺）、CO_2 及磷酸核糖。合成的主要器官是肝，反应在细胞质和线粒体进行。合成过程为先合成 UMP，再转变为尿苷二磷酸（UDP）和尿苷三磷酸（UTP）。UTP 由谷氨酰胺提供氨基，在 CTP 合成酶的催化下，消耗 1 分子 ATP，生成 CTP。与嘌呤核苷酸从头合成途径不同，嘧啶核苷酸从头合成途径是先合成嘧啶环，再与磷酸核糖结合生成核苷酸。

除脱氧胸苷酸由脱氧尿嘧啶核苷酸（dUMP）甲基化生成外，体内其他的脱氧核糖核苷酸是由各自相应的核糖核苷酸在二磷酸水平上还原而成，核糖核苷酸还原酶催化此反应。根据嘌呤和嘧啶核苷酸的合成过程，可以设计多种抗代谢物，如 6-巯基嘌呤（6-mercaptopurine，6-MP）、5-氟尿嘧啶（5-fluorouracil，5-FU）、甲氨蝶呤（methotrexate，MTX）、氮杂丝氨酸等，这些抗代谢物在抗肿瘤治疗中有重要作用。

嘌呤碱基在人体内分解代谢的终产物是尿酸（uric acid），水溶性较差，黄嘌呤氧化酶（xanthine oxidase）是这个代谢过程重要的酶。当进食高嘌呤饮食，或出现核酸大量分解（如白血病、恶性肿瘤），以及因肾脏疾病而使尿酸排泄障碍等代谢异常时，可引起血中尿酸升高，导致高尿酸血症，甚至痛风症，别嘌呤醇（allopurinol）可用于治疗痛风症。嘧啶碱基中胞嘧啶和尿嘧啶的降解产物是 β-丙氨酸、CO_2 和 NH_3。胸腺嘧啶的降解产物为 β-氨基异丁酸、CO_2 和 NH_3。

本 章 习 题

一、选择题

（一）A_1 型选择题

1. 在嘌呤环的合成中向嘌呤环只提供一个碳原子的化合物是
A. CO_2 B. 谷氨酰胺
C. 天冬氨酸   D. 甲酸   E. 甘氨酸

2. 嘌呤环中第 4 位和第 5 位碳原子来自下列哪种化合物
A. 甘氨酸   B. 丙氨酸
C. 乙醇   D. 天冬氨酸
E. 谷氨酸

3. 人体内嘌呤分解代谢的主要终产物是
A. 尿素   B. 尿酸   C. 肌酐
D. 尿苷酸   E. 肌酸

4. 嘧啶核苷酸生物合成时 CO_2 中的碳原子进入嘧啶环的哪个部位
A. C_2 B. C_4 C. C_5
D. C_6 E. 没有进入

5. dTMP 合成的直接前体是
A. TMP   B. dUMP   C. TDP
D. dUDP   E. dCMP

6. 下列关于嘧啶分解代谢的叙述正确的是
A. 产生尿酸   B. 可引起痛风
C. 产生尿囊酸   D. 需要黄嘌呤氧化酶
E. 产生氨和二氧化碳

7. 在体内能分解为 β-氨基异丁酸的核苷酸为
A. CMP   B. AMP   C. TMP
D. UMP   E. IMP

8. 哺乳动物体内直接催化尿酸生成的酶是
A. 腺苷酸脱氨酶   B. 尿酸氧化酶
C. 黄嘌呤氧化酶   D. 鸟嘌呤脱氨酶
E. 核苷酸酶

9. 下列哪种氨基酸为嘌呤和嘧啶核苷酸合成的

共同原料
A. 谷氨酸   B. 甘氨酸
C. 天冬氨酸   D. 丙氨酸   E. 天冬酰胺

10. dTMP 分子中甲基的直接供体是
A. S-腺苷甲硫氨酸   B. N^5—$CH=NH$—FH_4
C. N^5—CH_3—FH_4 D. N^5—CHO—FH_4
E. N^5,N^{10}—CH_2—FH_4

11. 脱氧核糖核苷酸生成方式主要是
A. 直接由核糖还原
B. 由核苷还原
C. 由核苷酸还原
D. 由二磷酸核苷还原
E. 由三磷酸核苷还原

12. 6-巯基嘌呤核苷酸**不抑制**
A. IMP → AMP   B. IMP → GMP
C. 酰胺转移酶   D. 腺嘌呤磷酸核糖转移酶
E. 尿嘧啶磷酸核糖转移酶

13. 下列嘌呤核苷酸之间的转变，**不能**直接进行的是
A. GMP → IMP   B. AMP → IMP
C. AMP → GMP   D. IMP → XMP
E. XMP → GMP

14. 直接联系核苷酸合成与糖代谢的物质是
A. 葡萄糖   B. 葡萄糖-6-磷酸
C. 葡萄糖-1-磷酸   D. 1,6-二磷酸葡萄糖
E. 5-磷酸核糖

15. HGPRT（次黄嘌呤-鸟嘌呤磷酸核糖转移酶）参与下列哪种反应
A. 嘌呤核苷酸从头合成
B. 嘧啶核苷酸从头合成
C. 嘌呤核苷酸补救合成
D. 嘧啶核苷酸补救合成
E. 嘌呤核苷酸分解代谢

16. 在嘌呤环的合成中向嘌呤环提供两个氮原子

的化合物是

A. 丝氨酸　　　　　　B. 天冬氨酸

C. 谷氨酰胺　　　　　D. 丙氨酸

E. 谷氨酸

17. 使用谷氨酰胺的类似物作抗代谢物，**不能**阻断核苷酸代谢的哪些环节

A. UMP → dUMP　　　B. IMP 的生成

C. IMP → GMP　　　　D. UMP → CMP

E. UTP → CTP

18. 嘌呤核苷酸从头合成时首先生成的是

A. GMP　　　　　B. AMP　　　　C. IMP

D. ATP　　　　　E. GTP

19. 甲氨蝶呤是叶酸的类似物，将它加到细胞培养液中，下列哪种代谢物的合成受到抑制

A. 糖原合成　　　　　B. 脂类合成

C. 胆固醇合成　　　　D. DNA 合成

E. 蛋白质合成

20. 嘌呤核苷酸合成的限速步骤是合成

A. 5′-磷酸核糖胺　　B. 5-氨基咪唑核苷酸

C. 次黄嘌呤核苷酸　　D. 甘氨酰胺核苷酸

E. 甲酰甘氨酰胺核苷酸

21. 在大肠埃希菌体内合成胞嘧啶核苷三磷酸会反馈抑制

A. 天冬氨酸氨基甲酰转移酶

B. 二氢乳清酸酶

C. 二氢乳清酸脱氢酶

D. 乳清酸核苷酸脱羧酶

E. 酰胺转移酶

22. 嘧啶核苷酸在体内合成时，其嘧啶环上 N 原子来源于

A. 谷氨酰胺和 NH_3

B. 天冬氨酸和氨基甲酰磷酸

C. 氨基甲酰磷酸和谷氨酸

D. 谷氨酰胺和天冬氨酸

E. 谷氨酰胺和谷氨酸

23. 由 IMP 向 AMP 转变的过程中，天冬氨酸提供氨基后转变为

A. 琥珀酸　　　　　　B. 草酰乙酸

C. 延胡索酸　　　　　D. 苹果酸

E. 乙酰乙酸

24. 下列关于嘧啶核苷酸合成的叙述正确的是

A. TMP 是所有嘧啶核苷酸的前体

B. 二氢乳清酸脱氢酶是限速酶

C. 游离氨和 CO_2 是氨基甲酰磷酸合成酶的底物

D. 氨基甲酰磷酸和天冬氨酸提供了嘧啶环上的氮元素

E. 嘧啶核苷酸合成需要氨基甲酰磷酸合成酶 I

25. 5-FU 抗癌作用的机制是

A. 尿嘧啶合成，减少 RNA 合成

B. 抑制胞嘧啶的合成，减少 DNA 的合成

C. 抑制胸苷酸合成酶的活性，从而抑制 DNA 的合成

D. 合成错误的 RNA，抑制癌细胞生长

E. 抑制二氢叶酸还原酶的活性，从而抑制胸苷酸的合成

26. 合成 DNA 的原料是

A. dAMP、dTMP、dCMP、dGMP

B. dADP、dTDP、dCDP、dGTP

C. AMP、CMP、UMP、GMP

D. dATP、dTTP、dCTP、dGTP

E. ATP、CTP、TTP、GTP

27. 体内进行嘌呤核苷酸从头合成最主要的部位是

A. 胸腺　　　　　　　B. 小肠黏膜

C. 肝　　　　　　D. 脾　　　　E. 骨髓

28. 下列哪个代谢途径是嘧啶生物合成特有的

A. 碱基是连在 5′-磷酸核糖上合成

B. 一碳单位由叶酸衍生物提供

C. 氨基甲酰磷酸提供一个氨基甲酰基

D. 甘氨酸完整地掺入分子中

E. 谷氨酰胺是氮原子的供体

29. 甲氨蝶呤抑制核苷酸合成中的哪个反应

A. 谷氨酰胺中酰胺氮的转移

B. 向新生成的环状结构中加入 CO_2

C. ATP 中磷酸键能量的传递

D. 天冬氨酸上氮的提供

E. 二氢叶酸还原成四氢叶酸

（二）A_2 型选择题

1. 患儿，男，3 岁。出生后 10 个月开始出现中枢神经系统症状，手足不自主运动，无故吵闹，不能站立，自 2 岁起出现自残行为，并出现明显的智力障碍。此患儿是由于先天性缺乏

A. 次黄嘌呤-鸟嘌呤磷酸核糖转移酶

B. 黄嘌呤氧化酶

C. 腺嘌呤磷酸核糖转移酶

D. 嘧啶磷酸核糖转移酶

E. 核苷酸还原酶

2. 患者，男，46 岁。近 2 年来出现关节红肿，胀痛伴低热。1 周前，大量进食海鲜、牛肉、羊肉等后病情明显加重前来就诊。血清中尿酸水平升高，初步诊断为痛风。下列能够导致痛风

的主要原因是

A. 嘌呤核苷酸合成异常

B. 嘧啶核苷酸合成异常

C. 氨基酸分解异常

D. 嘌呤核苷酸分解异常

E. 嘧啶核苷酸分解异常

（三）B₁型选择题

A. IMP   B. PRPP   C. PRA

D. APRT   E. XMP

1. 5′-磷酸核糖-1′-焦磷酸是

2. 次黄嘌呤核苷酸是

A. 天冬氨酸   B. 谷氨酰胺

C. 甘氨酸   D. 一碳单位

E. CO_2

3. 嘌呤环的 C_2 来自

4. 嘌呤环的 C_6 来自

二、填空题

1. 人和其他灵长目动物体内嘌呤核苷酸分解代谢的终产物是＿＿＿＿＿＿＿＿＿。

2. 脱氧核苷酸在＿＿＿＿＿＿＿＿＿＿水平上还原生成。

3. 别嘌呤醇治疗痛风症的原理是抑制了＿＿＿＿＿＿的活性。

4. 核苷酸抗代谢物中，常见的嘌呤类似物有＿＿＿＿＿＿＿＿＿＿。

5. 血浆尿酸含量增高会引起＿＿＿＿＿＿＿。

6. dUMP 甲基化成为 dTMP，其甲基由＿＿＿＿＿＿

提供。

7. 别嘌呤醇治疗痛风症的原理是由于其结构与＿＿＿＿＿＿＿＿＿＿相似。

8. 胸腺嘧啶最终降解的产物有＿＿＿＿＿＿、NH_3 和 CO_2。

9. 嘧啶核苷酸合成的主要器官是＿＿＿＿＿。

10. 核苷酸抗代谢物中，常见的嘧啶类似物有＿＿＿＿＿＿＿＿＿＿＿。

三、名词解释

1. 从头合成

2. 补救合成

3. 核苷酸抗代谢物

4. 核苷

四、简答题

1. 体内从头合成嘌呤核苷酸和嘧啶核苷酸的原料分别是什么？嘌呤碱和嘧啶碱分解代谢的终产物分别是什么？

2. 简述嘧啶核苷酸从头合成代谢的特点。

3. 以 5-氟尿嘧啶为例，简要说明抗代谢物抗肿瘤的作用机制。

4. 进食大量富含核蛋白的食物将促进机体内的核苷酸从头合成，该说法是否正确？为什么？

五、论述题

从合成部位、合成原料、合成特点、生成核苷酸前体物质及反馈调节等方面比较嘌呤核苷酸和嘧啶核苷酸从头合成的不同点。

参考答案

一、选择题

（一）A₁型选择题

1. A   2. A   3. B   4. A   5. B   6. E   7. C

8. C   9. C   10. E   11. D   12. E   13. C   14. E

15. C   16. C   17. A   18. C   19. D   20. A   21. A

22. D   23. C   24. D   25. C   26. D   27. C   28. C

29. E

（二）A₂型选择题

1. A   2. D

（三）B₁型选择题

1. B   2. A   3. D   4. E

二、填空题

1. 尿酸

2. 二磷酸核苷

3. 黄嘌呤氧化酶

4. 6-巯基嘌呤（6-MP）

5. 高尿酸血症/痛风

6. N^5, N^{10}-亚甲四氢叶酸

7. 次黄嘌呤

8. β-氨基异丁酸
9. 肝
10. 5-氟尿嘧啶（5-FU）

三、名词解释

1. 从头合成：生物体利用简单前体物质合成生物分子的途径，如利用氨基酸、5-磷酸核糖、一碳单位及 CO_2 等代谢物为原料，经过一系列酶促反应合成嘌呤核苷酸的过程。

2. 补救合成：利用生物分子分解途径的中间代谢产物再合成该物质的过程，如生物体利用核酸或核苷酸分解释放的游离碱基或核苷合成核苷酸的过程即是补救合成。

3. 核苷酸抗代谢物：指某些嘌呤、嘧啶、叶酸及氨基酸类似物具有通过竞争性抑制或"以假乱真"等方式干扰或阻断核苷酸的正常代谢，从而进一步抑制核酸、蛋白质的合成及细胞增殖的作用，这些药物即为核苷酸抗代谢物。

4. 核苷：由碱基和五碳糖（核糖或脱氧核糖）通过 β 糖苷键连接而成的化合物，包括核糖核苷和脱氧核糖核苷两种。

四、简答题

1. 体内从头合成嘌呤核苷酸和嘧啶核苷酸的原料分别是什么？嘌呤碱和嘧啶碱分解代谢的终产物分别是什么？

嘌呤核苷酸从头合成的原料有甘氨酸、天冬氨酸、谷氨酰胺、一碳单位、CO_2 和 5′-磷酸核糖。嘌呤碱分解代谢的终产物是尿酸。嘧啶核苷酸从头合成的合成原料有天冬氨酸、谷氨酰胺、CO_2、一碳单位（仅胸苷酸合成需要）和 5′-磷酸核糖。胞嘧啶、尿嘧啶分解代谢终产物是 NH_3、CO_2、β-丙氨酸，胸腺嘧啶分解代谢终产物是 NH_3、CO_2、β-氨基异丁酸。

2. 简述嘧啶核苷酸从头合成代谢的特点。
①先合成嘧啶环，然后再与磷酸核糖结合生成嘧啶核苷酸。②合成原料需要谷氨酰胺、天冬氨酸、5′-磷酸核糖、CO_2，由氨基甲酰磷酸提供 1 个氨甲酰基。③合成过程受到反馈抑制，在哺乳动物中，氨基甲酰磷酸合成酶 Ⅱ 是主要的调节酶。

3. 以 5-氟尿嘧啶为例，简要说明抗代谢物抗肿瘤的作用机制。
5-氟尿嘧啶（5-FU）在临床用于治疗消化道肿瘤，5-FU 在体内可合成 5-FUMP，后者再还原成 5-FdUMP，5-FdUMP 是 TMP 合成酶强而特异的抑制剂，从而抑制了 dUMP 转变成 dTMP 的过程，进而抑制 DNA 的生物合成及细胞增殖。因而 5-FU 可作为抗肿瘤药物，抑制肿瘤的生长。

4. 进食大量富含核蛋白的食物将促进机体内的核苷酸从头合成，该说法是否正确？为什么？
该说法错误。富含核蛋白的食物在胃中受胃酸的作用，分解成核酸和蛋白质。核酸进入小肠后，受胰液和肠液中各种水解酶的作用逐步水解，最终水解为戊糖、嘌呤和嘧啶碱。分解产生的戊糖被吸收而参与体内戊糖代谢，嘌呤碱和嘧啶碱则主要被分解而排出体外，很少被机体利用。消化过程中产生的中间产物，如核苷、碱基可以参与核酸的补救合成途径。

五、论述题

从合成部位、合成原料、合成特点、生成核苷酸前体物质及反馈调节等方面比较嘌呤核苷酸和嘧啶核苷酸从头合成的不同点。

	嘌呤核苷酸	嘧啶核苷酸
合成部位	细胞质	细胞质及线粒体
合成原料	天冬氨酸、谷氨酰胺、甘氨酸、CO_2、一碳单位、磷酸核糖	天冬氨酸、谷氨酰胺、CO_2、一碳单位（仅胸苷酸合成需要）、磷酸核糖
合成特点	在磷酸核糖基础上合成嘌呤环，从而形成嘌呤核苷酸	先合成嘧啶环再与磷酸核糖结合形成 OMP→UMP
生成核苷酸前体物质	IMP	UMP
反馈调节	嘌呤核苷酸产物反馈抑制 PRPP 合成酶、酰胺转移酶等起始反应的酶	嘧啶核苷酸产物反馈抑制 PRPP 合成酶、氨基甲酰磷酸合成酶 Ⅱ、天冬氨酸氨基甲酰转移酶等起始反应的酶

（张晓峥 刘 玲 张亚成）

第九章　物质代谢的整合与调节

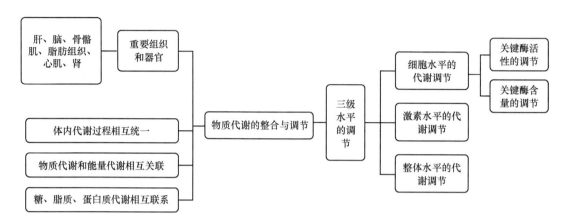

知识点导读

代谢（metabolism）是生命活动的物质基础。糖、脂质和蛋白质经消化、吸收后在体内进行各种代谢过程，一方面将营养物质分解氧化，释放出能量以满足生命活动的需要，另一方面进行合成代谢，转变成机体自身的蛋白质、脂质、糖以构成机体的成分。机体这种和环境之间不断进行的物质交换，即物质代谢。在正常情况下，为适应不断变化的内、外环境，使物质代谢有条不紊地进行，生物体对各种物质代谢的强度、方向和速率所进行的精细调节，称为代谢调节（metabolic regulation）。

细胞水平代谢调节、激素水平代谢调节和整体水平代谢调节统称为三级水平代谢调节，其中，细胞水平代谢调节是基础，激素及神经的整体水平的代谢调节需通过细胞水平的代谢调节实现。细胞内酶的集中存在或隔离分布使有关代谢途径分别在细胞的不同区域内进行，避免了各种代谢途径的相互干扰。细胞水平的代谢调节分为酶活性的调节和酶含量的调节。酶活性的调节属于快速调节，是指通过改变关键酶的结构以影响其催化活性而对物质代谢进行调节的方式，包括酶的别构调节（allosteric regulation）和化学修饰（chemical modification）调节。别构调节是指一些小分子化合物能与酶蛋白活性中心以外的特定部位特异结合，引起酶分子构象改变，从而改变酶的活性。受别构调节的酶称为别构酶（allosteric enzyme），引起别构效应的物质称为别构效应剂（allosteric effector）。化学修饰调节是指酶蛋白肽链上的一些基团，在其他酶的催化下，与某些化学基团共价结合，又可在另一种酶的催化下，去除已结合的化学基团，从而改变酶的活性。由于化学修饰调节是酶促反应，故有级联放大效应。酶的化学修饰调节包括磷酸化与去磷酸化、乙酰化与去乙酰化、腺苷化与去腺苷化等，其中最常见的形式是磷酸化与去磷酸化。对于一种酶，可以同时受以上两种方式的调节。酶含量的调节属于缓慢调节，包括酶蛋白合成的诱导和阻遏及酶降解速度的调节。

通过激素来控制物质代谢是高等生物体内代谢调节的另一种重要方式。激素作用于特定的靶细胞，使物质代谢沿着一定的方向进行而产生特定的生物学效应。当激素与靶细胞特异受体（receptor）结合后，经过一系列信号转导分子和级联反应，最终表现出激素的生物学效应。由于受体存在的细胞部位和特性不同，可将激素分为两大类：膜受体激素和胞内受体激素。

高等生物各个细胞、组织、器官之间的物质代谢，通过神经体液途径相互协调构成一个统一的整体，以适应不断变化的内外环境。当机体内外条件改变时，在神经系统主导下，调节激素释放，并通过激素整合不同组织器官的各种代谢，实现整体调节，以适应饱食、空腹、饥饿、营养过剩、应激等状态，维持整体代谢平衡。

本 章 习 题

一、选择题

（一）A₁型选择题

1. 别构效应剂与酶结合的部位是
A. 活性中心的底物结合部位
B. 活性中心的催化基团
C. 酶的巯基
D. 活性中心外的特定部位
E. 活性中心外的任何部位

2. 下列关键酶（限速酶）的叙述中**错误**的是
A. 常催化单向反应
B. 关键酶常存在有活性和无活性两种形式
C. 在代谢途径中活性最高
D. 催化代谢途径中反应速率最慢的反应
E. 其活性受底物、产物和多种代谢物或效应剂调节

3. 饥饿可使肝内哪一代谢途径增强
A. 磷酸戊糖途径   B. 糖异生
C. 脂肪合成   D. 糖酵解
E. 糖原合成

4. 短期饥饿（1～3天）时维持血糖浓度的最主要因素是
A. 肾糖异生   B. 肝糖异生
C. 肝糖原分解   D. 组织蛋白质分解
E. 肌糖原分解

5. 长期饥饿（4～7天）时，脑组织的能量来源主要由下列哪种物质供给
A. 葡萄糖   B. 游离脂肪酸
C. 肌糖原   D. 酮体
E. 肝糖原

6. 下列哪项反应在胞质中进行
A. 三羧酸循环   B. 氧化磷酸化
C. 丙酮酸羧化   D. 脂肪酸β氧化
E. 脂肪酸合成

7. 底物对酶合成的影响是
A. 阻遏酶蛋白的合成
B. 诱导酶蛋白的合成
C. 促进酶蛋白的降解
D. 抑制酶蛋白的降解
E. 影响辅酶合成

8. 长期服用苯巴比妥的患者，可以产生耐药性，原因是
A. 诱导混合功能氧化酶的合成，促进药物生物

转化
B. 产生竞争性抑制
C. 胃肠道消化酶的破坏
D. 肾脏排出增加
E. 胃肠道吸收障碍

9. 关于酶的化学修饰调节**不正确**的是
A. 酶以有活性和无活性两种形式存在
B. 两种形式之间的转变伴有共价变化
C. 两种形式之间的转变由酶催化
D. 别构调节是快速调节，化学修饰调节不是快速调节
E. 有时有级联放大效应

10. 关于酶含量的调节**错误**的是
A. 酶含量调节属于细胞水平的调节
B. 酶含量调节属于快速调节
C. 底物常可诱导酶的合成
D. 产物常阻遏酶的合成
E. 激素或药物也可诱导某些酶的合成

11. 磷酸化酶通过脱去酶磷酸基团而调节活性，因此它属于
A. 别构调节酶   B. 共价调节酶
C. 诱导酶   D. 同工酶
E. 酶原

12. 正常生理状况下大脑与肌肉细胞中的能量供应主要是
A. 脂肪酸   B. 酮体
C. 氨基酸   D. 核苷酸
E. 葡萄糖

13. 关于酶的化学修饰调节，**错误**的是
A. 一般都有活性和非活性两种形式
B. 活性和非活性两种形式在酶的催化下可以互变
C. 催化共价修饰的酶可受激素的调控
D. 一般不需消耗能量
E. 多为磷酸化和去磷酸化的方式

14. 酶的化学修饰调节最常见的方式是
A. 甲基化与去甲基化
B. 乙酰化与去乙酰化
C. 磷酸化与去磷酸化
D. 聚合与解聚
E. 酶蛋白的合成与降解

15. 下列哪个**不是**关键酶
A. 丙酮酸激酶

B. 磷酸果糖激酶

C. α-酮戊二酸脱氢酶复合体

D. 磷酸丙糖异构酶

E. 异柠檬酸脱氢酶

16. 情绪激动时，机体会出现

A. 血糖降低   B. 血糖升高

C. 蛋白质分解减少   D. 脂肪动员减少

E. 血中脂肪酸减少

17. 糖、脂肪及氨基酸三者代谢的交叉点是

A. 丙酮酸   B. 琥珀酸

C. 延胡索酸   D. 乙酰 CoA

E. 磷酸烯醇式丙酮酸

18. 经磷酸化后其活性升高的酶是

A. 糖原合酶   B. 丙酮酸脱氢酶

C. 乙酰 CoA 羧化酶   D. 丙酮酸激酶

E. 糖原磷酸化酶 b 激酶

19. 关于三大营养物质代谢相互联系的叙述，**错误**的是

A. 乙酰 CoA 是共同中间代谢物

B. 三羧酸循环是共同通路

C. 糖可以转变成脂肪

D. 脂肪酸可以转变成糖

E. 蛋白质分解产物中的一部分可以转变为糖

20. 关于糖、脂质代谢中间联系的叙述，**错误**的是

A. 糖、脂肪分解都生成乙酰 CoA

B. 摄入过多的脂肪可转化为糖原储存

C. 脂肪氧化增加可减少糖类的氧化消耗

D. 糖、脂肪不能转化成蛋白质

E. 糖和脂肪是正常体内重要的能源物质

21. 糖和甘油代谢之间的交叉点是

A. 3-磷酸甘油醛   B. 丙酮酸

C. 磷酸二羟丙酮   D. 乙酰 CoA

E. 草酰乙酸

22. 产物增多通常会使关键酶受到反馈抑制，通常是酶的哪种调节方式

A. 化学修饰   B. 共价修饰

C. 酶原激活   D. 别构激活

E. 别构抑制

23. 下列属于膜受体激素的是

A. 甲状腺素   B. 类固醇激素

C. 甲状旁腺激素   D. 1, 25-(OH)$_2$-D$_3$

E. 维 A 酸

24. 葡萄糖在体内代谢时，通常不会转变生成的化合物是

A. 丙氨酸   B. 酮体

C. 胆固醇   D. 核糖

E. 脂肪酸

25. 作用于胞内受体的激素是

A. 儿茶酚胺类激素   B. 生长激素

C. 胰岛素   D. 类固醇激素

E. 多肽类激素

26. 一碳单位可联系下列哪些物质的代谢途径

A. 糖和脂肪酸   B. 糖和氨基酸

C. 脂肪酸和氨基酸   D. 氨基酸和核苷酸

E. 糖和核苷酸

27. 下列**不是**乙酰 CoA 代谢去路的是

A. 合成脂肪酸   B. 转变成葡萄糖

C. 合成酮体   D. 合成胆固醇

E. 进入三羧酸循环

28. 磷酸化修饰的位点常发生在哪个氨基酸残基

A. 组氨酸   B. 赖氨酸

C. 丝氨酸   D. 半胱氨酸

E. 谷氨酸

29. 应激状态下血中代谢物变化**不包括**

A. 葡萄糖升高   B. 胰岛素升高

C. 尿素氮升高   D. 肾上腺素升高

E. 游离脂肪酸升高

30. 关于酶的磷酸化修饰正确的是

A. 磷酸化不一定需要消耗 ATP

B. 磷酸化部位发生在丙氨酸残基

C. 磷酸化/去磷酸化由不同的酶催化

D. 磷酸化后酶活性增加

E. 去磷酸化后酶活性降低

（二）A$_2$ 型选择题

1. 患者，女，25 岁，身高 162cm，体重 65kg，半年来患者一直在坚持无主食减肥，三餐从不进食米饭、面包、面条等淀粉类主食，只进食充足的肉类、蛋类及蔬菜，目前身体暂无明显不适。下面关于其体内营养代谢的情况，说法正确的是

A. 其肌肉中糖原含量会显著降低

B. 其脂肪组织内的脂肪动员减弱

C. 其肝内的糖异生作用增强

D. 其空腹时的血糖含量会显著降低

E. 其体内从头合成核苷酸的能力显著降低

2. 地震时，一名男性被压在废墟中，于 4 天后获救，此时对该患者进行血、尿生化检测，以下变化最**不可能**出现的是

A. 血胰高血糖素升高   B. 血尿素氮升高

C. 血丙酮酸升高　　　　　D. 尿酮阳性

E. 血胰岛素升高

（三）B₁型选择题

A. 酶的别构调节　　　B. 酶的化学修饰调节

C. 酶含量的调节　　　D. 酶的缓慢调节

E. 激素水平的调节

1. 酶的磷酸化和去磷酸化作用属于

2. ATP 对磷酸果糖激酶的抑制作用属于

二、填空题

1. 改变酶结构的快速调节，主要包括别构调节和_____。

2. 化学修饰调节最常见的方式是_____。

3. 在代谢调节的三级水平中，_____代谢调节是基础。

4. 酶的别构调节是指一些小分子化合物能与酶蛋白_____的特定部位特异结合，引起酶分子构象改变，从而改变酶的活性。

5. 根据激素受体在细胞的部位不同，可将激素分为膜受体激素和_____激素两大类。

6. 细胞水平代谢调节通过调节关键/限速酶的活性与_____从而调节代谢的速度和强度。

7. 糖转化为脂肪时，葡萄糖分解产生的_____可作为脂肪酸合成的原料。

8. 在生理情况下，大脑主要以_____为能源。

9. 酶含量的调节通过改变酶的合成与_____，从而调节代谢的速度和强度。

10. 糖原合酶磷酸化后活性_____。

三、名词解释

1. 细胞水平调节

2. 整体水平调节

3. 酶的别构调节

4. 酶的共价修饰调节

5. 关键酶

四、简答题

1. 简述细胞水平调节的主要方式。

2. 酶的别构调节的生理意义是什么？

3. 什么是酶的化学修饰调节？化学修饰调节的特点是什么？

4. 试述乙酰 CoA 在物质代谢中的作用及其来源和去路。

五、论述题

1. 糖、脂质、蛋白质三者在体内是否能相互转变？简要说明转变的途径及不能转变的原因。

2. 空腹静息状态下，静脉血丙酮酸浓度为 $0.03 \sim 0.1 \text{mmol/L}$，试从丙酮酸的来源和去路阐述其维持正常值的机制。

参 考 答 案

一、选择题

（一）A₁型选择题

1. D	2. C	3. B	4. B	5. D	6. E	7. B
8. A	9. D	10. B	11. B	12. E	13. D	14. C
15. D	16. B	17. D	18. E	19. D	20. B	21. C
22. E	23. C	24. B	25. D	26. D	27. B	28. C
29. B	30. C					

（二）A₂型选择题

1. C　2. E

（三）B₁型选择题

1. B　2. A

二、填空题

1. 化学修饰调节/共价修饰调节

2. 磷酸化与去磷酸化

3. 细胞水平

4. 活性中心外

5. 胞内受体

6. 含量

7. 乙酰辅酶 A（乙酰 CoA）

8. 葡萄糖

9. 降解

10. 降低

三、名词解释

1. 细胞水平调节：通过细胞内代谢物浓度的变

化，对酶的活性及含量进行调节的方式。

2. 整体水平调节：在中枢神经系统控制下，机体通过神经递质、激素等对代谢进行综合调节的方式。

3. 酶的别构调节：是指一些小分子化合物能与酶蛋白活性中心以外的特定部位特异结合，引起酶分子构象改变，从而改变酶的活性。酶的这种调节方式称为酶的别构调节。

4. 酶的共价修饰调节：是指酶蛋白肽链上的一些基团，在其他酶的催化下，与某些化学基团共价结合，又可在另一种酶的催化下，去除已结合的化学基团，从而改变酶的活性，酶的这种调节方式称为酶的共价修饰调节。

5. 关键酶：指该酶催化整条代谢途径中反应速率最慢的化学反应，催化单向反应，其活性改变不但影响代谢的总速率，还可改变代谢方向。

四、简答题

1. 简述细胞水平调节的主要方式。

细胞水平调节包括酶活性的调节和酶含量的调节，前者属于快速调节，后者属于迟缓调节。酶活性的调节分为别构调节和化学修饰调节两种。除此之外，酶在细胞内的区域化分布和同工酶也属于细胞水平调节。

2. 酶的别构调节的生理意义是什么？

酶的别构调节的生理意义在于可使细胞经济有效利用能量，产生的代谢产物不致过多或过少，而且还可调节代谢的速度和方向。

3. 什么是酶的化学修饰调节？化学修饰调节的特点是什么？

酶蛋白肽链上的一些基团，在其他酶的催化下，与某些化学基团共价结合，又可在另一种酶的催化下，去除已结合的化学基团，从而改变酶的活性，酶的这种调节方式称为酶的化学修饰。

特点：

（1）绝大多数受化学修饰调节的关键酶都具有无活性（或低活性）和有活性（或高活性）两种形式，它们可以分别在两种不同酶的催化下互相转变。

（2）酶的化学修饰是酶促反应，可催化多个底物酶分子发生修饰，特异性强，有级联放大效应。

（3）磷酸化和去磷酸化是最常见的酶促化学修

饰反应。

（4）催化化学修饰的酶自身也常受别构调节、化学修饰调节，并与激素调节偶联，形成激素、信号转导分子和效应分子（受化学修饰调节的关键酶）组成的级联反应，使细胞活性调节更为精细。

4. 试述乙酰 CoA 在物质代谢中的作用及其来源和去路。

乙酰 CoA 是糖、脂质、氨基酸代谢共有的重要中间代谢物，也是三大营养物代谢联系的枢纽，乙酰 CoA 的来源：糖有氧氧化，脂肪酸 β 氧化，酮体氧化分解，氨基酸分解代谢，甘油及乳酸分解。乙酰 CoA 的代谢去路：进入三羧酸循环彻底氧化分解，形成体内能量的主要来源。在肝细胞线粒体生成酮体，是缺乏糖时重要能源之一。合成脂肪酸，合成胆固醇，合成神经递质乙酰胆碱，合成 N-乙酰谷氨酸，参与生物转化和酶的化学修饰。

五、论述题

1. 糖、脂质、蛋白质三者在体内是否能相互转变？简要说明转变的途径及不能转变的原因。

（1）糖与脂质：糖可转变为脂质，糖→磷酸二羟丙酮→α-磷酸甘油；糖→乙酰 CoA →脂肪酸、胆固醇；α-磷酸甘油 + 脂肪酸/胆固醇→甘油三酯/胆固醇酯。

（2）脂质转变糖可能性小，仅甘油、丙酮、丙酰 CoA 可异生成糖，但其量甚微。

（3）蛋白质与糖、脂质：蛋白质可转变成糖、脂质，但数量较少。生糖氨基酸→糖；生糖兼生酮氨基酸→糖或脂质。糖、脂质不能转变为蛋白质，糖、脂质虽可提高非必需氨基酸的碳氢骨架，但缺乏氮源。

2. 空腹静息状态下，静脉血丙酮酸浓度为 0.03～0.1mmol/L，试从丙酮酸的来源和去路阐述其维持正常值的机制。

丙酮酸的来源：

（1）葡萄糖经糖酵解途径的产物。

（2）苹果酸、草酰乙酸脱羧产生。

（3）丙氨酸脱氨基产生。

丙酮酸的去路：

（1）供氧不足：进入无氧氧化，生成乳酸。

（2）供氧充足：进入三羧酸循环氧化供能。

（3）饥饿时，丙酮酸进入线粒体，羧化生成草酰乙酸，异生成糖。

（4）丙酮酸进入线粒体，羧化生成草酰乙酸，与乙酰 CoA 缩合生成柠檬酸，促进乙酰 CoA 彻底氧化。

（5）丙酮酸进入线粒体，羧化生成草酰乙酸，与乙酰 CoA 缩合生成柠檬酸，柠檬酸出线粒体，经柠檬酸裂解酶催化生成乙酰 CoA，作为合成脂肪酸、胆固醇的原料。

（6）氨基化生成丙氨酸等非必需氨基酸。

（张晓峥　刘　玲　张亚成）

第十章 DNA 的生物合成（复制）

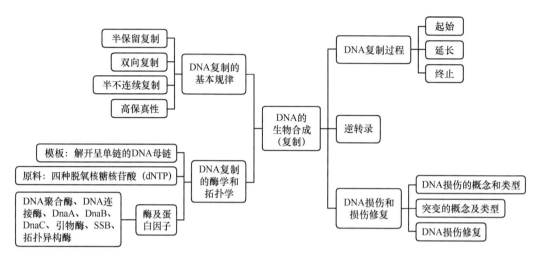

知识点导读

DNA 复制（replication）是细胞内以 DNA 为模板合成 DNA 的过程。在这个过程中，亲代 DNA 作为合成模板，按照碱基互补配对原则合成子代分子，其化学本质是酶促脱氧核苷酸聚合反应。DNA 复制具有以下特点：半保留复制（semiconservative replication）、双向复制（bidirectional replication）、半不连续复制（semidiscontinuous replication）、高保真性（high fidelity）。DNA 的半保留复制，即 DNA 复制时亲代 DNA 双螺旋解开成为两条单链，各自作为模板，按照碱基配对规律合成两个与亲代 DNA 序列完全一致的子代 DNA 分子，且每个子代 DNA 分子中都保留有一条来自亲代的链。双向复制是复制从起点开始，向两个方向进行解链，复制中的模板 DNA 形成 2 个方向相反的开链区。原核生物基因组是环状 DNA，只有一个复制起点（origin），进行的是单点起始双向复制。真核生物基因组由多个染色体组成，全部染色体均需复制，每个染色体又有多个起点，呈多起点双向复制特征。

DNA 的复制是需要多种酶参与的核苷酸聚合反应。参与原核生物 DNA 复制的有关酶类和蛋白质有 DNA 聚合酶（DNA polymerase）、解旋酶（helicase）、引物酶（primase）、DNA 拓扑异构酶（DNA topoisomerase）、DNA 连接酶（DNA ligase）和单链 DNA 结合蛋白（single stranded DNA-binding protein，SSB）等。DNA 聚合酶全称为依赖 DNA 的 DNA 聚合酶（DNA-dependent DNA polymerase，DNA pol 或 DDDP），是以单链 DNA 为模板催化其互补 DNA 链合成的酶。原核生物 DNA 聚合酶至少有 5 种，其中 DNA 聚合酶 Ⅰ、Ⅱ、Ⅲ 都具有催化 5′ → 3′ 磷酸二酯键形成能力及 3′ → 5′ 核酸外切酶活性。DNA 聚合酶 Ⅲ 是原核生物复制延长中真正起催化作用的酶。DNA 聚合酶 Ⅰ 还具有 5′ → 3′ 核酸外切酶活性，起着修复 DNA 分子中突变、损伤及切除引物的作用。DNA 聚合酶 Ⅱ 是在 DNA 聚合酶 Ⅰ 和 Ⅲ 缺失情况下暂时发挥作用。而真核生物的 DNA 聚合酶至少有 15 种，常见的有 5 种。DNA 聚合酶都需要以单链 DNA 作为模板，以 4 种脱氧三磷酸核苷为原料，具有方向性，需要引物。

原核生物中 DnaA 识别复制起始点，DnaB（解旋酶）、拓扑异构酶和 SSB 起着解开、理顺 DNA 双链，维持 DNA 处于单链状态的作用。DnaG（引物酶）以 DNA 为模板，催化游离的 NTP 聚合成一段短的 RNA 引物，以提供 3′-OH 末端。DNA 连接酶催化一条 DNA 链的 3′-OH 末端和另一条 DNA 链的 5′-磷酸基末端之间形成磷酸二酯键，从而把两段相邻的 DNA 链连接成完整的链，连接酶只能连接碱基互补基础上的双链 DNA 的单链缺口。

原核生物 DNA 的复制过程可分为起始、延长、终止三个阶段。起始阶段：包括双链 DNA 的解旋、解链和引物的生成；延长阶段：包括前导链和冈崎片段的合成；终止阶段：包括 RNA 引物的水解、DNA 聚合酶 I 催化填补空缺和 DNA 连接酶把 DNA 片段连接成完整的子链。在 DNA 复制过程中，复制方向与解链方向相同，沿着解链方向生成的子链 DNA 的合成是连续进行的，这股链称为前导链或领头链（leading strand）。另一条链的合成方向则与复制叉前进方向相反，不能顺着解链方向连续延长，只能随着模板链的解开逐段地沿 $5' \rightarrow 3'$ 复制子链，其中不连续的 DNA 片段被命名为冈崎片段（Okazaki fragment），这一不连续复制的链称为后随链（lagging strand）或随从链。复制完成后，在具有 $5' \rightarrow 3'$ 核酸外切酶活性的 DNA 聚合酶 I 的作用下，水解切除 RNA 引物，所出现的缺口在模板链指引下，由 DNA 聚合酶 I 催化 dNTP 填补切除引物后留下的空隙。DNA 连接酶将 DNA 片段之间的切口通过生成 3',5'-磷酸二酯键而接合，成为真正连续的子链。

DNA 复制的保真性至少要依赖以下机制：复制严格按照碱基配对规律进行；DNA 聚合酶Ⅲ在复制延长中对碱基的选择功能；复制过程中出现错配时，DNA 聚合酶 I 有即时校读功能。

真核生物 DNA 的复制过程与原核生物相似，但涉及更为复杂的延长阶段核小体的组装及端粒酶参与的染色体末端复制问题。人类端粒酶由三部分组成：端粒酶 RNA、端粒酶协同蛋白和端粒酶逆转录酶，该酶通过一种称为爬行模型的机制，完成切除 RNA 引物、出现缺口后染色体末端的复制。

逆转录（reverse transcription）是以 RNA 为模板合成 DNA 的过程，其信息流动方向与转录过程相反，是一种 DNA 生成的特殊方式。能催化以 RNA 为模板合成双链 DNA 的酶称为逆转录酶，又称依赖于 RNA 的 DNA 聚合酶（RNA-dependent DNA polymerase，RDDP）。逆转录酶具有以 RNA 或 DNA 为模板的 dNTP 聚合活性和 RNase 活性，需以 Zn^{2+} 为辅因子。

各种体内外因素所导致的 DNA 组成和结构变化称为 DNA 损伤（DNA damage）。引起 DNA 损伤的因素包括物理因素、化学因素、生物因素等。DNA 分子中的碱基、核糖与磷酸二酯键均是 DNA 损伤因素的作用靶点。根据 DNA 分子结构改变的不同，DNA 损伤有碱基脱落、碱基结构破坏、嘧啶二聚体形成、DNA 单链或双链断裂、DNA 交联等类型。直接修复是最简单的 DNA 损伤修复方式，包括嘧啶二聚体的直接修复、烷基化碱基的直接修复、单链断裂的直接修复。切除修复是生物界最普遍的 DNA 损伤修复方式，包括碱基切除修复、核苷酸切除修复、碱基错配修复。其次还有重组修复及跨越损伤修复，共同维持 DNA 结构的完整性和稳定性。

本 章 习 题

一、选择题

（一）A_1 型选择题

1. DNA 复制时，下列哪种酶是**不需要**的
A. DNA 指导的 DNA 聚合酶
B. 限制性核酸内切酶　　C. 拓扑异构酶
D. 解链酶　　　　　　E. DNA 连接酶

2. 有关 DNA 聚合酶作用条件说法**错误**的是
A. 底物是 dNTP
B. 必须有单链 DNA 模板
C. 合成方向只能是 $3' \rightarrow 5'$
D. 需要 ATP 和 Mg^{2+} 参与
E. 合成方向只能是 $5' \rightarrow 3'$

3. 与冈崎片段概念有关的是
A. 半保留复制　　　　B. 半不连续复制
C. 逆转录　　　　　　D. 重组修复

E. 前导链

4. 在 DNA 复制中 RNA 引物
A. 使 DNA 双链解开
B. 使 DNA 聚合酶Ⅲ活化
C. 提供 3'-OH 作合成新 RNA 链起点
D. 提供 3'-OH 作合成新 DNA 链起点
E. 提供 5' 端作合成新 DNA 链起点

5. 合成 DNA 的原料是
A. ATP、GTP、CTP、UTP
B. dAMP、dGMP、dCMP、dTMP
C. AMP、GMP、CMP、UMP
D. dATP、dGTP、dCTP、dTTP
E. dADP、dGDP、dCDP、dTDP

6. 端粒酶具有下列哪种酶的活性
A. 逆转录酶　　　　　B. RNA 聚合酶
C. DNA 水解酶　　　　D. 限制性核酸内切酶

E. 连接酶

7. DNA 复制时，以序列 5'-CAGT -3' 为模板合成的互补结构是

A. 5'-GTCA-3'　　　　B. 5'-GUCA-3'
C. 5'-GTCU-3'　　　　D. 5'-ACTG-3'
E. 3'-ACUG-5'

8. 关于 DNA 复制中连接酶的叙述错误的是

A. 连接双链中的单链缺口
B. 参与后随链和前导链的生成
C. 催化相邻的 DNA 片段以 3',5'-磷酸二酯键相连
D. 连接反应需要 ATP 参与
E. 催化相邻的 DNA 片段以 5',3'-磷酸二酯键相连

9. 在紫外线照射对 DNA 分子的损伤中形成最常见的二聚体是

A. G-C　　　　B. A-U　　　　C. U-G
D. T-A　　　　E. T-T

10. 与原核生物 DNA 合成无关的酶是

A. 解链酶
B. 端粒酶
C. 拓扑异构酶
D. DNA 指导的 DNA 聚合酶
E. DNA 连接酶

11. 冈崎片段是指

A. 前导链上合成的 DNA 片段
B. 后随链上合成的 DNA 片段
C. DNA 模板上的 DNA 片段
D. 由 DNA 连接酶合成的 DNA
E. 引物酶催化合成的 RNA 片段

12. 关于大肠埃希菌 DNA 聚合酶 I 的说法正确的是

A. 具有 5' → 3' 核酸外切酶活性
B. 具有核酸内切酶活性
C. 在前导链的合成中起主要作用
D. dTMP 是它的一种底物
E. 可催化引物的合成

13. DNA 复制时，子代 DNA 的合成方式是

A. 两条链均为不连续合成
B. 两条链均为连续合成
C. 一条链为连续合成，另一条链为不连续合成
D. 两条链均为 3' → 5' 合成
E. 一条链为 5' → 3' 合成，另一条链为 3' → 5' 合成

14. 辨认 DNA 复制起始点的是

A. 解链酶　　　　B. DnaA 蛋白
C. 拓扑异构酶　　D. 引物酶

E. DNA 聚合酶

15. DNA 连接酶的作用是

A. 将双螺旋解链
B. 使 DNA 形成正超螺旋结构
C. 使 DNA 形成负超螺旋结构
D. 使双螺旋 DNA 链中单链缺口的两个末端连接
E. 去除引物，填补空缺

16. 与 DNA 修复过程缺陷有关的疾病是

A. 黄疸　　　　　　B. 痛风
C. 卟啉病　　　　　D. 着色性干皮病
E. 黄嘌呤尿症

17. 与镰状细胞贫血中血红蛋白 β 肽链结构改变有关的突变是

A. 缺失　　　　B. 重排　　　　C. 插入
D. 交联　　　　E. 点突变

18. 在 DNA 生物合成中，具有催化 RNA 指导的 DNA 聚合反应，RNA 水解及 DNA 指导的 DNA 聚合反应三种功能的酶是

A. DNA 连接酶　　　B. 拓扑异构酶
C. 逆转录酶　　　　D. 引物酶
E. DNA 聚合酶

19. 真核生物 DNA 复制中，DNA 要分别进行后随链和前导链的合成，催化核内前导链合成的酶是

A. DNA polδ　　　　B. DNA polα
C. DNA polγ　　　　D. DNA polβ
E. DNA polε

20. DNA 复制与转录过程有许多异同点，其中描述错误的是

A. 两过程均需聚合酶和多种蛋白因子
B. 两过程均需 RNA 引物
C. 复制的产物通常大于转录产物
D. 转录是只有一条 DNA 链作为模板，而复制时两条 DNA 链均可作为模板链
E. 复制和转录的合成方向都为 5' → 3'

21. 最致命的一种突变是

A. A 取代 C
B. G 取代 A
C. 缺失 3 个核苷酸
D. 插入 1 个核苷酸
E. 插入 3 个核苷酸

22. 原核生物的双向复制是指

A. 在解开的 DNA 双链上进行复制，一条链从 5' → 3'，另一条链从 3' → 5' 方向不同的复制
B. 在一定的起始点向两个方向解链
C. 质粒的滚环复制

D. 只有两个引物同时在复制

E. 在 DNA 聚合酶的两端同时复制

23. 冈崎片段

A. 是因为 DNA 复制速度太快而产生的

B. 由于复制中有缠绕打结而生成

C. 因为有 RNA 引物，就有冈崎片段

D. 复制与解链方向相反，在后随链生成

E. 复制完成后，冈崎片段被水解

24. 下列哪项描述为 RNA 聚合酶和 DNA 聚合酶所共有的性质

A. 3′ → 5′ 核酸外切酶活性

B. 5′ → 3′ 聚合酶活性

C. 5′ → 3′ 核酸外切酶活性

D. 需要 RNA 引物和 3′-OH 末端

E. 都参与半保留合成方式

25. 下列哪种酶与切除修复无关

A. DNA 聚合酶 I

B. 特异的核酸内切酶

C. 5′ → 3′ 核酸外切酶

D. 连接酶

E. 引物酶

26. 在催化反应中不需要模板的酶是

A. RNA 聚合酶　　B. 引物酶

C. DNA 聚合酶　　D. 端粒酶

E. 拓扑异构酶 I

27. 在大肠埃希菌 DNA 复制中，并不总是存在于复制叉中的一组蛋白质是

A. SSB 蛋白

B. DNA 聚合酶Ⅲ的 τ 亚基

C. DnaG（引物酶）

D. DnaB 和 DnaC 蛋白

E. DnaA 蛋白

28. 下列复制起始相关蛋白质中，具有合成 RNA 引物作用的是

A. DnaA　　　　B. DnaB

C. DnaC　　　　D. DnaG　　E. SSB

29. 血红蛋白 β 链编码基因发生突变，是镰状细胞贫血的发生机制。β 链编码基因发生的突变是

A. 插入　　　B. 点突变　　C. 缺失

D. 断裂　　　E. 交联

30. DNA 的生物合成方向是

A. 3′ → 5′　　　　B. C → N

C. 5′ → 3′　　　　D. N → C

E. 从两侧向中心

31. 真核细胞 DNA 复制发生在细胞周期的

A. G₁ 期　　　B. S 期　　　C. G₂ 期

D. M 期　　　E. G₀ 期

32. DNA 损伤修复方式中最普遍的方式是

A. 嘧啶二聚体的直接修复

B. 嘌呤二聚体的直接修复

C. 碱基切除修复

D. 双键断裂修复

E. 碱基错配修复

33. 根据中心法则，大多数生物遗传信息的传递方向是

A. DNA → RNA → 蛋白质

B. 蛋白质 → RNA → DNA

C. RNA → DNA → 蛋白质

D. RNA → RNA → DNA

E. DNA → DNA → 蛋白质

34. 原核生物 DNA 复制中的引物是

A. 以 DNA 为模板合成的 DNA 片段

B. 以 RNA 为模板合成的 RNA 片段

C. 以 DNA 为模板合成的 RNA 片段

D. 以 RNA 为模板合成的 DNA 片段

E. 引物仍存在于复制完成的 DNA 链中

35. DNA 拓扑异构酶不能

A. 切开 DNA

B. 松弛 DNA

C. 改变 DNA 的超螺旋密度

D. 催化 DNA 链的断裂和结合

E. 将环状 DNA 变为线状 DNA

36. 参与维持 DNA 单链模板状态，避免细胞内核酸降解的酶是

A. 引发前体

B. 拓扑异构酶 I

C. 单链 DNA 结合蛋白

D. 解链酶

E. 拓扑异构酶 Ⅱ

37. 线粒体 DNA 的复制

A. 采用滚环式复制

B. 采用 D 环复制

C. 两条亲代双链同时复制

D. 两条亲代双链在同一起点复制

E. 前导链与后随链同时合成

38. 下列对于突变的描述正确的是

A. 都是由有害因素引起的有害结果

B. 反映遗传的保守性

C. 自然突变频率很低，可以忽略

D. 一定会引起功能受损

E. 是进化的基础

39. 亚硝酸盐造成的 DNA 损伤是

A. 形成 T-T 二聚体　　B. 使 A 甲基化

C. 转换 T 为 C　　D. 取代 A 并异构成 G

E. 使 C 脱氨成 U

40. 原核生物嘧啶二聚体的主要修复方式为

A. SOS 修复　　　　B. 碱基切除修复

C. 核苷酸切除修复　　D. 跨越损伤修复

E. 光复活修复

41. 原核 DNA 复制中，① DNA 聚合酶Ⅲ ②解旋酶 ③ DNA 聚合酶Ⅰ ④引物酶 ⑤ DNA 连接酶⑥ SSB 的作用顺序是

A. ④③①②⑤⑥　　B. ②③⑥④①⑤

C. ④②①⑤⑥③　　D. ④②⑥①③⑤

E. ②⑥④①③⑤

42. 关于 DNA 复制的表述，**错误**的是

A. 具有高保真性

B. 需要 RNA 依赖的 DNA 聚合酶参加

C. 是半保留复制

D. 是半不连续复制

E. 需要 DNA 依赖的 DNA 聚合酶参与

43. 催化以 RNA 为模板合成 DNA 反应的酶是

A. 逆转录酶　　　　B. RNA 聚合酶

C. DNA 水解酶　　D. DNA 聚合酶

E. 连接酶

44. 下列有关真核生物 DNA-pol 的叙述中**不正确**的是

A. 常见的有 α、β、γ、δ、ε 五种

B. DNA polα 具有引物酶活性

C. DNA polβ 具有解旋酶活性

D. DNA polδ 催化后随链的合成

E. DNA polε 是催化前导链合成的酶

45. 引发体**不包括**

A. 引物酶　　　　B. 解旋酶

C. DnaC　　　　D. 引物 RNA

E. DNA 被打开的一段双链

46. 真核生物 DNA 复制的特点是

A. 引物较长

B. 冈崎片段较短

C. DNA polγ 催化延长

D. 仅有一个复制起始点

E. 在细胞周期的 G_1 期最活跃

47. 端粒酶的作用是

A. 防止染色体中线性 DNA 分子末端缩短

B. 促进染色体中线性 DNA 分子末端缩短

C. 破坏染色体稳定性

D. 促进细胞衰老、凋亡

E. 促进细胞中染色体末端融合

48. 着色性干皮病的分子基础是

A. 钠钾泵激活引起细胞失水

B. 温度敏感性转移酶类失活

C. 紫外线照射损伤 DNA 修复

D. 利用维生素 A 的酶被光破坏

E. DNA 损伤修复所需的核酸内切酶缺乏

49. 在原核生物中，RNA 引物的水解及空隙的填补依赖于

A. 核酸酶 H　　　　B. DNA pol Ⅰ

C. DNA pol Ⅱ　　D. DNA polα

E. DNA polβ

50. 前导链为连续合成，后随链为不连续合成，生命科学家习惯称这种 DNA 复制方式为

A. 全不连续复制　　B. 全连续复制

C. 全保留复制　　D. 半不连续复制

E. 混合型复制

（二）A_2 型选择题

1. 患者，女，42 岁。左侧乳房肿块，超声检查怀疑乳腺癌。其姐姐在 35 岁被诊断为乳腺癌，其母亲在 45 岁被诊断为卵巢癌。医生怀疑其可能存在 *BRCA* 基因突变家族史。该基因突变可导致多种肿瘤的发生，其可能的机制是

A. *BRCA* 基因异常激活导致所有 DNA 损伤修复系统障碍

B. *BRCA* 基因异常激活导致光复活修复障碍

C. *BRCA* 基因失活导致所有 DNA 损伤修复系统障碍

D. *BRCA* 基因失活主要导致切除修复障碍

E. *BRCA* 基因失活导致细胞对双链 DNA 断裂修复能力下降

2. 陈先生幼年时脸上即有雀斑，皮肤干燥。随着年龄增加，斑点变黑变大，同时眼睛对阳光敏感，易充血。短时间暴露于阳光下即严重晒伤并持续几周。组织病理显示表皮非典型性增生。导致陈先生这些症状的最可能的原因是皮肤细胞

A. 黑色素合成增多

B. 酪氨酸酶活性增加

C. 不能识别 DNA 双链损伤

D. 不能校正移码突变

E. 不能校正紫外线诱导的碱基二聚体突变

3. 某贫血患儿的血红蛋白含量仅及正常人的一半，红细胞数量少且呈镰刀形。导致该患儿红细胞形态异常的机制是血红蛋白的

A. α 链发生异常折叠

B. β 链发生异常折叠

C. α 链编码基因发生点突变

D. β 链编码基因发生点突变

E. α 链和 β 链发生交联

4. 某种遗传病患者，其皮肤对阳光特别敏感，照射后出现红斑、水肿，继而出现色素沉着，儿童期即可诱发皮肤肿瘤。这类患者受阳光照射后其皮肤的 DNA 损伤类型主要是形成

A. A-A 二聚体　　　　B. G-G 二聚体

C. T-T 二聚体　　　　D. A-T 二聚体

E. A-C 二聚体

（三）B₁ 型选择题

A. 噬菌体病毒　　　　B. 逆转录病毒

C. 末端转移酶　　　　D. 端粒酶

E. 逆转录酶

1. 真核生物染色体中具有逆转录作用的是

2. 以 RNA 为模板，催化合成 cDNA 第一条链的酶是

A. DNA 的全保留复制机制

B. DNA 的半保留复制机制

C. DNA 的半不连续复制

D. DNA 的全不连续复制

E. 逆转录

3. 前导链与后随链的合成说明 DNA 的复制方式是

4. RNA 为模板合成 DNA 的过程是

A. 拓扑异构酶　　　　B. DNA 聚合酶 ε

C. DNA 聚合酶 γ　　　D. DNA 聚合酶 Ⅱ

E. DNA 连接酶

5. 参与真核线粒体 DNA 合成的酶是

6. 参与真核 DNA 前导链复制的酶是

A. 拓扑异构酶　　　　B. DNA 解旋酶

C. DNA 聚合酶 Ⅰ　　D. DNA 聚合酶 Ⅲ

E. DNA 连接酶

7. 大肠埃希菌 DNA 复制时去除引物，填补空隙的是

8. 大肠埃希菌 DNA 复制时延长 DNA 链的是

二、填空题

1. DNA 复制时，连续合成的链称为_____；不连续合成的链称为后随链。

2. DNA 合成的原料是_____。

3. DNA 复制时，子链 DNA 合成的方向是_____。

4. DNA 复制时，亲代模板链与子代合成链的碱基配对原则是：A 与_____配对。

5. DNA pol Ⅰ 具有_____和 5′→3′ 以及 3′→5′ 核酸外切酶活性。

6. 拓扑异构酶对 DNA 分子的作用是既能水解，又能连接_____。

7. DNA 聚合酶 I 用特异的蛋白酶水解成大小两个片段，其中大片段称为_____片段。

8. 复制中所需要的引物本质是_____。

9. 催化原核生物 DNA 合成的酶是_____。

10. 辨认原核生物 DNA 复制起始点的是_____。

11. RNA 为模板合成 DNA 的过程是_____。

12. 使大肠埃希菌 DNA 复制时去除引物，补充空隙的是_____。

13. 前导链与后随链的合成说明 DNA 的复制方式是_____。

14. DNA 复制时，亲代模板链与子代合成链的碱基配对原则是：G 与_____配对。

15. 在紫外线照射对 DNA 分子的损伤中最常见的二聚体形式是_____。

16. 在 DNA 复制中 RNA 引物提供_____。

三、名词解释

1. 半保留复制

2. 冈崎片段

3. 前导链

4. 后随链

5. 逆转录

6. DNA 损伤

7. 复制叉

四、简答题

1. 何谓逆转录作用？逆转录酶有哪些功能？逆转录过程是什么？

2. 何为 DNA 损伤？引起 DNA 损伤的因素包括哪些？简述 DNA 损伤的几种类型。

五、论述题

1. 参与原核生物 DNA 复制的酶及蛋白质有哪些？叙述它们各自的功能。

2. 试述原核生物 DNA 复制的基本过程。

参 考 答 案

一、选择题

（一）A₁型选择题

1. B	2. C	3. B	4. D	5. D	6. A	7. D
8. E	9. E	10. B	11. B	12. A	13. C	14. B
15. D	16. D	17. E	18. C	19. E	20. B	21. D
22. B	23. D	24. B	25. E	26. C	27. E	28. D
29. B	30. C	31. B	32. C	33. A	34. C	35. E
36. C	37. B	38. E	39. E	40. E	41. E	42. B
43. A	44. C	45. D	46. B	47. A	48. E	49. E
50. D						

（二）A₂型选择题

1. E 2. E 3. D 4. C

（三）B₁型选择题

1. D 2. E 3. C 4. E 5. C 6. B 7. C 8. D

二、填空题

1. 前导链
2. dNTP
3. $5' \to 3'$
4. T
5. $5' \to 3'$ 聚合活性
6. 磷酸二酯键
7. 克列诺（Klenow）
8. RNA
9. DNA 聚合酶Ⅲ
10. DnaA
11. 逆转录
12. DNA 聚合酶Ⅰ
13. 半不连续复制
14. C
15. T-T
16. 3'-OH

三、名词解释

1. 半保留复制：DNA 复制时，亲代 DNA 双螺旋解开成为两条单链各自作为模板，按照碱基配对规律合成两个与亲代 DNA 序列完全一致的子代 DNA 分子，且每一个子代 DNA 分子中都保留有一条来自亲代的链。这种复制方式称为半保留复制。

2. 冈崎片段：由于解链方向和复制方向相反，使沿着后随链的模板链合成的是不连续的新 DNA 片段，该片段被命名为冈崎片段。复制完成后，这些不连续片段经过去除引物，填补引物留下的空隙，连接成完整的 DNA 长链。

3. 前导链：在 DNA 复制过程中，复制方向与解链方向相同，沿着解链方向生成的子链 DNA 的合成是连续进行的，这股链称为前导链。

4. 后随链：在 DNA 复制过程中，因为复制方向与解链方向相反，不能顺着解链方向连续延长，只能随着模板链的解开逐段地从 $5' \to 3'$ 复制子链。这一不连续复制的链称为后随链。

5. 逆转录：以 RNA 为模板，以四种脱氧核苷三磷酸（dNTP）为底物，由逆转录酶催化合成 DNA 链的过程。

6. DNA 损伤：各种体内外因素所导致的 DNA 组成与结构变化称为 DNA 损伤。

7. 复制叉：是正在进行复制的双链模板 DNA 分子所形成 2 个延伸方向相反的开链"Y"形区域，其中，已解旋的两条模板单链以及正在进行合成的新链构成了"Y"形的头部，尚未解旋的 DNA 模板双链构成了"Y"形的尾部。

四、简答题

1. 何谓逆转录作用？逆转录酶有哪些功能？逆转录过程是什么？

逆转录是以 RNA 为模板合成 DNA 的过程。逆转录酶有 3 种活性：RNA 指导的 DNA 聚合酶活性，DNA 指导的 DNA 聚合酶活性和 RNase H 活性，作用需 Zn^{2+} 为辅因子。合成反应也按照 $5' \to 3'$ 延长的规律。

从单链 RNA 到双链 DNA 的生成可分为三步：首先是逆转录酶以病毒基因组 RNA 为模板，催化 dNTP 聚合生成 DNA 互补链，产物是 RNA/DNA 杂化双链。然后，杂化双链中的 RNA，被逆转录酶中有 RNase 活性的组分水解。RNA 分解后剩下的单链 DNA 再用作模板，由逆转录酶催化合成第二条 DNA 互补链。

2. 何为 DNA 损伤？引起 DNA 损伤的因素包括哪些？简述 DNA 损伤的几种类型。

各种体内外因素所导致的 DNA 组成和结构变化

称为 DNA 损伤（DNA damage）。引起 DNA 损伤的因素包括物理因素、化学因素、生物因素等。DNA 损伤有碱基脱落、碱基结构破坏、嘧啶二聚体形成、DNA 单链或双链断裂、DNA交联等多种类型。

五、论述题

1. 参与原核生物 DNA 复制的酶及蛋白质有哪些？叙述它们各自的功能。

参与 DNA 复制的酶类有 DNA 聚合酶Ⅲ、DNA聚合酶Ⅰ、解旋酶、引物酶、拓扑异构酶、DNA 连接酶和单链 DNA 结合蛋白。

DNA 聚合酶Ⅲ是原核生物复制延长中真正起催化作用的酶。

DNA 聚合酶Ⅰ具有及时校读、切除引物和填补空隙的作用。

解旋酶（DnaB）解开 DNA 双链，使其成为单链。

引物酶（DnaG）是一种特殊的 RNA 聚合酶，它可以 DNA 为模板，催化游离的 NTP 聚合成一段短的 RNA，以提供 3′-OH 末端。

拓扑异构酶的作用是松弛超螺旋，理顺 DNA 链。拓扑异构酶既能水解又能催化形成磷酸二酯键。

DNA 连接酶催化一条 DNA 链的 3′-OH 末端和另一条 DNA 链的 5′-P 末端之间形成磷酸二酯键，从而把两段相邻的 DNA 链连接成完整的链，连接双链中的单链缺口。

单链 DNA 结合蛋白（SSB）维持模板的单链状态，并保护单链的完整性。

2. 试述原核生物 DNA 复制的基本过程。

DNA 的复制过程可分为起始、延长、终止三个阶段。

起始阶段：包括双链 DNA 的解链和引物及起始复合物的生成。蛋白质 DnaA 能识别复制起始点，并与其相结合，DnaB 蛋白在 DnaC 蛋白的协同下，可沿解链的方向继续移动，解开足够长度双链形成复制义。SSB（单链 DNA 结合蛋白）结合到分开的单链上，维护 DNA 模板处于单链状态。拓扑异构酶通过切断、旋转和再连接的作用，理顺 DNA 链。此时引物酶以打开的 DNA 单链为模板合成一个短链 RNA。RNA 引物的 3′-OH 末端作为合成 DNA 单链片段的起点。此时形成由解旋酶 DnaB、DnaC 蛋白、引物酶和 DNA 复制起始区域共同构成的起始复合物结构。

延长阶段：包括前导链和后随链的合成。起始阶段完成后，在 DNA 聚合酶Ⅲ的催化下，以单链 DNA 作为模板，以 4 种 dNTP 为原料，按照碱基互补的原则，沿着 5′→3′ 的方向合成前导链和后随链，后随链中有冈崎片段。

终止阶段：包括 RNA 引物的水解、DNA-pol Ⅰ催化填补空缺和完整 DNA 分子的形成。当 DNA 片段延长到一定长度以后，在 DNA 聚合酶Ⅰ（也可在 RNA 酶）的作用下，水解切除 RNA 引物，并填补空隙，DNA 连接酶把 DNA 片段之间所剩的缺口通过生成 3′, 5′-磷酸二酯键而接合起来，完成后随链的合成。

（努尔比耶·努尔麦麦提 胡博文）

第十一章 RNA 的生物合成（转录）

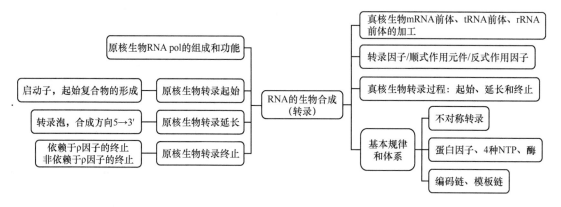

知识点导读

RNA 的生物合成方式包括两种，一种是以 DNA 为模板合成 RNA 的过程，称为转录（transcription），另一种以 RNA 为模板合成 RNA 的过程，又称 RNA 复制，见于 RNA 病毒基因组的复制过程。转录为生物体内 RNA 的主要合成方式，需要四种核苷三磷酸（ATP、GTP、CTP、UTP）作为原料，多种蛋白质因子和 Mg^{2+} 等参与整个过程。遗传信息从染色体的贮存状态转送至细胞质，从功能上衔接 DNA 和蛋白质两种生物大分子。

在转录时，DNA 分子双链只有一条链可作为模板，按碱基配对规律合成与其互补的 RNA，此 DNA 链称模板链（template strand），其互补链称为编码链（coding strand）。由于双链 DNA 分子中，只有一股链作为模板，且同一个 DNA 分子中不同基因的模板链并不是全在同一条 DNA 单链上，故将这种转录方式称为不对称转录。

RNA 聚合酶（RNA pol）催化核糖核苷酸之间形成 3′,5′-磷酸二酯键。大肠埃希菌 RNA pol 由六个亚基组成全酶（holoenzyme，$\alpha_2\beta\beta'\omega\sigma$）。其中，σ 亚基（σ 因子）有辨认转录起始点的功能，在 RNA 合成启动之后即脱离其他亚基。σ 亚基脱离后的 RNA pol 称核心酶（core enzyme，$\alpha_2\beta\beta'\omega$）。转录起始需要全酶，转录延长仅需核心酶。真核生物 RNA pol 目前发现至少具有三种，有 RNA pol I、RNA pol II、RNA pol III。它们在细胞内的定位、性质不同，分别催化 rRNA、mRNA 和 tRNA 前体的合成。这三种 RNA pol 对一种毒蘑菇含有的环八肽毒素——α-鹅膏蕈碱的敏感性也不同，其中 RNA pol II 对 α-鹅膏蕈碱十分敏感。

对于整个基因组来讲，转录分区段（转录单位）进行。RNA pol 需结合在转录单位的启动子（promoter）上，启动子一般位于结构基因的上游，原核生物的启动子通常包括-35 区的一致性序列 TTGACA、-10 区的一致性序列 TATAAT 和 +1 转录起始点（transcription start site，TSS）。转录的过程包括起始、延长、终止三个阶段。原核生物转录起始阶段，首先由 RNA pol 全酶中的 σ 亚基辨认并结合启动子上游-35 区的 TTGACA 序列，形成闭合的转录起始复合物，接着全酶移向-10 区的 TATAAT 序列，并开始解链，形成由 RNA pol 全酶、模板和 5′ 端首位的四磷酸二核苷组成的开放的转录起始复合物（RNA pol 全酶-DNA-pppGpN-OH-3′），5′ 端的 pppGpN-OH 结构一直保留至转录完成。当 σ 亚基从 RNA pol 上脱落，仅保留 RNA-pol 的核心酶沿 DNA 链不断向下游前移，进入转录的延长阶段。核心酶覆盖 40bp 以上的 DNA 分子片段，DNA 双链解开的范围为 17bp 左右，新合成的 RNA 链与模板 DNA 形成 8bp 的 RNA-DNA 杂合双链（hybrid duplex），形成被称为转录泡（transcription bubble）的结构，随着 RNA pol 核心酶的移动，转录泡贯穿于转录延长过程。

转录终止指 RNA pol 在 DNA 模板上停顿下来不再前进，转录产物 RNA 链从转录复合物上脱落下来的过程。转录终止有两种机制，即依赖 ρ 因子和非依赖 ρ 因子的转录终止。①依赖 ρ 因子的转录终止：ρ 因子是由相同的六个亚基组成的六聚体蛋白质，可以识别并结合转录终止信号，还有 ATP 酶活性和解旋酶活性。ρ 因子与终止信号结合后，可使 RNA 聚合酶停止移动，ATP 酶活性和解旋酶活性使产物 RNA 脱离 DNA 模板，完成转录终止。②非依赖 ρ 因子的转录终止机制是模板链终止区的特殊碱基序列可在 RNA 产物 3′端形成茎-环结构，其后还有一连串寡聚 U。茎-环结构可使 RNA pol 核心酶别构不再前移，而最不稳定碱基配对寡聚 rU-dA 易于 RNA 链与模板链脱离。

真核生物转录生成的 RNA 是初级转录产物，需要经过一定程度的加工修饰才具有活性。真核生物 mRNA 前体是核内不均一 RNA（hnRNA），需要进行 5′端和 3′端的修饰及剪接（splicing），才能成为成熟的 mRNA。其加工主要包括：①首、尾修饰：大多数真核生物 5′端生成 7-甲基鸟嘌呤的 5′帽结构，3′端由腺苷酸聚合形成 poly(A)；② mRNA 的剪接：需要多种核内的小 RNA（snRNA）和核内蛋白质组成的拼接体，完成切除 hnRNA 的内含子，连接外显子的过程。rRNA 的转录后加工：真核生物的 rRNA 基因是串联并重复排列转录生成 45S rRNA，经剪接后生成 18S、5.8S 及 28S 的 rRNA。tRNA 的转录后加工主要包括 5′端与 3′端多余核苷酸的切除，内含子剪接，稀有碱基的生成及 3′端加上 CCA-OH。

本 章 习 题

一、选择题

（一）A_1 型选择题

1. 下列哪项描述为 RNA 聚合酶和 DNA 聚合酶所共有的性质

A. 3′ → 5′ 核酸外切酶的活性

B. 5′ → 3′ 聚合酶活性

C. 5′ → 3′ 核酸外切酶活性

D. 需要 RNA 引物和 3′-OH 末端

E. 都参与半保留合成方式

2. 关于 DNA 指导 RNA 合成的叙述**错误**的是

A. 只有 DNA 存在时，RNA 聚合酶才能催化生成磷酸二酯键

B. 转录过程中需要引物

C. RNA 链的合成方向是 5′ → 3′

D. 大多数情况下只有一股 DNA 作为 RNA 合成的模板

E. 合成的 RNA 链没有环状的

3. 大肠埃希菌 DNA 指导的 RNA 聚合酶由数个亚单位组成，其核心酶的组成是

A. $\alpha_2\beta\beta'\omega$　　　　B. $\alpha_2\beta\beta'\sigma$

C. $\alpha_2\beta'\omega$　　　　D. $\alpha_2\beta$　　　　E. $\alpha\beta\beta'$

4. 识别转录起始点的是

A. ρ 因子

B. 核心酶

C. RNA 聚合酶的 σ 亚基

D. RNA 聚合酶的 α 亚基

E. RNA 聚合酶的 β 亚基

5. ρ 因子的功能是

A. 结合阻遏物于启动区域处

B. 增加 RNA 的合成速率

C. 释放结合在启动子上的 RNA 聚合酶

D. 参与转录的终止过程

E. 允许特定的转录启动过程

6. 关于 DNA 复制和转录的描述**错误**的是

A. DNA 两条链中只有一条会转录，而两条 DNA 链都可复制

B. 这两个过程的合成方向都为 5′ → 3′

C. 复制的产物在通常情况下大于转录产物

D. 两个过程均需 RNA 引物

E. DNA 聚合酶和 RNA 聚合酶都需要 Mg^{2+}

7. tRNA 分子上 3′端序列的功能为

A. 辨认 mRNA 上的密码子

B. 提供羟基与氨基酸结合

C. 形成局部双链

D. 被剪接的组分

E. 供应能量

8. 关于转录的叙述正确的是

A. mRNA 是翻译的模板，转录只是指合成 mRNA 的过程

B. 转录是需 RNA 聚合酶的一种酶促的核苷酸聚合过程

C. 逆转录也需要 RNA 聚合酶

D. DNA 复制中合成 RNA 引物也是转录

E. 肿瘤病毒只有转录，没有复制过程

9. 原核生物参与转录起始的酶是

A. 解链酶　　　　　B. 引物酶

C. RNA 聚合酶 I　　D. RNA 聚合酶全酶

E. RNA 聚合酶核心酶

10. 真核生物的转录特点是

A. 发生在细胞质内，因为转录产物主要供蛋白质合成用

B. 需要 σ 因子辨认起始点

C. RNA 聚合酶催化转录，还需要多种蛋白因子

D. mRNA 因作为蛋白质合成模板，所以寿命最长

E. 真核生物主要 RNA 有 5 种，所以 RNA 聚合酶也有 5 种

11. 真核生物的 TATA 盒是

A. DNA 合成的起始位点

B. RNA 聚合酶与 DNA 模板稳定结合处

C. RNA 聚合酶的活性中心

D. 翻译起始点

E. 转录起始点

12. RNA 聚合酶催化转录，其底物是

A. ATP，GTP，TTP，CTP

B. AMP，GMP，TMP，CMP

C. dATP，dGTP，dUTP，dCTP

D. ATP，GTP，UTP，CTP

E. dATP，dGTP，dTTP，dCTP

13. 在转录延长中，RNA 聚合酶与 DNA 模板的结合是

A. 全酶与模板结合

B. 核心酶与模板特定位点结合

C. 结合状态相对牢固稳定

D. 结合状态松弛而有利于 RNA 聚合酶向 3′ 端移动

E. 和转录起始时的结合状态没有区别

14. 下列哪一序列能形成茎-环结构

A. AACTAAAACCAGAGACACG

B. TTAGCCTAAATCATACCG

C. CTAGAGCTCTAGAGCTAG

D. GGGGATAAATGGGGATG

E. CCCCACAAATCCCCAGTC

15. 外显子（exon）是

A. 基因突变的表现

B. 断裂开的 DNA 片段

C. 不转录的 DNA

D. 真核生物基因中的编码序列

E. 真核生物基因中的非编码序列

16. 真核生物 mRNA 的转录后加工有

A. 磷酸化　　　　　B. 焦磷酸化

C. 去除外显子　　　D. 首、尾修饰和剪接

E. 把内含子连接起来

17. 关于外显子和内含子的叙述正确的是

A. 外显子在 DNA 模板上有相应的互补序列，内含子没有

B. hnRNA 上只有外显子而无内含子序列

C. 除去内含子连接外显子的过程称为剪接

D. 除去外显子的过程称为剪接

E. 成熟的 mRNA 有内含子

18. 下列关于 mRNA 的描述**错误**的是

A. 原核细胞的 mRNA 在翻译开始前需加 poly(A) 尾

B. 原核细胞的 mRNA 携带着几个多肽链的结构信息

C. 真核细胞 mRNA 在 5′ 端携带有特殊的"帽子结构"

D. 真核细胞转录生成的 mRNA 经常被"加工"

E. 真核细胞 mRNA 是由 RNA 聚合酶 II 催化合成的

19. 下列关于 mRNA 的叙述正确的是

A. 由大小两种亚基组成

B. 分子量在三类 RNA 中最小

C. 半衰期最短

D. 其二级结构为三叶草形

E. 含许多稀有碱基

20. 下列哪一种反应**不属于**转录后修饰

A. 腺苷酸聚合　　　　B. 外显子剪除

C. 5′ 端加帽子结构　　D. 内含子剪除

E. 甲基化

21. 下列关于启动子的描述正确的是

A. mRNA 开始被翻译的那段 DNA 片段

B. 开始转录生成 mRNA 的那段 DNA 片段

C. RNA 聚合酶最初与 DNA 结合的那段 DNA 片段

D. 阻遏蛋白结合的 DNA 部位

E. 调节基因结合的部位

22. 真核细胞中经 RNA 聚合酶 III 催化转录的产物是

A. mRNA　　　　　B. hnRNA

C. 18S rRNA　　　　D. 5.8S rRNA

E. 5S rRNA 及 tRNA

23. 有关原核生物 RNA 聚合酶的叙述，**不正确**的是

A. σ 亚基参与启动

B. 全酶含有 σ 亚基

C. 全酶与核心酶的差别在于 σ 亚基的存在

D. 核心酶由 $\alpha_2\beta\beta'\omega$ 组成

E. 全酶由 $\alpha\beta\beta'\omega\sigma$ 组成

24. 关于复制与转录的说法**错误**的是

A. 新生链的合成都以碱基配对的原则进行

B. 新链合成方向均为 $5' \to 3'$

C. 聚合酶均催化磷酸二酯键的形成

D. 均以 DNA 分子为模板

E. 都需要 NTP 为原料

25. RNA pol 全酶识别启动子的位置在

A. 结构基因上游的特殊核苷酸序列

B. 结构基因下游的特殊核苷酸序列

C. 结构基因转录区内

D. 不能转录的间隔区内

E. 内含子内

26. 催化 45S rRNA 转录的酶是

A. RNA 复制酶　　　B. RNA pol Ⅰ

C. RNA pol Ⅱ　　　D. RNA pol Ⅲ

E. 线粒体 RNA pol

27. 真核生物催化 tRNA 转录的酶是

A. DNA pol Ⅰ　　　B. DNA pol Ⅱ

C. RNA pol Ⅱ　　　D. RNA pol Ⅲ

E. RNA pol Ⅰ

28. 催化原核 mRNA 转录的酶是

A. RNA pol　　　　B. RNA pol Ⅰ

C. RNA pol Ⅱ　　　D. RNA pol Ⅲ

E. DNA pol Ⅰ

29. 有关真核生物转录和复制的叙述正确的是

A. 合成的产物均需要加工

B. 与模板链的碱基配对均为 A-T

C. 合成起始都需要引物

D. 原料都是 dNTP

E. 都在细胞核内进行

30. 有关 RNA 合成的描述**错误**的是

A. DNA 存在时，RNA 聚合酶才有活性

B. 转录起始需要引物

C. RNA 链合成方向为 $5' \to 3'$

D. 原料是 NTP

E. 以 DNA 双链中的模板链作模板

31. 合成 RNA 需要的原料是

A. dNTP　　B. dNMP　　C. NMP

D. NTP　　　E. NDP

32. 真核生物成熟的 mRNA 3′ 端具有

A. poly(A)　　B. poly(G)　　C. poly(C)

D. poly(U)　　E. polydA

33. 真核生物成熟的 mRNA 5′ 端具有

A. m⁷Appp　　　　B. m⁷Gppp

C. m⁷Uppp　　　　D. m⁷Cppp

E. m⁷Tppp

34. 在 RNA 生物合成过程中，最不稳定的碱基配对为

A. rA-dT　　　　　B. rC-dG

C. rG-dC　　　　　D. rU-dA

E. rT-dA

35. 有关非依赖 ρ 因子终止转录的描述**错误**的是

A. 终止子含有反向重复序列

B. 转录产物 5′ 端有密集的 U

C. 转录产物的 3′ 端可形成茎-环结构

D. 茎-环结构改变 RNA pol 的构象

E. 茎-环结构可使不稳定的杂化双链更不稳定

36. 关于 RNA 的剪接叙述正确的是

A. 仅在前体 mRNA 加工时发生

B. 仅在前体 rRNA 加工时发生

C. 仅在前体 tRNA 加工时发生

D. 可发生于真核生物 RNA 的加工过程

E. 在原核生物 hnRNA 加工时发生

37. 下列可合成编码 RNA 的酶是

A. RNA pol Ⅰ　　　B. RNA pol Ⅱ

C. RNA pol Ⅲ　　　D. RNA pol Ⅳ

E. RNA pol Ⅴ

38. Pribnow 盒是指

A. AAUAAA　　　　B. TAAGGC

C. TATAAT　　　　D. TTGACA

E. AATAAA

39. 能特异性抑制原核生物 RNA 聚合酶 β 亚基活性的是

A. 利福平　　　　　B. 放线菌素

C. 氯霉素　　　　　D. 鹅膏蕈碱

E. 嘌呤霉素

40. miRNA 由下列何种聚合酶合成

A. RNA pol Ⅰ　　　B. RNA pol Ⅱ

C. RNA pol Ⅲ　　　D. RNA pol Ⅳ

E. RNA pol Ⅴ

41. 在电镜下观察到转录过程的羽毛状图形说明

A. DNA 双链解链　　B. 复制在进行

C. 转录与翻译同时进行　D. 形成转录空泡

E. 染色体异常

42. 关于 DNA pol 和 RNA pol 所共有的性质是

A. $3' \to 5'$ 核酸外切酶活性

B. $5' \to 3'$ 核酸外切酶活性

C. $5' \to 3'$ 聚合酶活性

D. 都参与 DNA 的生物合成

E. 需要 RNA 引物和 3′-OH 末端

（二）A₂ 型选择题

1. β 分泌酶能够产生 β 淀粉样蛋白，后者的累积是阿尔茨海默病的主要诱因。编码 β 分泌酶基因的反义链 RNA 的 lncRNA BACE1AS 在外界压力刺激条件下，能增加 BACE1 mRNA 的稳定性，从而导致更多的淀粉样蛋白累积。当使用特异的 siRNA 降低 BACE1AS 的表达水平后，淀粉样蛋白的表达水平也同时下降了，这表明 BACE1AS 是一个非常理想的治疗阿尔茨海默病的药物靶点。lncRNA 及 siRNA 是在什么水平调控了 BACE1AS 的表达

A. 表观遗传水平　　B. 转录水平
C. 转录后水平　　　D. 蛋白降解途径
E. 翻译水平

2. 利福平是临床治疗结核杆菌感染的药物，能特异性结合并抑制原核生物的 RNA pol，而对真核生物的 RNA pol 没有作用，利福平与原核生物 RNA pol 特异结合的位点是

A. α 亚基　　　　　B. β 亚基
C. σ 亚基　　　　　D. β' 亚基　　　E. ω 亚基

3. 全世界每年都会有造成人员死亡的蘑菇中毒事件。罪魁祸首都是鹅膏菌属的物种中所含的剧毒物质，其中 α-鹅膏蕈碱可能是最典型的代表，关于其毒性描述正确的是

A. RNA pol Ⅰ 对其最敏感
B. RNA pol Ⅱ 对其最敏感
C. RNA pol Ⅲ 对其最敏感
D. 以上三种聚合酶都对其不敏感
E. DNA polα 对其敏感

4. 尽管冠状病毒对人类造成了种种危害，但病毒本身无法自我复制。它必须侵入正常细胞，借助正常细胞的生化机制进行复制，制造子病毒，新冠病毒入侵宿主细胞后以遗传物质复制形成新生病毒的基因组，瑞德西韦就是通过靶向抑制该病毒基因组复制相关的酶而发挥药效的，那么这种酶很可能是

A. DDDP　　　　　B. DDRP　　　　C. RDDP
D. RDRP　　　　　E. DNA pol

（三）B₁ 型选择题

A. hnRNA　　　　　B. rRNA
C. 45S rRNA　　　　D. mRNA　　　E. tRNA
1. 具有反密码环的是
2. mRNA 的前体是

A. snoRNA　　　　　B. rRNA
C. 45S rRNA　　　　D. miRNA　　　E. piRNA
3. 28S rRNA、18S rRNA、5.8S rRNA 的前体是
4. 参与核糖体形成的是

A. 催化 DNA 的复制
B. 催化 RNA 的复制
C. 催化 DNA 的转录
D. 翻译过程中催化肽键的生成
E. 催化 RNA 水解
5. DDRP
6. DDDP

A. 催化 DNA 的复制
B. 催化 RNA 的复制
C. 催化 RNA 的转录
D. 翻译过程中催化肽键的生成
E. 催化逆转录
7. RDRP
8. RDDP

A. TF　　　　　B. TATA　　　　C. PIC
D. RB　　　　　E. RF
9. 反式作用因子是
10. 顺式作用元件是

A. 内含子　　　　　B. 外显子
C. 断裂基因　　　　D. mRNA 的剪接
E. 拼接体
11. 基因中的编码序列是
12. 基因中的非编码序列是

A. α₂ββ'ω　　　　　B. αββ'σ
C. α₂ββ'ωσ　　　　D. αβ₂β'
E. σ 因子
13. 原核生物 RNA pol 的全酶是
14. 原核生物 RNA pol 的核心酶是

二、填空题

1. 大肠埃希菌 RNA pol 核心酶的组成是_____。

2. 原核生物 RNA pol 参与识别转录起始信号的是_____亚基。

3. 转录是在_____的催化下，合成 RNA 的过程。

4. 转录是以 DNA 的_____链为模

板合成 RNA。

5. hnRNA 经过剪接去除_____，5′端戴帽，3′端加 poly(A) 尾，碱基修饰加工后成为有生物活性的 mRNA。

6. DNA 的双链中只有一条链可以转录生成 RNA，此现象称为_____。

7. DNA 分子中碱基序列与转录生成的 RNA 序列中，除 U 替代 DNA 分子的 T 外其余一致的链，称为_____。

8. 原核生物中转录的终止机制有_____和非依赖 ρ 因子两种。

9. 真核生物基因中的编码序列称为_____。

10. 真核生物基因中非编码序列称为_____。

11. 真核生物有三种 RNA pol，其中_____催化合成 45S rRNA。

12. 真核生物有三种 RNA pol，其中_____催化合成 mRNA、snRNA 和调控 RNA 的前体。

13. 真核生物有三种 RNA pol，其中_____催化合成 tRNA、5S rRNA 的前体。

14. 通常将_____链上位于转录起始位点的核苷酸编为 +1 号。

15. 转录起始是 RNA pol 全酶识别并结合_____，启动 RNA 的合成。

16. 大肠埃希菌不依赖 ρ 因子的转录终止有两

个特征：一是富含 GC 的反向重复序列，二是茎-环结构后有一段_____序列。

三、名词解释

1. 转录
2. 外显子
3. hnRNA
4. 启动子
5. 不对称转录
6. 内含子
7. RNA polymerase
8. 5′ 帽
9. poly(A) 尾
10. 增强子

四、简答题

1. 简述大肠埃希菌 RNA pol 的组成及它们各自的功能。
2. 简述真核生物各种 RNA 前体的加工过程。
3. 简述原核生物转录终止的机制。
4. 简述真核生物 RNA pol 的分类及对应功能。

五、论述题

试述原核生物转录的基本过程。

参考答案

一、选择题

（一）A₁型选择题

1. B 2. B 3. A 4. C 5. D 6. D 7. B
8. B 9. D 10. C 11. B 12. D 13. D 14. C
15. D 16. D 17. C 18. A 19. C 20. B 21. C
22. E 23. E 24. E 25. A 26. B 27. D 28. A
29. E 30. B 31. D 32. A 33. B 34. D 35. B
36. D 37. B 38. C 39. A 40. B 41. C 42. C

（二）A₂型选择题

1. C 2. B 3. B 4. D

（三）B₁型选择题

1. E 2. A 3. C 4. B 5. C 6. A 7. B
8. E 9. A 10. B 11. B 12. A 13. C 14. A

二、填空题

1. α₂ββ′ω
2. σ
3. DNA 指导的 RNA pol
4. 模板
5. 内含子
6. 不对称转录
7. 编码链
8. 依赖 ρ 因子
9. 外显子
10. 内含子
11. RNA pol Ⅰ
12. RNA pol Ⅱ
13. RNA pol Ⅲ
14. 编码
15. 启动子
16. 连续的 U

三、名词解释

1. 转录：生物体以 DNA 为模板合成 RNA 的过程。

2. 外显子：真核生物基因上编码蛋白质的核苷酸序列称外显子。

3. hnRNA：即核内不均一 RNA，是真核细胞 mRNA 的前体，需经加工改造后，才能成为成熟的 mRNA。

4. 启动子：在基因转录起始点上游的特殊碱基序列，一般包括 RNA 聚合酶的识别、结合位点和转录的起始位点。

5. 不对称转录：由于在双链 DNA 分子中，只有一股链作为模板，且同一个 DNA 分子中不同基因的模板链并不是全在同一条 DNA 单链上，故将这种转录方式称为不对称转录。

6. 内含子：真核生物基因上不编码蛋白质的核苷酸序列称内含子。

7. RNA polymerase：以 DNA 为模板催化合成 RNA 的酶，又称转录酶、DNA 指导的 RNA pol。

8. 5′帽：是真核生物大多数 mRNA 5′端结构，由 5′-磷酸-7-甲基鸟苷与一个 5′-二磷酸核苷形成的 5′-5′三磷酸连接的帽子结构较常见。

9. poly(A)尾：又称多聚 A 尾，是真核生物大多数 mRNA 的 3′端一段聚腺苷酸序列。

10. 增强子：是能够结合特异基因调节蛋白并促进邻近或远隔特定基因表达的 DNA 序列。

四、简答题

1. 简述大肠埃希菌 RNA pol 的组成及它们各自的功能。

大肠埃希菌 RNA pol 全酶由 $\alpha_2\beta\beta'\omega\sigma$ 六个亚基组成，其中 α 亚基决定哪些基因被转录，β 亚基与转录全过程有关，β′ 亚基结合 DNA 模板，ω 亚基促进 RNA pol 的组装，参与转录调控，σ 亚基辨认 DNA 转录的起始部位与 DNA 启动子的识别部位结合。

2. 简述真核生物各种 RNA 前体的加工过程。

（1）mRNA 前体的加工，包括去除内含子，拼接外显子；5′端加 m^7Gppp 帽，3′端加 poly(A)尾；碱基修饰。

（2）tRNA 前体的加工包括去除多余的核苷酸；3′端加 CCA-OH；碱基的修饰形成稀有碱基。

（3）rRNA 前体的加工，主要是剪切和碱基修饰。

3. 简述原核生物转录终止的机制。

（1）依赖 ρ 因子的转录终止：ρ 因子是六聚体蛋白质，与终止信号结合后，可以使 RNA 聚合酶别构并停止移动，其 ATP 酶活性和解旋酶活性使产物 RNA 脱离 DNA 模板链，完成转录终止。

（2）非依赖 ρ 因子的转录终止机制是依赖模板链终止区的一些特殊的碱基序列，由此序列转录出产物的 3′端形成茎-环结构，其后还有一连串寡聚 U。茎-环结构可使 RNA 聚合酶核心酶别构不再前移，而寡聚 U 则有利于 RNA 链与模板链脱离，从而终止转录。

4. 简述真核生物 RNA pol 的分类及对应功能。

真核生物有多种 RNA pol，至少有三种主要的 RNA pol，其中 RNA pol Ⅰ 催化 45S rRNA 的合成，RNA pol Ⅱ 催化前体 mRNA 和调控性非编码 RNA 的合成，RNA pol Ⅲ 催化 tRNA、5S rRNA 和 snRNA 的合成。

五、论述题

试述原核生物转录的基本过程。

（1）起始：RNA 聚合酶全酶通过 σ 亚基识别和结合启动子形成闭合转录复合体，DNA 双螺旋局部打开，暴露 DNA 模板链，在 RNA 聚合酶的催化下，合成原料 NTP 按照碱基互补原则，第一个和第二个 NTP 之间形成 3′,5′-磷酸二酯键，同时释放一个焦磷酸，形成一小段 RNA 后，σ 因子脱落，进入延长阶段。

（2）延长：RNA 聚合酶核心酶沿 DNA 模板链 3′→5′ 滑动，每前移一个核苷酸距离，就有一个与模板互补的 NTP 进入反应体系，在 RNA 聚合酶核心酶的催化下，逐一地形成 3′,5′-磷酸二酯键，使新合成的 RNA 分子不断延长。

（3）终止：DNA 分子上具有终止转录的终止信号，此部位有一段富含 GC 区，并有反向重复序列，使转录生成的 RNA 形成茎-环结构，此茎-环结构可阻碍 RNA 聚合酶的移动，从而终止转录。此外在依赖 ρ 因子终止的转录中，ρ 因子识别转录产物上较丰富而且有规律的 C 碱基并与 RNA 结合，导致 RNA pol 的移动停顿，ρ 因子发挥 ATP 酶活性和解旋酶活性使 DNA/RNA 杂化双链拆离，转录终止。

（王延蛟　伊　娜）

第十二章 蛋白质的生物合成（翻译）

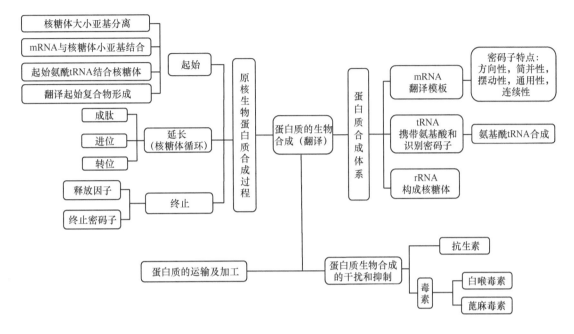

知识点导读

蛋白质在生物体内合成的过程称为蛋白质的生物合成（biosynthesis），mRNA 分子中的碱基序列被翻译成蛋白质中的氨基酸序列的过程被形象地称为翻译（translation）。

三类 RNA 在蛋白质生物合成过程中具有重要作用。mRNA 在蛋白质合成中起直接模板的作用。mRNA 含有编码区（coding region），编码区能够被核糖体结合并阅读，因此又称开放阅读框（open reading frame，ORF）。编码区中依次相连的三个核苷酸组成一个遗传密码子（genetic codon），密码子共有 64 个，其中 61 个密码子分别代表 20 种氨基酸，有 1 个是起始密码子兼编码甲硫氨酸，有 3 个终止密码子不编码任何氨基酸。遗传密码子具有以下特点：①方向性（directivity）：组成密码子的核苷酸从 AUG 开始，按 5′ → 3′ 的方向阅读，直至终止密码子。②连续性（commaless）：从起始密码子 AUG 开始，遗传密码的三联体不可间断或重叠，必须 3 个碱基一组连续编码。③简并性（degeneracy）：遗传密码中，多数氨基酸有 2 个以上的三联体密码为其编码，编码同一氨基酸的不同密码子的特点是各密码子的第一、二位碱基大多相同，仅第三位碱基不同。④摆动性（wobble）：是指反密码子的第一位碱基与密码子的第三位碱基存在不严格遵守 Watson-Crick 碱基配对原则的现象。⑤通用性（universal）：除线粒体、叶绿体外，目前发现的绝大多数生物在蛋白质生物合成过程中均采用同一套遗传密码。tRNA 能选择性地转运活化的氨基酸到核糖体上，参与蛋白质的生物合成。tRNA 的二级结构为三叶草形，有氨基酸臂、DHU 环、反密码环、TψC 环和额外环五部分。氨酰 tRNA 合成酶能够催化氨基酸和相应 tRNA 结合，使氨基酸活化为氨酰 tRNA，再被运至核糖体上的正确位置。核糖体 ribosome 又称核蛋白体，是蛋白质生物合成的场所。rRNA 和多种蛋白质组成核糖体。核糖体分为大、小亚基，其上有 P 位、A 位和 E 位。原核及真核生物核糖体上的 P 位、A 位分别结合肽酰 tRNA、氨酰 tRNA，空载的 tRNA 从 E 位排出。真核生物核糖体大亚基 28S rRNA 及原核生物核糖体大亚基 23S rRNA 具转肽酶活性，该酶属于核酶。

原核生物的蛋白质生物合成过程包括翻译的起始（initiation）、延长（elongation）及终止（termination）。

翻译的起始包括四个步骤：①核糖体大小亚基分离：在起始因子（IF）的帮助下，核糖体的大小亚基分离，为接受 mRNA 与起始甲酰甲硫氨酰 tRNA 做好准备。② mRNA 在核糖体小亚基上定位结合：通过 mRNA 起始密码子上游的 SD 序列，mRNA 与小亚基 16S rRNA 结合。③ fMet-tRNA^{fMet} 的结合：fMet-tRNA^{fMet} 在起始因子 2（IF2）的帮助下结合在核糖体小亚基 P 位。④翻译起始复合物的形成：大亚基与结合了 fMet-tRNA^{fMet}、mRNA 的小亚基结合，形成由完整核糖体、fMet-tRNA^{fMet} 和 mRNA 组成的翻译起始复合物。

翻译的延长（核糖体循环）：翻译起始复合物形成后，核糖体沿 mRNA 的 5′→3′ 移动，经过进位—成肽—转位三个连续步骤，增加一个氨基酸残基，该过程持续循环使肽链得以从 N 端向 C 端延长。每一次进位—成肽—转位称为一次核糖体循环。进位（registration）：与 A 位上 mRNA 密码对应的氨酰 tRNA-GTP-EF 复合物进入 A 位，又称注册。成肽（peptide bond formation）：核糖体大亚基上的转肽酶催化 P 位氨酰基或肽酰基与 A 位氨基形成肽键，称为成肽。转位（translocation）：空载的 tRNA 从核糖体上脱落，核糖体沿 mRNA 向 3′ 端移动一个密码子距离，肽酰 tRNA 随之移到了 P 位，A 位空下来，又可进行下一个循环。

翻译的终止：原核生物释放因子（RF），识别终止密码子进入 A 位后，诱导转肽酶转变为酯酶而水解 P 位上肽酰 tRNA 中肽与 tRNA 之间的酯键，释放新生肽链。

翻译后加工（post-translational processing）是指将一些新合成的无生物活性多肽链转变为有天然构象和生物功能蛋白质的过程。对肽链一级结构的加工包括去除 N 端的甲硫氨酸，个别氨基酸的共价修饰，以及使一条多肽链水解产生不同活性肽段。空间结构的加工包括亚基聚合、辅基连接和共价连接疏水脂链等。蛋白质的靶向输送是将合成的蛋白质前体跨过膜性结构，定向输送到特定细胞部位发挥功能的复杂过程。真核细胞合成的分泌蛋白、线粒体蛋白、核蛋白，前体肽链中都有特异信号序列，它们引导蛋白质各自通过不同过程进行靶向输送。

某些药物和生物活性物质能抑制或干扰蛋白质的生物合成。多种抗生素通过抑制蛋白质生物合成发挥杀菌、抑菌作用。白喉毒素、干扰素等作用的实质，也是通过特异的靶点干扰或抑制蛋白质的生物合成。

本 章 习 题

一、选择题

（一）A₁ 型选择题

1. 与 mRNA 密码子 ACG 相对应的 tRNA 反密码子是
A. UGC   B. TGC   C. GCA
D. CGU   E. CGT

2. 翻译的产物是
A. 多肽链   B. tRNA
C. mRNA   D. rRNA   E. DNA

3. 在大肠埃希菌的多肽链合成中，其氨基端的氨基酸残基是
A. 甲硫氨酸   B. 丝氨酸
C. N-甲酰甲硫氨酸   D. N-甲酰丝氨酸
E. 谷氨酸

4. 蛋白质合成中，有几个不同的密码子能终止多肽链延长

A. 1 个   B. 2 个   C. 3 个
D. 4 个   E. 5 个

5. 生物体编码 20 种氨基酸的密码个数为
A. 16   B. 61   C. 20
D. 64   E. 60

6. 肽链合成的延长阶段**不需要**下列哪种物质
A. 转肽酶
B. GTP
C. 蛋白质性质的因子
D. 甲酰甲硫氨酰 tRNA
E. mRNA

7. 关于遗传密码的叙述正确的是
A. 由 DNA 链中相邻的三个核苷酸组成
B. 由 tRNA 结构中相邻的三个核苷酸组成
C. 由 mRNA 上相邻的三个核苷酸组成
D. 由 rRNA 中相邻的三个核苷酸组成
E. 由多肽链中相邻的三个氨基酸组成

8. 蛋白质生物合成中每延长一个氨基酸至少消耗的高能磷酸键数为
A. 5 　　　　B. 2 　　　　C. 3
D. 1 　　　　E. 4

9. 原核生物和真核生物的蛋白质生物合成过程虽有很多不同之处，但在基本机制等方面又有诸多共同之处。对于原核生物和真核生物的蛋白质合成都必需的是
A. 核糖体小亚基与 SD 序列结合
B. fMet-tRNA^{fMet}
C. mRNA 从细胞核转运至细胞质
D. 起始因子识别 5′ 帽结构
E. 肽酰 tRNA 从 A 位转位至 P 位

10. 关于遗传密码子的说法错误的是
A. 有 3 个密码子不编码任何氨基酸
B. 密码子的 3 个碱基可以不连续
C. 读码框中插入 3 个核苷酸不会引起框移
D. 翻译过程中 mRNA 的阅读方向是 5′ 端至 3′ 端
E. 遗传密码子的简并性能够减少基因突变带来的生物学效应

11. 关于 rRNA 的描述正确的是
A. 是蛋白质生物合成的场所
B. 属细胞内最少的一种 RNA
C. 与多种蛋白质形成核糖体
D. 不含有稀有碱基
E. 为三叶草形结构

12. 摆动配对指下列哪种碱基之间配对不严格
A. 反密码子第一个碱基与密码子第三个碱基
B. 反密码子第三个碱基与密码子第一个碱基
C. 反密码子和密码子的第一个碱基
D. 反密码子和密码子的第三个碱基
E. 反密码子和密码子的第二个碱基

13. 下列哪种成分不会出现在核糖体内
A. rRNA 　　　　B. RNA 聚合酶
C. tRNA 　　　　D. mRNA
E. 蛋白质

14. AUG 是甲硫氨酸唯一的密码子，下列可说明其重要性的是
A. 30S 核蛋白亚基的结合位点
B. tRNA 的识别位点
C. 肽链的释放因子
D. 肽链合成的终止密码子
E. 肽链合成的起始密码子

15. 下列哪一种反应不需要 GTP
A. 氨酰 tRNA 进入 A 位
B. 氨酰 tRNA 合成酶对氨基酸的活化

C. 新生肽从核糖体上的释放
D. fMet-tRNA^{fMet} 结合在核糖体 P 位
E. 核糖体大小亚基结合

16. 在蛋白质合成中，哪一步不需要消耗高能磷酸键
A. 转肽酶催化形成肽键
B. 氨酰 tRNA 与核糖体的 A 位结合
C. 转位
D. 氨基酸活化
E. 甲酰甲硫氨酰 tRNA 与 mRNA 起始密码子结合以及核糖体大、小亚基的结合

17. 细菌蛋白的翻译过程包括① mRNA，起始因子，以及核糖体亚基的结合；②氨基酸活化；③肽键的形成；④肽酰 tRNA 移位；⑤ GTP，延长因子及氨酰 tRNA 结合在一起等步骤。它们出现的正确顺序是
A. ①⑤②③④ 　　　B. ②①⑤③④
C. ⑤①②③④ 　　　D. ②①⑤④③
E. ①⑤②④③

18. 能出现在蛋白质分子中的下列氨基酸哪一种没有遗传密码
A. 色氨酸 　　　　B. 甲硫氨酸
C. 羟赖氨酸 　　　D. 谷氨酰胺
E. 组氨酸

19. 蛋白质生物合成中多肽链的氨基酸排列顺序取决于
A. 相应 tRNA 的专一性
B. 相应氨酰 tRNA 合成酶的专一性
C. 相应 tRNA 上的反密码子
D. 相应 mRNA 中核苷酸排列顺序
E. 相应 rRNA 的专一性

20. 下列关于氨基酸密码子的描述错误的是
A. 密码子有种属特异性，所以不同生物的密码子对应不同的氨基酸
B. 密码子阅读有方向性，从 5′ 端起始，3′ 端终止
C. 一种氨基酸可有一组以上的密码子
D. 密码子第一、二位碱基与反密码子的第三、二位碱基结合严格按碱基互补原则
E. 密码子第三位碱基在决定掺入氨基酸的特异性方面重要性较小

21. 人体内不同细胞可以合成不同蛋白质是因为
A. 各种细胞的基因不同
B. 各种细胞的基因相同，而表达基因不同
C. 各种细胞的蛋白酶活性不同
D. 各种细胞的蛋白激酶活性不同

E. 各种细胞的氨基酸不同

22. 氯霉素可抑制

A. DNA 复制　　　　　B. RNA 转录

C. 蛋白质生物合成　　D. 生物氧化呼吸链

E. 核苷酸合成

23. 原核生物新合成多肽链 N 端的第一位氨基酸为

A. 赖氨酸　　　　　　B. 苯丙氨酸

C. 甲硫氨酸　　　　　D. 甲酰甲硫氨酸

E. 半胱氨酸

24. 真核生物蛋白质生物合成的特异抑制剂是

A. 嘌呤霉素　　　　　B. 氯霉素

C. 利福霉素　　　　　D. 放线菌酮

E. 青霉素

25. 蛋白质合成的方向

A. 由 mRNA 的 3′ 端向 5′ 端进行

B. 由 N 端向 C 端进行

C. 由 C 端向 N 端进行

D. 由 28S rRNA 指导

E. 由 4S rRNA 指导

26. 下列哪个遗传密码既是起始密码子又编码甲硫氨酸

A. CUU　　　　B. ACG　　　　C. CAG

D. AUG　　　　E. UCG

27. 终止密码子有 3 个，它们是

A. AAA、CCC、GGG　B. UAA、UAG、UGA

C. UCA、AUG、AGU　D. UUU、UUC、UUG

E. CCA、CCG、CCU

28. 氨基酸是通过下列哪种化学键与 tRNA 结合的

A. 糖苷键　　　　　　B. 磷酸酯键

C. 酯键　　　　　　　D. 氢键

E. 酰胺键

29. 哺乳动物细胞中蛋白质合成的主要部位是

A. 细胞核　　　　　　B. 高尔基体

C. 核仁　　　　　　　D. 粗面内质网

E. 溶酶体

30. 氨酰 tRNA 合成酶的特点是

A. 存在于细胞核内

B. 只对氨基酸的识别有专一性

C. 只对 tRNA 的识别有专一性

D. 对氨基酸、tRNA 的识别都有专一性

E. 催化反应需 GTP

31. 蛋白质合成时，氨基酸的活化部位是

A. 烷基　　　　B. 羧基　　　　C. 氨基

D. 巯基　　　　E. 羟基

32. 有关原核生物 mRNA 分子上的 SD 序列，下述**错误**的是

A. 以 AGGA 为核心

B. 发现者是 Shine-Dalgarno（夏因-达尔加诺）

C. 可与 16S rRNA 近 3′ 端处互补

D. 需要 eIF 参与

E. 又被称为核糖体结合位点

33. 下列哪一种物质**不参与**蛋白质的合成

A. mRNA　　　　　　B. tRNA

C. rRNA　　　　　　D. DNA　　　　E. RF

34. 能代表肽链合成起始信号的遗传密码为

A. UAG　　　　　　　B. GAU

C. AUG　　　　　　　D. GAU　　　E. UGA

35. 关于遗传密码的简并性，正确的是

A. 大多氨基酸均有 2 种以上的遗传密码

B. 密码子的专一性取决于第三位碱基

C. 从低等生物到人类都使用着同一套遗传密码

D. 密码子被连续阅读

E. 两个密码子可合并成一个密码子

36. tRNA 中能携带氨基酸的部位是

A. 3′-CCA-OH 末端　　B. 5′-P 末端

C. 反密码环　　　　　D. DHU 环

E. TψC 序列

37. 核糖体大亚基**不具有**的功能为

A. 转肽酶活性　　　　B. 结合氨酰 tRNA

C. 结合肽酰 tRNA　　D. GTP 酶活性

E. 结合 mRNA

38. 能识别 mRNA 中的密码子 5′-GCA-3′ 的反密码子为

A. 3′-UGC-5′　　　　B. 5′-CGU-3′

C. 5′-UGC-3′　　　　D. 3′-CGT-5′

E. 5′-TGC-3′

39. 关于多聚核糖体的描述，**错误**的是

A. 由一条 mRNA 与多个核糖体构成

B. 在同一时刻合成相同长度的多肽链

C. 可提高蛋白质合成的速度

D. 合成的多肽链结构完全相同

E. 核糖体沿 mRNA 链移动的方向为 5′ → 3′

40. 关于氨基酸的活化，叙述正确的是

A. 活化的部位为氨基

B. 氨基酸与 tRNA 以肽键相连

C. 活化反应需 GTP 供能

D. 活化是在胞质进行的

E. 需 K⁺ 参与

41. 核糖体循环是指

A. 活化氨基酸缩合形成多肽链的过程

B. 70S 起始复合物的形成过程

C. 核糖体沿 mRNA 的相对移位

D. 翻译起始过程

E. 多聚核糖体的形成过程

42. 原核生物的起始氨酰 tRNA 的合成需

A. N^{10}—CHO—FH_4　　B. N^5—CHO—FH_4

C. N^5,N^{10}—CH_2—FH_4　D. N^5—CH_3—FH_4

E. N^5,N^{10}—CHO—FH_4

43. 真核生物翻译起始中首先与核糖体小亚基结合的是

A. mRNA　　　　　　B. Met-$tRNA_i^{Met}$

C. fMet-$tRNA^{fMet}$　　D. 起始密码子

E. 帽子结构

44. 分泌型蛋白质的定向输送需要

A. 甲基化酶　　　　　B. 连接酶

C. 信号肽酶　　　　　D. 脱甲酰酶

E. 肽酰转移酶

45. 能识别终止密码子的是

A. EF-G　　　　　　 B. poly(A)

C. RF　　　　　　　 D. m^7GTP　　　　E. IF

（二）A_2 型选择题

1. 一个囊性纤维化（cystic fibrosis）患者，其细胞中的囊性纤维化跨膜传导调节因子（cystic fibrosis transmembrane conductance regulator, CFTR）基因发生了一个三核苷酸删除突变，导致 CFTR 蛋白的第 508 位苯丙氨酸残基删除，继而使该突变蛋白在细胞内折叠错误。该患者体内细胞识别到该突变蛋白，并通过添加泛素分子对其进行修饰。经修饰后的突变蛋白的命运是

A. 泛素将校正突变的影响，从而使突变蛋白的功能恢复正常

B. 分泌到细胞外

C. 进入贮存囊泡

D. 被蛋白酶体降解

E. 被细胞内的酶修复

2. UUA、UUG 和 CUU 是亮氨酸密码子，UUC 是苯丙氨酸密码子，CCU 是脯氨酸密码子。假设合成是沿着 mRNA 从任意一个碱基开始，由下列 mRNA 序列 5′-UUAUUC-3′ 指导合成的二肽可能是

A. Leu-Leu　　　　　B. Ser-Ser

C. Pro-Pro　　　　　D. Leu-Phe

E. Pro-Phe

3. 朊病毒感染后患者会出现乏力，易疲劳，注意力不集中，失眠，抑郁不安，记忆困难等症状。神经病理学检查发现脑部出现海绵状病变，神经细胞内有空洞出现。与此病发病相关的蛋白质生物合成过程是

A. 翻译模板的合成

B. 肽链的延长

C. 蛋白质的靶向运输

D. 蛋白质的翻译后加工

E. 氨酰 tRNA 的合成

4. 陈爷爷近年来容易遗忘刚刚发生的事情，前不久陈爷爷独自出门走失了，家人找到陈爷爷以后，带他到医院检查，医生诊断为阿尔茨海默病。研究发现该疾病的发生与某种分子功能异常有关，此分子最有可能是

A. 热休克蛋白/分子伴侣

B. RNA pol Ⅱ

C. DNA polδ

D. 次黄嘌呤-鸟嘌呤磷酸核糖基转移酶（HGPRT）

E. HMG-CoA 合成酶

5. 患儿，男，4 岁。因高热、喘鸣来急诊。医生查体时发现灰白膜由咽蔓延至喉，诊断为白喉。作气管切开、给予白喉抗毒素及抗生素。白喉可以致死，是因为白喉毒素

A. 阻碍氨基酸的活化

B. 阻碍肽链合成后的分泌

C. 阻碍肽链合成的起始

D. 阻碍肽链合成的延长

E. 阻碍 mRNA 的生成

6. 患儿，6 岁，因误食蓖麻子导致咽喉刺激、灼热感、恶心、呕吐、腹痛及急性胃肠炎症状。经急诊科诊断为蓖麻毒蛋白中毒，已知蓖麻毒蛋白由 A、B 两条链组成。A 链能够作用于真核生物大亚基 28S rRNA，从而使大亚基失活。B 链能够促进 A 链发挥作用。那么蓖麻毒蛋白可能抑制以下哪个蛋白质合成过程

A. mRNA 与核糖体小亚基结合

B. fMet-$tRNA^{fMet}$ 结合在核糖体 P 位

C. 翻译起始复合物的形成

D. 氨酰 tRNA 进入 A 位

E. 核糖体 A 位和 P 位上所携带的氨基酸缩合成肽的过程

（三）B_1 型选择题

A. 5′ → 3′　　　　　　　B. 3′ → 5′

C. N 端 → C 端　　　　 D. C 端 → N 端

E. 由中间向两端

1. 遗传密码阅读的方向为
2. 多肽链延长的方向为

A. 复制　　　　　　　B. 转录
C. 翻译　　　　　　　D. 逆转录
E. 基因表达
3. 遗传信息从 DNA →蛋白质称为
4. 遗传信息从 RNA →蛋白质称为

A. 注册　　　　　　　B. 成肽
C. 转位　　　　　　　D. 终止　　　　E. 起始
5. 氨酰 tRNA 进入核糖体 A 位称为
6. 核糖体沿 mRNA 的移动称为

A. ATP　　　　　　　B. CTP
C. GTP　　　　　　　D. UTP　　　　E. TTP
7. 参与氨基酸活化的是
8. 参与肽链延长的是

A. 核糖体 A 位　　　　B. 核糖体 P 位
C. 核糖体 E 位　　　　D. 核糖体 C 位
E. 核糖体 G 位
9. 氨酰 tRNA 进入
10. 肽酰 tRNA 移位后进入

二、填空题

1. 新生肽链每增加一个氨基酸单位都需经过进位、成肽、＿＿＿＿＿＿＿＿＿＿＿＿三步反应。
2. 在蛋白质生物合成中需要起始氨酰 tRNA，在原核细胞为＿＿＿＿＿＿＿＿＿＿＿。
3. 在蛋白质生物合成中需要起始氨酰 tRNA，在真核细胞为＿＿＿＿＿＿＿＿＿＿＿。
4. 转肽酶在蛋白质生物合成中的作用是催化＿＿＿＿＿＿＿＿＿＿。
5. 核糖体的生理功能是＿＿＿＿＿＿＿＿。
6. 蛋白质生物合成中，译读 mRNA 的方向是＿＿＿＿＿＿＿＿。

7. 多肽链的合成方向是＿＿＿＿＿＿＿＿＿＿。
8. 密码 AUG 若在 mRNA 翻译延长区段中出现，代表＿＿＿＿＿＿＿＿＿＿＿＿＿。
9. 密码 AUG 若出现在翻译区首位，则代表＿＿＿＿＿＿＿＿＿＿。
10. 终止密码子有 UAA、UAG 和＿＿＿＿＿＿＿＿。

三、名词解释

1. 翻译
2. 注册
3. 遗传密码子
4. 密码子简并性
5. 起始因子
6. 密码子通用性
7. 延长因子
8. 密码子摆动性
9. 释放因子

四、简答题

1. 简述真核生物三类 RNA 的结构特点及其在蛋白质生物合成中的作用。
2. 简述在蛋白质生物合成中每延长一个氨基酸要经过的步骤。
3. 简述遗传密码的特点。

五、论述题

1. 从原料、模板、合成方向和合成方式几个方面来比较 DNA 的合成、RNA 的合成和蛋白质合成。
2. 患者，男，23 岁。4 日前乏力、发热、呕吐、头痛、咽痛，自行服退热药后未见好转，入院体检发现患者扁桃体中度红肿，其上可见乳白色或灰白色大片假膜结构，但范围不超过扁桃体。假膜不易擦去，若用力擦去可引起小量出血，并在 24 小时内形成新的假膜。请根据患者症状给出诊断，并请根据蛋白质生物合成的过程，解释该症状的机制。

参 考 答 案

一、选择题

（一）A₁ 型选择题

1. D	2. A	3. C	4. C	5. B	6. D	7. C
8. E	9. E	10. B	11. C	12. A	13. B	14. E

15. B	16. A	17. B	18. C	19. D	20. A	21. B
22. C	23. D	24. D	25. B	26. D	27. B	28. C
29. D	30. B	31. B	32. D	33. D	34. C	35. A
36. A	37. E	38. C	39. B	40. D	41. A	42. A
43. B	44. C	45. C				

（二）A₂ 型选择题

1. D　2. D　3. D　4. A　5. D　6. E

（三）B₁ 型选择题

1. A　2. C　3. E　4. C　5. A　6. C　7. A　8. C
9. A　10. B

二、填空题

1. 转位
2. fMet-tRNA^{fMet}（甲酰甲硫氨酰 tRNA）
3. Met-tRNA$_i^{Met}$（甲硫氨酰 tRNA）
4. 肽键形成
5. 蛋白质合成的场所
6. 5′ → 3′
7. N → C
8. Met/Met-tRNA^{Met}（甲硫氨酸/甲硫氨酰 tRNA）
9. 起始密码子/起始甲硫氨酰 tRNA
10. UGA

三、名词解释

1. 翻译：在多种因子的辅助下，核糖体与 mRNA 模板结合，tRNA 识别模板 mRNA 中的密码子及转运相应氨基酸，进而按照模板 mRNA 信息合成蛋白肽链的过程。
2. 注册：又称进位，是指氨酰 tRNA 按照 mRNA 模板的指令进入核糖体 A 位的过程。
3. 遗传密码子：mRNA 分子中由三个相邻的核苷酸组成的基本编码单位。
4. 密码子简并性：一个氨基酸被多个密码子编码的现象称为简并性。
5. 起始因子：参与蛋白质生物合成起始的蛋白质分子。
6. 密码子通用性：是指从低等生物到人类都使用同一套遗传密码。
7. 延长因子：参与蛋白质生物合成延长的蛋白质分子。
8. 密码子摆动性：密码子的第三位碱基与反密码子第一位碱基不严格遵守 Watson-Crick 碱基配对原则的现象。
9. 释放因子：参与蛋白质生物合成终止的蛋白质分子。

四、简答题

1. 简述真核生物三类 RNA 的结构特点及其在蛋白质生物合成中的作用。
（1）mRNA：5′ 端有帽子结构 m⁷Gppp，3′ 端有 poly(A)，依次相连的三个核苷酸组成一个密码，共有 64 个，其中 61 个密码代表 20 种氨基酸，1 个起始密码子，3 个终止密码子。mRNA 在蛋白质合成中起直接模板的作用。
（2）tRNA：二级结构为三叶草形。有氨基酸臂、DHU 环、反密码环、TψC 环和额外环。tRNA 能选择性地转运活化了的氨基酸到核糖体上，参与蛋白质的生物合成。
（3）rRNA：rRNA 和多种蛋白质组成核糖体，核糖体由大、小亚基组成，是蛋白质生物合成的场所。
2. 简述在蛋白质生物合成中每延长一个氨基酸要经过的步骤。
在蛋白质生物合成中每延长一个氨基酸要经过进位、成肽、转位三个步骤。①进位：A 位上 mRNA 密码子对应的氨酰 tRNA 与 GTP-EF 形成复合物，按照 mRNA 模板的指令进入核糖体 A 位的过程，又称为注册。②成肽：核糖体大亚基上的转肽酶催化 P 位氨酰基或肽酰基与 A 位氨基形成肽键，称为成肽。③转位：空载的 tRNA 从核糖体上脱落，核糖体沿 mRNA 向 3′ 端移动一个密码子距离，肽酰 tRNA 随之移到了 P 位，A 位空下来，又可进行下一个循环。
3. 简述遗传密码的特点。
①方向性：组成密码子的核苷酸在 mRNA 中按照 5′ → 3′ 方向阅读，直至终止密码子。②连续性：从起始密码子 AUG 开始，遗传密码的三联体不可间断或重叠，必须 3 个核苷酸一组连续编码。③简并性：遗传密码中，多数氨基酸有 2 个以上的三联体密码为其编码，编码同一氨基酸的不同密码子的特点是各密码子的第一、二位碱基大多相同，仅第三位碱基不同。④摆动性：是指密码子和反密码子相互作用时发生的不严格遵守 Watson-Crick 碱基配对的现象。多发生在密码子的第三位碱基和反密码子的第一位碱基之间。⑤通用性：除线粒体、叶绿体外，目前发现的绝大多数生物在蛋白质生物合成过程中均采用同一套遗传密码。

五、论述题

1. 从原料、模板、合成方向和合成方式几个方面来比较 DNA 的合成、RNA 的合成和蛋白质合成。

	DNA 合成	RNA 合成	蛋白质合成
原料	dNTP	NTP	20 种氨基酸
模板	双链 DNA	DNA 的模板链	mRNA
合成方向	$5' \rightarrow 3'$	$5' \rightarrow 3'$	$N \rightarrow C$
合成方式	半保留复制	不对称转录	核糖体循环

2. 患者，男，23 岁。4 日前乏力、发热、呕吐、头痛、咽痛，自行服退热药后未见好转，入院体检发现患者扁桃体中度红肿，其上可见乳白色或灰白色大片假膜结构，但范围不超过扁桃体。假膜不易擦去，若用力擦去可引起小量出血，并在 24 小时内形成新的假膜。请根据患者症状给出诊断，并请根据蛋白质生物合成的过程，解释该症状的机制。

该患者考虑诊断为白喉病，其主要原因是白喉棒状杆菌引起的呼吸道疾病，白喉棒状杆菌能够分泌白喉毒素。白喉毒素是真核生物蛋白质合成的抑制剂，其本质是一种修饰酶，能够使 eEF2 发生 ADP-核糖基化，eEF2 是真核生物蛋白质生物合成延长因子 2，主要作用是参与蛋白质延长的转位过程，因此又称转位酶。eEF2 主要催化核糖体的转位，并需要 GTP 水解供能。白喉毒素使 eEF2 生成 eEF2-腺嘌呤二核苷酸衍生物，使 eEF2 失活，从而影响蛋白质的合成。

（梁小弟　李　沫）

第十三章　基因表达调控

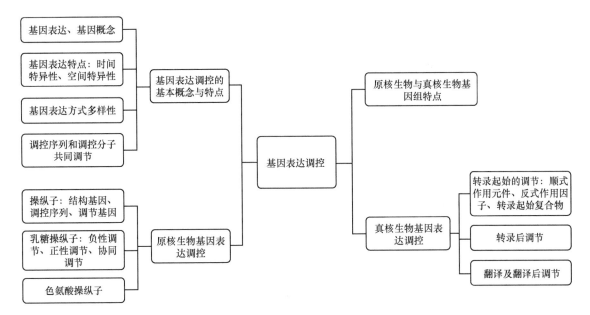

知识点导读

基因表达（gene expression）指基因转录及翻译的过程，是基因所携带的遗传信息表现为表型的过程。并非所有基因表达过程都产生蛋白质，rRNA、tRNA 编码基因转录产生 RNA 的过程也属于基因表达。按功能需要，某一特定基因的表达严格按特定的时间顺序发生，即为基因表达的时间特异性，又称为阶段特异性。在个体生长过程中，各种基因产物在不同组织空间表达量不同，这就是基因表达的空间特异性，又称细胞特异性或组织特异性。

基因表达的方式有组成性表达及诱导/阻遏表达。某些基因产物对生命全过程都是必需的，这类基因在个体生长的各个阶段几乎全部组织中持续表达，变化很小，称为管家基因（housekeeping gene），管家基因的表达方式称为基本表达或组成性表达。另有一些基因表达会随外环境信号变化而变化，表现为对环境信号应答时被激活，基因表达产物增加，或对环境信号应答时被抑制，基因表达产物水平降低，分别将这两种基因表达方式称为诱导（induction）和阻遏（repression）表达。在一定机制控制下，功能相关的一组基因无论何种表达方式均需协调一致表达，称协调表达。

基因表达调控是在多级水平上进行的复杂事件，其中转录起始调控最为重要，其基本要素涉及 DNA 序列、调节蛋白及这些因素对 RNA 聚合酶活性的影响。大多数原核基因转录起始调节是通过操纵子机制实现的，操纵子（operon）是原核基因转录调控的基本单位。乳糖操纵子包括：①信息区：Z 基因（编码 β-半乳糖苷酶）、Y 基因（编码 β-半乳糖苷通透酶）、A 基因（编码 β-半乳糖苷乙酰基转移酶）三个结构基因。②调控区：一个操纵序列 O、一个启动序列 P、一个调节基因 I 和一个分解（代谢）物基因激活蛋白（catabolite gene activation protein，CAP）结合位点。其调节机制包括阻遏蛋白的负性调节以及 CAP 的正性调节互相协调、相互制约。阻遏蛋白的负性调节：没有乳糖时，I 基因编码的阻遏蛋白与 O 序列结合，使 Lac 操纵子处于阻遏状态，Z、Y、A 基因不能转录，处于关闭状态。但阻遏蛋白的阻遏作用并非绝对，当偶有阻遏蛋白与 O 序列解聚时，细胞中可能生成寥寥数分子 β-半乳糖苷酶和 β-半乳糖苷通透酶。当乳糖存在时，乳糖可通过这数分子的通透酶催化进入细胞，再经过 β-半乳糖苷酶催化转变为别乳糖，别乳糖作为诱导剂与阻遏蛋白结合，改变其构象，使阻遏蛋白与 O 序列解离，继而发生转录。CAP 的正性调节：CAP

是同二聚体,其分子内有 DNA 结合区及 cAMP 结合位点。在启动序列 P 上游有 CAP 结合位点。当无葡萄糖时,cAMP 浓度较高,cAMP 与 CAP 结合成复合物而使其别构,并结合在启动序列附近的 CAP 结合位点,激活 RNA 聚合酶转录活性,并使之提高 50 倍。当有葡萄糖时,cAMP 浓度较低,cAMP 与 CAP 结合受阻,正性调节不能发挥作用。通常当阻遏蛋白阻遏转录时,CAP 对该系统不能发挥作用,但如果没有 CAP 激活转录活性,即使阻遏蛋白从操纵子上脱离,RNA 聚合酶仍几乎不转录。

真核生物基因转录激活主要受顺式作用元件(cis-acting element)与反式作用因子(trans-acting factor)相互作用的调节。顺式作用元件是指可影响自身基因表达活性的 DNA 序列。不同基因的顺式作用元件的核心序列常是共有序列,如 TATA box、CAAT box 等。真核基因顺式作用元件按功能特性分为启动子、增强子及沉默子。反式作用因子是指通过与特异的顺式作用元件相互识别和结合,进而影响另一基因转录的蛋白质因子。反式作用因子中,能直接或间接结合 RNA 聚合酶的又称为转录因子。真核转录因子可分为基本转录因子和特异转录因子。基本转录因子是 RNA 聚合酶结合启动子所必需的一组蛋白质。特异转录因子通过结合相应的调节序列而激活或阻遏相应基因的转录。

真核生物 RNA 转录后的加工修饰、翻译起始蛋白的活性调节、mRNA 分子的寿命、mRNA 的 5′非翻译区以及 3′非翻译区结构都会参与基因表达调控。

本 章 习 题

一、选择题

(一)A₁ 型选择题

1. 基因表达调控是多级的,其重要的基本调控点是
A. 基因活化
B. 转录起始
C. 转录后加工
D. 翻译起始
E. 翻译后加工

2. 关于基因表达的概念叙述**错误**的是
A. 某些基因表达产物是 RNA 分子
B. 某些基因表达产物是蛋白质分子
C. 基因表达包括转录和翻译过程
D. 基因表达只包括复制和转录过程
E. 某些基因表达产物不是蛋白质分子

3. 在原核生物中,基因转录调控的基本单位是
A. 转录因子
B. 操纵子
C. RNAi
D. 顺反子
E. 衰减子

4. 一个操纵子通常含有
A. 一个启动子和一个编码基因
B. 数个启动子和一个编码基因
C. 两个启动子和数个编码基因
D. 一个启动子和数个编码基因
E. 数个启动子和数个编码基因

5. 诱导物能促进结构基因进行转录的机制是
A. 诱导物能与阻遏蛋白结合
B. 诱导物能与操纵基因结合
C. 能与结构基因结合,从而使基因转录

D. 能活化 RNA 聚合酶
E. 能激活 DNA 聚合酶

6. 关于操纵子的说法,正确的是
A. 几个串联的结构基因由一个启动子控制
B. 几个串联的结构基因分别由不同的启动子控制
C. 一个结构基因由不同的启动子控制
D. 转录生成单顺反子 RNA
E. 以正性调控为主

7. 乳糖操纵子的调控方式是
A. CAP 的负调控
B. 阻遏蛋白的正调控
C. 正、负调控机制不可同时发挥作用
D. CAP 拮抗阻遏蛋白的转录封闭作用
E. 阻遏作用解除时,仍需 CAP 加强转录活性

8. 下列情况**不属于**基因表达阶段特异性的是
A. 一个基因在分化的骨骼肌细胞表达,在未分化的心肌细胞不表达
B. 一个基因在分化的骨骼肌细胞不表达,在未分化的骨骼肌细胞表达
C. 一个基因在分化的骨骼肌细胞表达,在未分化的骨骼肌细胞不表达
D. 一个基因在胚胎发育过程表达,在出生后不表达
E. 一个基因在胚胎发育过程不表达,出生后表达

9. 下列关于启动子的叙述,正确的是
A. 位于操纵子的第一个结构基因处

B. 能编码阻遏蛋白

C. 能与 RNA 聚合酶结合

D. 属于负性调节元件

E. 发挥作用的方式与方向无关

10. 操纵序列是指

A. 与阻遏蛋白结合的部位

B. 属于结构基因的一部分

C. 位于启动子上游的调节序列

D. 是与 RNA 聚合酶结合的部位

E. 能促进结构基因的转录

11. 大肠埃希菌 β-半乳糖苷酶表达的关键调控因素是

A. 基础转录因子　　　B. 阻遏蛋白

C. 特异转录因子　　　D. ρ 因子

E. 起始因子

12. 乳糖操纵子的直接诱导剂是

A. β-半乳糖苷酶　　B. 透性酶　　　C. 葡萄糖

D. 别乳糖　　　　　E. CAP

13. 异丙基硫代半乳糖苷（IPTG）诱导乳糖操纵子表达的机制是

A. 使乳糖-阻遏蛋白复合物解离

B. 与阻遏蛋白结合，使之丧失 DNA 结合能力

C. 与乳糖竞争结合阻遏蛋白

D. 与 RNA 聚合酶结合，使之通过操纵序列

E. 别构修饰 RNA 聚合酶，提高其活性

14. cAMP 与 CAP 结合、CAP 介导正性调节发生在

A. 有葡萄糖及 cAMP 较高时

B. 有葡萄糖及 cAMP 较低时

C. 没有葡萄糖及 cAMP 较高时

D. 没有葡萄糖及 cAMP 较低时

E. 葡萄糖及 cAMP 浓度极高时

15. 增强子的特点是

A. 增强子单独存在可以启动转录

B. 增强子的方向对其发挥功能有较大的影响

C. 增强子不能远离转录起始点

D. 增强子增加启动子的转录活性

E. 增强子不能位于启动子内

16. 酶的诱导现象是指

A. 底物诱导酶的合成

B. 产物诱导酶的合成

C. 产物抑制酶的分解

D. 底物抑制酶的合成

E. 效应剂抑制酶的合成

17. 使乳糖操纵子实现高表达的条件是

A. 乳糖存在，葡萄糖缺乏

B. 乳糖和葡萄糖均存在

C. 葡萄糖存在

D. 乳糖缺乏，葡萄糖存在

E. 乳糖和葡萄糖均不存在

18. 下列哪项决定基因表达的时间性和空间性

A. 特异基因的启动子（序列）和增强子与调节蛋白的相互作用

B. DNA 聚合酶

C. RNA 聚合酶

D. 管家基因

E. 衰减子与调节蛋白的相互作用

19. 在含乳糖而无葡萄糖的培养基中，大肠埃希菌会发生

A. 葡萄糖与阻遏蛋白结合

B. 阻遏蛋白与操纵序列紧密结合

C. CAP 别构与 DNA 结合

D. cAMP 合成减少

E. RNA 聚合酶与调节序列结合

20. 细菌优先利用葡萄糖作为碳源，葡萄糖耗尽后才会诱导产生代谢其他糖的酶类，这种现象称为

A. 衰减作用　　　　　B. 协调调节作用

C. 阻遏作用　　　　　D. 分解物阻遏作用

E. 诱导作用

21. 关于转录因子的叙述不正确的是

A. 转录因子的调节作用一般属反式调节

B. 通过蛋白质-蛋白质或 DNA-蛋白质相互作用来发挥作用

C. 转录因子的调节作用可以是 DNA 依赖或 DNA 非依赖

D. 指具有转录激活功能的特异性调节蛋白

E. 转录因子都含有转录激活域和 DNA 结合域

22. 顺式作用元件指的是

A. 能转录的 DNA 序列

B. 基因 3′ 端的 DNA 序列

C. 具有转录调节功能的特异 DNA 序列

D. 基因 5′ 端的 DNA 序列

E. 仅指能增强基因转录的 DNA 序列

23. 关于反式作用因子的描述错误的是

A. 绝大多数反式作用因子属于转录因子

B. 大多数的反式作用因子是 DNA 结合蛋白质

C. 指具有激活功能的调节蛋白

D. 包括通用转录因子和特异转录因子

E. 通常含有 DNA 结合结构域

24. 真核生物在不同发育阶段蛋白质的表达不同是由于

A. 特异转录因子的差异

B. 衰减子的差异

C. 基本转录因子的差异

D. 翻译起始因子的差异

E. 核心启动子的差异

25. 基本转录因子作为 DNA 结合蛋白能够

A. 结合转录核心元件　　B. 结合增强子

C. 结合 3′非翻译区　　　D. 结合内含子

E. 结合 5′非翻译区

（二）A₂型选择题

一名学生正在进行基因工程相关实验，需要通过蓝-白斑筛选（α互补）实验对重组的 pUC 质粒是否插入目的基因进行鉴定，请问他在制备筛选用细菌固体培养基时，**不能**加入下列哪种试剂

A. 葡萄糖　　　　　　　B. IPTG

C. 氨苄西林　　　　　　D. X-gal

E. 四环素

（三）B₁型选择题

A. 基因　　　　　　　　B. 基因组

C. 结构基因　　　　　　D. 操纵基因

E. 管家基因

1. 一个细胞或病毒所携带的全部遗传信息是

2. 在一个生物体的几乎所有细胞中持续表达的是

A. 操纵子　　　　　　　B. 启动子

C. 增强子　　　　　　　D. 沉默子

E. 转录因子

3. 在真核基因转录中起负性调节作用的是

4. 大多数原核基因转录调控单位为

A. 色氨酸　　　　　　　B. 沉默子

C. 阻遏蛋白　　　　　　D. CAP

E. ρ因子

5. 细菌中葡萄糖缺乏时，cAMP 浓度升高，可以结合

6. 实验室常使用 IPTG 作为诱导剂，其作用是结合

A. 操纵子　　　　　　　B. 增强子

C. 沉默子　　　　　　　D. 启动子

E. 转录因子

7. 与 RNA 聚合酶结合的 DNA 序列是

8. 能增强启动子转录活性的 DNA 序列是

A. 顺式作用元件　　　　B. 顺式作用蛋白

C. 反式作用因子　　　　D. 操纵序列

E. 特异因子

9. 由特定基因编码对另一基因转录具有调控作用的蛋白是

10. 属于原核生物基因转录调节蛋白的是

二、填空题

1. 胰岛素的基因只在胰岛 β 细胞表达，而在其他细胞不表达，称为基因表达的_____特异性。

2. Lac 阻遏蛋白由阻遏基因编码，结合在_____对 Lac 操纵子起阻遏作用。

3. 在乳糖操纵子中，与 RNA 聚合酶相识别和结合的 DNA 片段称为_____。

4. 在一个生物个体的几乎所有细胞中持续表达的基因通常被称为_____。

5. 原核生物的基因调节蛋白分为特异因子、阻遏蛋白和_____。

6. RNA 聚合酶识别并结合的 DNA 片段是_____。

7. 基因表达就是基因转录和_____的过程。

8. 原核生物结构基因在基因组中所占的比例（约占 50%）远远_____真核生物基因组。

三、名词解释

1. 基因表达

2. 操纵子

3. 顺式作用元件

4. 反式作用因子

5. 转录因子

6. 基因表达调控

7. 管家基因

四、简答题

1. 什么叫管家基因？举例说明管家基因表达特点。

2. 简述基因表达的时间特异性和空间特异性，并举例说明。

3. 简述真核生物基因组的特点。

4. 什么叫增强子？它有哪些作用特点？

五、论述题

1. 试述乳糖操纵子的结构及其调控机制。

2. 试述原核生物和真核生物基因表达调控特点的异同。

参 考 答 案

一、选择题

（一）A_1 型选择题

1. B　2. D　3. B　4. D　5. A　6. A　7. E
8. A　9. C　10. A　11. B　12. D　13. B　14. C
15. D　16. A　17. A　18. A　19. C　20. B　21. D
22. C　23. C　24. A　25. A

（二）A_2 型选择题

A

（三）B_1 型选择题

1. B　2. E　3. D　4. A　5. D　6. C　7. D　8. B
9. C　10. E

二、填空题

1. 器官/组织
2. 操纵序列
3. 启动序列/P 序列
4. 管家基因
5. 激活蛋白
6. 启动子
7. 翻译
8. 大于

三、名词解释

1. 基因表达：指基因转录及翻译的过程，是基因所携带的遗传信息表现为表型的过程。在一定调节机制控制下，大多数基因经历转录和翻译过程，产生具有特异生物学功能的蛋白质分子，赋予细胞或个体一定的功能或形态表型。但并非所有基因表达过程都产生蛋白质，rRNA、tRNA 编码基因转录产生 RNA 的过程也属于基因表达。

2. 操纵子：原核基因转录调控的基本单位，它由调控区与信息区组成，上游是调控区，包括启动子与操纵元件两部分，下游是信息区，由串联在一起的 2 个或以上结构基因组成。

3. 顺式作用元件：DNA 分子中与被调控基因邻近的一些调控序列，包括启动子、上游调控元件、增强子和一些细胞信号反应元件等，这些调控序列与被调控的编码序列位于同一条 DNA 链上，故被称为顺式作用元件，又被称为顺式调节元件（cis-regulator element，CRE）。

4. 反式作用因子：起反式作用的调控元件。有些调节序列远离被调控的编码序列，通过其产物（mRNA 或蛋白质）间接调节基因的表达。这种调节基因产物又称为调节因子，它们不仅能对处于同一条 DNA 链上的结构基因的表达进行调控，而且还能对不在一条 DNA 链上的结构基因的表达起到同样的作用。因此，这些分子被称为反式作用因子。

5. 转录因子：直接结合或间接作用于基因启动子、增强子等特定顺式作用元件的蛋白质因子。绝大多数转录因子由其编码基因表达后进入细胞核，通过识别、结合特异的顺式作用元件而增强或降低相应基因的表达。转录因子属于反式作用蛋白或反式作用因子。

6. 基因表达调控：指细胞或生物体在接受内、外环境信号刺激时或适应环境变化的过程中在基因表达水平上做出应答的分子机制。

7. 管家基因：有些基因产物对生命全过程都是必需的，在一个生物个体的几乎所有细胞中持续表达，不易受环境条件的影响，这些基因通常被称为管家基因。

四、简答题

1. 什么叫管家基因，举例说明管家基因表达特点。

有些基因产物对生命全过程都是必需的。这类基因在一个生物个体的几乎所有细胞中持续表达，不易受环境条件的影响。这些基因通常被称为管家基因。例如，三羧酸循环是一中枢性代谢途径，催化该途径各阶段反应的酶的编码基因就属这类基因。管家基因的表达水平受环境因素影响较小，而是在生物体各个生长阶段的大多数或几乎全部组织中持续表达或变化很小。我们将这类基因表达称为基本（或组成性）基因表达。

2. 简述基因表达的时间特异性和空间特异性，并举例说明。

按功能需要，某一特定基因的表达严格按一定的时间顺序发生，这就是基因表达的时间特异性。如编码甲胎蛋白（AFP）的基因在胎儿肝细胞中活跃表达，因此合成大量的甲胎蛋白；在成年后这一基因的表达水平很低，故几乎检测不到 AFP。但是，当肝细胞发生转化形成肝癌细胞时，编码 AFP 的基因又重新被激活，大量的 AFP 被合成。在不同的发育阶段，都会有不同的基因严格按照自己特定的时间顺序开启或关闭，表现为与分化、发育阶段一致的时间性。因此，多细胞生物基因表达的时间特异性又称阶段特异性。

在个体生长、发育过程中，一种基因产物在个体的不同组织或器官表达不同，即在个体的不同空间出现，这就是基因表达的空间特异性。如编码胰岛素的基因只在胰岛的 β 细胞中表达，从而指导生成胰岛素；编码胰蛋白酶的基因在胰岛细胞中几乎不表达，而在胰腺腺泡细胞中有高水平的表达。基因表达表现出的空间分布差异，实际上是由细胞在器官的分布所决定的，因此基因表达的空间特异性又称细胞特异性或组织特异性。

3. 简述真核生物基因组的特点。

真核生物基因组有以下特点：①真核生物基因组比原核生物基因组大得多。②原核生物基因组的大部分序列都为编码基因，而哺乳动物基因组中大约只有 10% 序列编码蛋白质、rRNA、tRNA 等，其余 90% 序列，包括大量的重复序列，功能至今还不清楚，可能参与调控。③真核生物编码蛋白质的基因是不连续的，转录后需要剪接去除内含子，这就增加了基因表达调控的层次。④原核生物的基因编码序列在操纵子中，多顺反子 mRNA 使得几个功能相关的基因自然协调控制；而真核生物则是一个结构基因转录生成一条 mRNA，即 mRNA 是单顺反子，许多功能相关的蛋白质，即使是一种蛋白质的不同亚基也将涉及多个基因的协调表达。⑤真核生物 DNA 在细胞核内与多种蛋白质结合构成染色质，这种复杂的结构直接影响着基因表达。⑥真核生物的遗传信息不仅存于核 DNA 上，还存于线粒体 DNA 上，核内基因与线粒体基因的表达调控既相互独立又相互协调。

4. 什么叫增强子？它有哪些作用特点？

增强子是增强启动子工作效率的顺式作用元件，能够在相对于启动子的任何方向和任何位置（上游或下游）都发挥作用，其发挥作用的方式通常与方向、距离无关。特点：①由若干功能组件组成，是特异转录因子结合 DNA 的核心序列。②其作用与启动子相互依赖，但对启动子无绝对专一性。无增强子存在时启动子通常不表现活性，无启动子时，增强子也无法发挥作用，

同一增强子可影响类型不同的启动子。③增强子的作用无方向性。④对启动子远距离影响，且必须先被蛋白质因子结合后，才能发挥增强转录的作用。

五、论述题

1. 试述乳糖操纵子的结构及其调控机制。

（1）乳糖操纵子分别由三个编码代谢乳糖的 β-半乳糖苷酶、β-半乳糖通透酶和 β-半乳糖乙酰基转移酶的结构基因 Z、Y、A 和上游的启动序列 P 及操纵序列 O 组成，在 P 上游有一个 CAP 结合位点，P、O 和 CAP 结合位点组成乳糖操纵子的调控区。

（2）阻遏蛋白的负性调节：没有乳糖存在时，阻遏基因 I 编码的阻遏蛋白结合于操纵序列 O 处，乳糖操纵子处于阻遏状态，不能合成分解乳糖的三种酶；有乳糖存在时，乳糖分解后生成的半乳糖、别乳糖作为诱导物诱导阻遏蛋白别构，阻遏蛋白不能结合于操纵序列，乳糖操纵子转录表达分解乳糖的三种酶。所以，乳糖操纵子的这种调控机制为可诱导的负调控。

（3）CAP 的正性调节：在启动子上游有 CAP 结合位点，当大肠埃希菌培养环境中有葡萄糖时，cAMP 浓度降低，CAP 无法与 CAP 结合位点结合；而当大肠埃希菌从以葡萄糖为碳源的环境转变为以乳糖为碳源的环境时，cAMP 浓度升高，与 CAP 结合，使 CAP 发生别构，CAP 结合于乳糖操纵子启动序列附近的 CAP 结合位点，激活 RNA 聚合酶活性，促进结构基因转录，对乳糖操纵子实行正调控，加速合成分解乳糖的三种酶。

（4）二者协调对葡萄糖和乳糖的存在与否进行调节：

1）当葡萄糖和乳糖都存在时，虽然阻遏蛋白负调节作用被解除，但 CAP 不能起正性调节作用，基因处于关闭状态。

2）当有葡萄糖无乳糖时，CAP 无正性调节作用，阻遏蛋白发挥负调节作用，基因处于关闭状态。

3）当葡萄糖和乳糖都不存在时，虽然 CAP 起正性调节作用，但阻遏蛋白发挥负调节作用，基因处于关闭状态。

4）当无葡萄糖但有乳糖时，CAP 起正性调节作用，阻遏蛋白负调节作用被解除，基因处于开放状态。

2. 试述原核生物和真核生物基因表达调控特点的异同。

（1）相同点：转录起始是基因表达调控的关键环节。

（2）不同点：①原核生物基因表达调控主要包括转录和翻译水平；真核生物基因表达调控包括染色质活化、转录、转录后加工、翻译、翻译后加工多个层次。②原核生物基因表达调控主要为负调节；真核生物基因表达调控主要为正调节。③原核生物转录起始不需要转录因子，RNA 聚合酶直接结合启动子，由 σ 因子决定基因表达的特异性；真核生物转录起始需要基础、特异两类转录因子，依赖 DNA-蛋白质、蛋白质-蛋白质相互作用，调控转录激活。④原核生物基因表达调控主要采用操纵子模型，转录出多顺反子 RNA，实现协调调节；真核生物基因转录产物为单顺反子 RNA，功能相关蛋白质的协调表达机制更为复杂。

（焦　谊　谢敬辉）

第十四章　DNA 重组与重组 DNA 技术

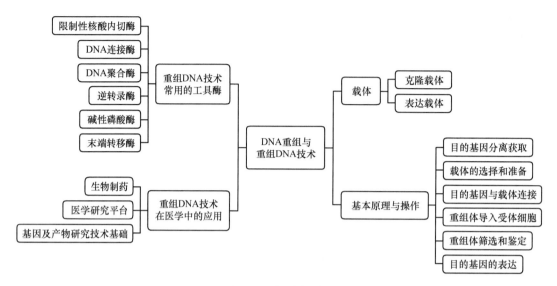

知识点导读

重组 DNA 技术（DNA recombinant technology）是基于人们对自然界基因转移和重组的认识发展起来的一门分子生物学技术。自然界也存在基因的转移，有接合作用、转化作用、转导作用和转座。当细胞与细胞或细菌通过菌毛相互接触时，质粒 DNA 从一个细胞转移至另一个细胞的 DNA 转移称为接合作用。受体菌通过细胞膜自动获取或人为地供给外源 DNA，使细胞获得新的遗传表型是转化作用。由病毒携带、将宿主 DNA 片段从一个细胞转移至另一个细胞的现象或机制为转导作用。由插入序列和转座子介导的基因移位或重排称为转座。在接合、转化、转导或转座过程中，若不同 DNA 分子之间发生共价连接称重组。

重组 DNA 技术又称分子克隆（molecular cloning）、DNA 克隆（DNA cloning）或基因工程（genetic engineering），指通过体外操作将不同来源的两个或两个以上 DNA 分子重新组合，并在适当细胞中扩增形成新 DNA 分子的方法。其主要过程包括：在体外将目的 DNA 片段与载体连接，形成重组 DNA 分子，进而在受体细胞中扩增，从而获得单一 DNA 分子的大量拷贝。在克隆目的基因后，还可针对该基因进行表达蛋白质或多肽的制备以及基因结构的定向改造。

实现上述过程需要一些重要的工具酶，常用的有限制性核酸内切酶、连接酶、DNA 聚合酶、逆转录酶等。限制性核酸内切酶（restriction endonuclease，RE）是指能识别特异的 DNA 序列，并在识别位点或其周围切割双链 DNA 的一类内切酶。根据结构的复杂程度、作用方式与辅因子的区别，限制性核酸内切酶可分为四大类，分子克隆中最常用的是 II 类限制酶，它能识别 4、6 或 8 个核苷酸的回文结构，并切割产生黏性末端或平端。

人们感兴趣的基因称目的基因（target gene），可通过化学合成法、基因组 DNA 文库、cDNA 文库及 PCR 扩增获取。外源基因要借助载体才能在宿主细胞中复制。基因载体（vector）包括克隆载体和表达载体，是携带目的基因，实现目的基因的无性繁殖或表达有功能蛋白质所采用的一些 DNA 分子。根据克隆载体性质和导入受体细胞的不同，将重组 DNA 分子导入方法分为转化、转染及感染。接受重组 DNA 分子的细胞，利用原位杂交、Southern 印迹法或免疫学方法进行筛选与鉴定，获得含目的基因的转化细胞，通过生物扩增、分离重组 DNA，可获得目的基因。

蓝-白斑筛选是重组子筛选的一种方法，又称 α 互补。β-半乳糖苷酶可以拆分成两部分，N

端和 C 端。β-半乳糖苷酶缺陷型菌株的基因组中含有表达 β-半乳糖苷酶 C 端的基因（编码半乳糖苷酶 ω 段），而 N 端（一个含 146 个氨基酸的短肽，即 α 段）的基因被置于表达载体中。N 端基因经过改造，中间插入多克隆位点。宿主和质粒编码的片段虽都没有半乳糖苷酶活性，但它们同时存在时，α 片段与 ω 片段可通过 α-互补形成具有酶活性的 β-半乳糖苷酶，在诱导剂异丙基硫代半乳糖苷（isopropyl β-*D*-thiogalactoside，IPTG）的作用下，可水解培养基中的生色底物 5-溴-4-氯-3-吲哚-β-*D*-半乳糖苷（5-bromo-4-chloro-3-indolyl β-*D*-galactopyranoside，X-Gal），产生蓝色菌落。而当外源 DNA 插入到质粒的多克隆位点后，破坏 α 片段的编码，使带有重组质粒的 LacZ 细菌形成白色菌落。

以上过程也可概括为"分、选、连、转、筛"。分离的 cDNA 或基因与适当表达载体连接后可实现目的基因在大肠埃希菌或其他表达体系中的表达。重组 DNA 技术在疾病病因的发现、疫苗生产、DNA 诊断及疾病的预防等方面具有广泛的应用价值，并促进了当代分子医学的发展。

本 章 习 题

一、选择题

（一）A₁ 型选择题

1. 通过自动获取或人为地供给外源 DNA 使受体细胞获得新的遗传表型，称为
A. 转化
B. 转导
C. 转染
D. 转座
E. 接合

2. 可识别并切割特异 DNA 序列的酶称
A. 限制性核酸外切酶
B. 限制性核酸内切酶
C. 非限制性核酸外切酶
D. 非限制性核酸内切酶
E. DNA 酶

3. 人工 DNA 重组中催化外源 DNA 与载体 DNA 连接的酶是
A. 限制性核酸内切酶
B. 限制性核酸外切酶
C. DNA 连接酶
D. DNA 聚合酶
E. Taq 酶

4. 连接外源 DNA 与载体 DNA 的化学键是
A. 氢键
B. 肽键
C. 疏水键
D. 3′,5′-磷酸二酯键
E. 盐键

5. 关于限制性核酸内切酶的叙述，**错误**的是
A. 可识别特异的 DNA 序列
B. 可产生 5′ 端突出的黏性末端
C. 可产生 3′ 端突出的黏性末端
D. 不能产生平端
E. DNA 双链的切割点常不在同一位点

6. 下列哪种方法**不宜**用于重组体的筛选
A. 蛋白质（Western）印迹法
B. 抗药性选择
C. 标志补救
D. 核酸杂交
E. PCR

7. 基因工程操作应用的许多载体质粒都有抗生素的抗性基因，这是为了便于
A. 外源基因插入质粒
B. 宿主菌的生物繁殖
C. 质粒的转化
D. 带有目的基因的宿主菌的筛选
E. 目的基因的表达

8. 限制性核酸内切酶切割 DNA 后产生
A. 5′ 磷酸基和 3′ 羟基基团的末端
B. 3′ 磷酸基和 5′ 羟基基团的末端
C. 5′ 磷酸基和 3′ 磷酸基团的末端
D. 5′ 羟基和 3′ 羟基基团的末端
E. 5′ 磷酸基和 5′ 羟基基团的末端

9. 无性繁殖依赖 DNA 载体的最基本性质是
A. 青霉素抗性
B. 卡那霉素抗性
C. 自我复制能力
D. 自我转录能力
E. 自我表达能力

10. 确切地讲，cDNA 文库包含
A. 一种物种的全部基因信息
B. 一种物种的全部 mRNA 信息
C. 一种生物体组织或细胞的全部基因信息
D. 一种生物体组织或细胞的全部 RNA 信息
E. 一种生物体或组织所表达的 mRNA 信息

11. 下列关于回文结构的序列叙述，**不正确**的是
A. 是限制性核酸内切酶的识别序列
B. 是某些蛋白质的识别序列
C. 是 DNA 序列
D. 正向 5′ 到 3′ 端阅读核酸序列相同
E. 反向 3′ 到 5′ 端阅读核酸序列相同

12. 在已知序列的情况下获得目的 DNA 最常用的是
A. 化学合成法 　　 B. 筛选基因组文库
C. 筛选 cDNA 文库 　　 D. 聚合酶链反应
E. DNA 合成仪合成
13. 重组 DNA 技术领域常用的质粒 DNA 是
A. 细菌染色体 DNA 的一部分
B. 细菌染色体外的独立遗传单位
C. 病毒基因组 DNA 的一部分
D. 真核细胞染色体 DNA 的一部分
E. 真核细胞染色体外的独立遗传单位
14. 下列哪项**不是**重组 DNA 技术中常用的工具酶
A. 限制性核酸内切酶 　　 B. DNA 连接酶
C. DNA 聚合酶 I 　　 D. RNA 聚合酶
E. 逆转录酶
15. **不能**用作基因载体的 DNA 有
A. 细菌质粒 DNA 　　 B. 噬菌体 DNA
C. 病毒 DNA 　　 D. 酵母人工染色体
E. 真核细胞基因组 DNA
16. 关于基因工程的叙述**错误**的是
A. 基因工程又称基因克隆
B. 只有质粒 DNA 可作载体
C. 重组体 DNA 转化或转染宿主细胞
D. 需获得目的基因
E. 需对重组 DNA 进行筛选鉴定
17. 重组 DNA 技术**不能**应用于
A. 疾病基因的发现 　　 B. 生物制药
C. DNA 序列分析 　　 D. 基因诊断
E. 基因治疗
18. 直接针对目的 DNA 进行筛选的方法是
A. 青霉素抗药性 　　 B. 氨苄西林抗药性
C. 分子杂交 　　 D. 分子筛
E. 电泳
19. 用于 PCR 反应的酶是
A. DNA 连接酶 　　 B. 碱性磷酸酶
C. 逆转录酶 　　 D. 限制性核酸内切酶
E. Taq DNA 聚合酶
20. 最常用的筛选转化细菌是否含有质粒的方法是
A. 营养互补筛选 　　 B. 抗药性筛选
C. 免疫化学筛选 　　 D. 原位杂交筛选
E. DNA（Southern）印迹法筛选
21. 下列哪项**不是**重组 DNA 的常用连接方式
A. 黏性末端与黏性末端的连接
B. 平端与平端的连接
C. 黏性末端与平端的连接
D. 人工接头连接
E. 同聚物加尾连接
22. 有关质粒的叙述**错误**的是
A. 小型环状双链 DNA 分子
B. 可小到 2～3kb，大至数百 kb
C. 不能在宿主细胞中进行复制
D. 常含有耐药基因
E. 常具有多种限制性核酸内切酶的单一切点
23. 有关 II 型限制性核酸内切酶的叙述，正确的是
A. 由噬菌体提取而得
B. 可将单链 DNA 随机切开
C. 可将双链 DNA 特异切开
D. 可将两个 DNA 片段连接起来
E. 催化 DNA 的甲基化
24. 下列与重组 DNA 技术直接相关的工作或过程是
A. mRNA 转录后修饰 　　 B. 基因的修饰和改造
C. 蛋白质的分离提取 　　 D. 蛋白质序列的测定
E. DNA 分子碱基修饰
25. 关于重组 DNA 技术的叙述，**不正确**的是
A. 重组 DNA 分子经转化或转染可进入宿主细胞
B. 限制性核酸内切酶是主要工具酶之一
C. 重组 DNA 由载体 DNA 和目标 DNA 组成
D. 质粒、噬菌体可作为载体
E. 进入细胞内的重组 DNA 均可表达目标蛋白
26. 关于蓝-白斑筛选的叙述**错误**的是
A. 是标志补救的一种
B. 转化入重组体的菌落呈现蓝色
C. 又称 α 互补
D. 是一种筛选重组体的方法
E. 多克隆位点在 LacZ 基因编码区
27. 基因工程的操作工程可以简单地概括为
A. 分、选、连、转、筛
B. 将载体和目的基因连接成重组体
C. 重组体导入宿主细胞，筛选宿主细胞
D. 限制性核酸内切酶切割
E. 载体和目的基因的获取
28. 能够将 DNA 片段以定向克隆方式插入载体的方法是
A. TA 克隆连接 　　 B. 平端连接
C. 人工接头连接 　　 D. 相同黏性末端连接
E. 不同限制性核酸内切酶黏性末端连接
29. 分子克隆是指
A. 细菌克隆 　　 B. 动物克隆
C. DNA 克隆 　　 D. 细胞克隆

E. RNA 克隆

30. 下列哪个**不是**原核表达载体上的必备元件

A. 克隆位点　　　　　B. 启动子

C. 终止子　　　　　　D. 筛选标志基因

E. poly(A) 加尾信号

31. 基因重组的方式**不包括**

A. 转化　　　　B. 转导　　　　C. 转位

D. 接合　　　　E. 转换

32. 下列哪个**不是** DNA 重组技术生产的

A. 生长激素　　　　　B. 干扰素

C. 青霉素　　　　　　D. 胰岛素

E. 促红细胞生成素

（二）A₂ 型选择题

1. 现在医学科学工作者通过获得大量特异 DNA 片段，结合适当的分析技术，可以鉴定基因缺陷。当前临床或研究室获得大量特异 DNA 片段最简便常用的方法是

A. 化学合成

B. 文库筛选

C. 从外周血细胞大量制备

D. 基因克隆

E. PCR

2. 有一种环状双链 DNA 分子天然独立存在于细菌中，其自身具有复制功能结构，能在细菌中自主地进行复制，并传给子代细胞并赋予细菌一定的遗传性状（如 Amp^r），这种 DNA 分子是

A. 细菌基因组 DNA　　B. 细菌染色体 DNA

C. 质粒　　　　　　　D. 病毒 DNA

E. 酵母染色体 DNA

（三）B₁ 型选择题

A. 转化　　　　B. 转导　　　　C. 转座

D. 转染　　　　E. 接合

1. 将表达载体导入真核细胞的过程为

2. 插入序列和转座子介导的基因位移或重排为

A. 限制性核酸外切酶

B. DNA 酶

C. 限制性核酸内切酶

D. DNA 聚合酶

E. DNA 连接酶

3. 在 DNA 技术中催化形成重组 DNA 分子的是

4. PCR 反应体系中的酶是耐热

A. 基因载体的选择与重组分子构建

B. 外源基因与载体的拼接

C. 重组 DNA 分子导入受体细胞

D. 筛选并无性繁殖含重组分子的受体细胞

E. 表达目的基因编码的蛋白质

5. 可能应用限制性核酸内切酶的是

6. 获得 DNA 克隆的是

A. RNA 聚合酶　　　　B. 末端转移酶

C. 碱性磷酸酶　　　　D. 逆转录酶

E. 核苷酸酶

7. 能切除 DNA 末端磷酸基的是

8. 能合成 cDNA 的是

二、填空题

1. 自然界的常见基因转移方式有接合、_____、转导和转座。

2. 外源 DNA 离开染色体是不能复制的。将外源 DNA 与_____连接，构建成重组 DNA 分子导入宿主细胞，外源 DNA 则可被复制。

3. 限制性核酸内切酶是一类识别_____序列的核酸内切酶。

4. 限制性核酸内切酶切口有平端和_____末端。

5. 一个完整的基因克隆过程应包括：目的基因的获取，载体的选择，_____，重组 DNA 分子导入受体细胞，筛选与鉴定含目的基因的重组 DNA。

6. 如果 M13 的外源基因被插入 *LacZ* 基因内，则在含有 X-gal 的培养基上生长时会出现白色菌落，如果在 *LacZ* 基因内无外源基因插入，在同样的条件下呈现_____色菌落。

7. 目的基因获取的途径或来源有_____、基因组 DNA 文库、cDNA 文库、聚合酶链反应等。

8. 基因工程中真核生物表达体系常见的有酵母、昆虫和_____。

三、名词解释

1. 目的基因
2. DNA 克隆
3. 质粒
4. 载体
5. cDNA 文库
6. 转化

四、简答题

1. 什么是基因克隆？简述基因克隆的基本过程。

2. 基因载体有哪些类型？理想的基因载体应具备哪些特点？

3. 什么是目的基因？获取目的基因的途径有哪些？

4. 重组 DNA 技术应用的限制性核酸内切酶有哪些特点？

五、论述题

1. 叙述 α 互补筛选重组体质粒细菌的原理。

2. 如果想实现胰岛素 AB 链分别表达，采用基因工程的方法使大肠埃希菌生产出人胰岛素，请列出基本操作过程。

<h1 style="text-align:center">参 考 答 案</h1>

一、选择题

（一）A₁ 型选择题

1. A　2. B　3. C　4. D　5. D　6. A　7. D
8. A　9. C　10. E　11. B　12. D　13. B　14. D
15. E　16. B　17. C　18. C　19. E　20. B　21. C
22. C　23. C　24. B　25. E　26. B　27. A　28. E
29. C　30. E　31. E　32. C

（二）A₂ 型选择题

1. E　2. C

（三）B₁ 型选择题

1. D　2. C　3. E　4. D　5. A　6. D　7. C　8. D

二、填空题

1. 转化
2. 载体
3. DNA
4. 黏性
5. 目的基因和载体连接
6. 蓝
7. 化学合成
8. 哺乳动物细胞

三、名词解释

1. 目的基因：指在基因重组过程中欲分离获得的某一感兴趣的基因或编码感兴趣蛋白质的特异 DNA 序列。

2. DNA 克隆：是指将 DNA 重组体引进受体细胞中，建立无性系的过程。克隆某一基因或 DNA 片段过程中，将外源 DNA 插入载体分子所形成的复制子是杂合分子，所以又称为重组 DNA 技术。

3. 质粒：是存在于细菌染色体外的小型环状双链 DNA 分子，质粒分子本身是含有复制功能的遗传结构，能在宿主细胞独立自主地进行复制，并在细胞分裂时恒定地传给子代细胞，可作为重组 DNA 的载体。

4. 载体：是在基因工程中为"携带"感兴趣的外源 DNA、实现外源 DNA 的无性繁殖或表达有意义的蛋白质所采用的一些 DNA 分子，具有自我复制和表达功能。

5. cDNA 文库：在逆转录酶催化下，以 mRNA 为模板合成互补 DNA，进而在 DNA 聚合酶作用下以 cDNA 为模板合成双链 cDNA，并在适当载体介导下转入受体菌，不同细菌包含了以不同 mRNA 为模板的 cDNA 分子，所有细菌所携带的 cDNA 的集合称 cDNA 文库。

6. 转化：是将外源性 DNA 导入宿主细胞，并引起生物类型改变的过程或使宿主细胞获得新的遗传表型。

四、简答题

1. 什么是基因克隆？简述基因克隆的基本过程。
基因克隆是指将 DNA 重组体导入受体细胞中，建立无性系的过程，也是体外实施基因重组的技术。基因克隆的基本过程包括：①目的基因的获取；②克隆载体的选择；③目的基因与载体的连接；④重组 DNA 导入受体细胞；⑤重组体的筛选与鉴定。

2. 基因载体有哪些类型？理想的基因载体应具备哪些特点？
常用的基因载体有质粒 DNA、噬菌体 DNA 和病毒 DNA 等。理想的基因载体应具有以下特点：①自我复制能力；②有多种限制性核酸内切酶的单一切割位点；③具有两个或两个以上的选择性标记；④理想的载体还应具有容量大、分子小等特点。

3. 什么是目的基因？获取目的基因的途径有哪些？

目的基因是指欲分离的感兴趣的基因或编码感兴趣蛋白质的 DNA 序列。获取目的基因的途径：①人工化学合成；②基因组 DNA 文库；③cDNA 文库；④聚合酶链反应（PCR）。

4. 重组 DNA 技术应用的限制性核酸内切酶有哪些特点？

重组 DNA 技术应用的限制性核酸内切酶为 Ⅱ 型。特点：①大多数识别 DNA 位点的核苷酸序列为回文结构，即两条核苷酸链的特定位点，从 5′ 到 3′ 方向的序列完全一致。②一些酶切割后产生黏性末端，另一些酶切割后产生平端。③不同的限制性核酸内切酶识别 DNA 中的核苷酸长短不一，为 4 个、6 个或 8 个。

五、论述题

1. 叙述 α 互补筛选重组体质粒细菌的原理。

质粒 LacZ（β-半乳糖苷酶基因）的 N 端 146 个氨基酸残基编码基因，其产物为 β-半乳糖苷酶的 α 片段，而突变型大肠埃希菌等细菌可表达 β-半乳糖苷酶的 ω 片段（酶的 C 端），单独的 α 片段及 ω 片段均无 β-半乳糖苷酶的活性。当含有 LacZ 的质粒转化大肠埃希菌等细菌时，α 片段与 ω 片段共同表达，细菌才有 β-半乳糖苷酶活性，在生色底物 X-gal 存在时产生蓝色菌落，这就是 α 互补，可用于重组体的筛选。而当外源 DNA 插入到质粒的多克隆位点后，破坏 α 片段的编码，使得带有重组质粒的 LacZ 细菌形成白色菌落。

2. 如果想实现胰岛素 AB 链分别表达，采用基因工程的方法使大肠埃希菌生产出人胰岛素，请列出基本操作过程。

①获得人胰岛素 mRNA，逆转录得到 cDNA；②将人胰岛素基因 A、B 链基因分别组合到大肠埃希菌的不同质粒上；③形成重组体再转化至菌体内；④筛选阳性重组质粒工程菌；⑤人的胰岛素基因的基因工程菌放到大型的发酵罐里，给它提供合适的条件和营养物质，进行人工培养，可以大量繁殖，在大肠埃希菌细胞内进行表达，从而使带有 A、B 链基因的工程菌株分别产生人胰岛素 A、B 链；⑥用人工的方法，在体外通过二硫键使 A、B 两条链连接成有活性的人胰岛素。

（陈 艳 郝文汇）

第十五章 细胞信号转导的分子机制

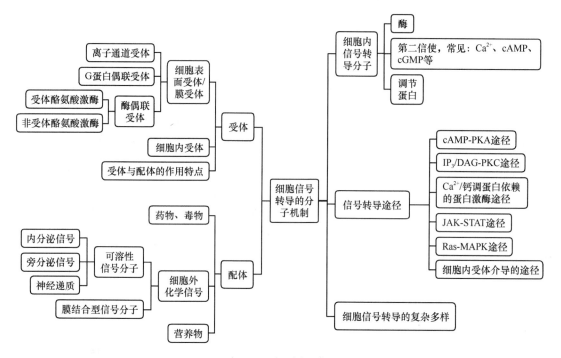

知识点导读

细胞信号转导（signal transduction）是细胞对来自外界的刺激或信号，通过细胞内多种分子相互作用引发一系列有序反应，将细胞外信息传递到细胞内，并据以调节细胞代谢、增殖、分化、功能活动和凋亡的过程。在信号转导过程中，细胞与细胞之间的交流需要有传递信息的信号分子，接收信号分子的受体（receptor）。能与受体特异性结合的生物活性分子称为配体（ligand）。

细胞外化学信号分子是指由细胞分泌的具有调节靶细胞生命活动功能的化学物质。可分为两大类：可溶性和膜结合性信号分子，可溶性信号分子根据其溶解特性分为脂溶性化学信号、水溶性化学信号。根据体内化学信号分子作用距离，又可以将其分为内分泌（endocrine）信号、旁分泌（paracrine）/自分泌（autocrine）信号、神经递质（neurotransmitter）。

受体是存在于细胞膜上或细胞内能特异性识别生物活性分子并与之结合，进而引发生物学效应的特殊蛋白质，个别糖脂也具有受体作用。根据其作用位置不同，分为细胞膜受体和细胞内受体。细胞膜受体，根据其结构和转换信号的方式分为三大类：配体依赖性离子通道受体，G 蛋白偶联受体（GPCR，又称七次跨膜 α 螺旋受体），酶偶联受体（又称单次跨膜 α 螺旋受体）。细胞内受体位于细胞质或细胞核内。配体与受体的作用特点包括高度专一性、高亲和力、可饱和性、可逆性和特定的作用模式。

细胞内信号转导分子是指在细胞内传递信号的蛋白分子和小分子活性物质，常见的有小分子第二信使、酶和调节蛋白三类。第二信使主要包括无机离子如 Ca^{2+}，NO，脂类衍生物如甘油二酯（DAG）、N-脂酰鞘氨醇（Cer），糖类衍生物如三磷酸肌醇（IP_3），环核苷酸类如 cAMP、cGMP。常见的酶类如蛋白激酶，包括蛋白激酶 A（PKA）、蛋白激酶 C（PKC）、蛋白激酶 G（PKG）等。调节蛋白最常见的即为 G 蛋白，是一类位于细胞膜基质侧的转导蛋白，它由 α、β 和 γ 三个亚基组成，能够可逆地与 GTP（活性态）或 GDP（非活性态）结合而得名。G 蛋白种类较多，常见的有激动型 G 蛋白（G_s）、抑制型 G 蛋白（G_i）和磷脂酶 C 型 G 蛋白（G_q）等。不同 G 蛋白介导的信号途径也不同。

受体介导的信号转导途径包括膜受体介导的信号转导途径及胞内受体介导的信号转导途径。神经递质、细胞因子、生长因子类、胰岛素、甲状旁腺素等亲水性信号分子通过膜受体将信号传递入细胞内，经逐级放大调节细胞功能。膜受体介导的信号转导途径主要有 cAMP-PKA 信号转导途径、IP_3/DAG-PKC 信号转导途径、Ca^{2+}/钙调蛋白依赖的蛋白激酶信号转导途径、酪氨酸蛋白激酶信号转导途径、核因子 NF-κB 信号转导途径及 TGF-β 信号转导途径等。

cAMP-PKA 信号转导途径：胰高血糖素、肾上腺素、促肾上腺皮质激素等可激活此途径。肾上腺素及其他细胞外的信号分子作为配体，与靶细胞膜上的 G 蛋白偶联受体结合，激活 G 蛋白，该 G 蛋白进一步激活腺苷酸环化酶（AC），进而催化 ATP 生成 cAMP，cAMP 作为第二信使，别构激活 PKA，从而使下游的靶酶与靶蛋白的丝/苏氨酸残基磷酸化，进一步调节细胞物质代谢，也能够调节转录因子的活性，调控靶基因的表达。

IP_3/DAG-PKC 信号转导途径：促甲状腺素释放激素、去甲肾上腺素、抗利尿激素与受体结合后可激活 G 蛋白，该 G 蛋白可激活磷脂酶 C（PLC），PLC 催化磷脂酰肌醇-4,5-二磷酸（PIP_2）分解生成 DAG 和 IP_3。IP_3 促进细胞钙库内的 Ca^{2+} 迅速释放，使细胞质内 Ca^{2+} 浓度升高。Ca^{2+} 参与 DAG 诱导的 PKC 激活，进一步调控代谢及基因表达。

Ca^{2+}/钙调蛋白依赖的蛋白激酶信号转导途径：细胞质中 Ca^{2+} 浓度升高后，还可与钙调蛋白（calmodulin，CaM）结合，Ca^{2+}/CaM 复合物激活下游的钙调蛋白依赖性蛋白激酶，进一步激活各种效应蛋白质，在收缩和运动、物质代谢、细胞分泌和分裂等过程中发挥作用。

酪氨酸蛋白激酶信号途径：主要见于受体型酪氨酸蛋白激酶介导的 Ras-MAPK 信号转导途径，以及非受体型酪氨酸蛋白激酶介导的 JAK-STAT 信号转导途径。Ras-MAPK 信号转导途径：胰岛素、生长因子及 *erb-B*、*kit*、*fins* 等原癌基因与受体型酪氨酸激酶结合后，受体二聚化激活酪氨酸蛋白激酶活性，并募集接头蛋白 Grb2，使 Grb2 结合并激活 SOS，SOS 进一步结合并活化 Ras 蛋白，进而激活下游 Raf 蛋白，Raf 即为 MAPKKK，可激活 MAPKK，后者再激活 MAPK。MAPK 系统是一组酶兼底物的蛋白分子，在代谢调节、基因调控、细胞增殖等方面发挥作用。

JAK-STAT 信号转导途径：生长激素、干扰素、促红细胞生成素、集落刺激因子和部分白细胞介素与非受体型酪复酸激酶结合后，受体二聚化并募集 JAK，JAK 自身磷酸化并激活 JAK 酪氨酸蛋白激酶活性。活化的 JAK 使受体酪氨酸残基磷酸化，STAT 分子通过 SH2 结构域与磷酸化的受体结合，从而使 STAT 发生磷酸化形成聚合体或二聚化，进而移入细胞核内结合于特异的基因应答元件，调节基因的表达，参与细胞增殖、分化、抗病毒等生物学效应。

胞内受体多为转录因子，又称 DNA 结合蛋白或反式作用因子，与相应配体结合成复合物后活化，再与 DNA 的顺式作用元件结合，调节基因转录。此类受体相应的配体为类固醇激素、甲状腺素、视黄酸和维生素 D 等脂溶性小分子物质。

细胞信号途径具有多样性、复杂性的特点，并相互联系，当信号途径中的任何环节发生异常，都有可能造成疾病的发生。

本 章 习 题

一、选择题

（一）A_1 型选择题

1. 下列**不属于**细胞间信息分子的物质是
A. 类固醇激素　　　　　B. 氨基酸及其衍生物
C. 核糖核酸　　　　　　D. 蛋白质及肽类
E. 神经递质
2. 下列**不属于**膜受体的有

A. TPK 型受体
B. 非 TPK 型受体
C. 单次跨膜 α 螺旋受体
D. 七次跨膜 α 螺旋受体
E. 类固醇激素类受体
3. 下列**不属于**细胞内受体所接收的细胞外信号分子的是
A. 甲状腺素　　　　　　B. 维 A 酸

C. 维生素 D　　　　　　　D. 肾上腺素

E. 视黄酸

4. TPK 型受体接收到信号后，会使靶蛋白发生

A. 丝氨酸残基磷酸化　　　B. 苏氨酸残基磷酸化

C. 酪氨酸残基磷酸化　　　D. 亮氨酸残基磷酸化

E. 脯氨酸残基磷酸化

5. 下列与 G 蛋白偶联受体进一步激活相关的酶是

A. 腺苷酸环化酶　　　　　B. 鸟苷酸环化酶

C. 尿苷酸环化酶　　　　　D. 胞苷酸环化酶

E. 胸腺苷酸环化酶

6. G 蛋白是一种

A. 胞苷酸结合蛋白　　　　B. 腺苷酸结合蛋白

C. 尿苷酸结合蛋白　　　　D. 鸟苷酸结合蛋白

E. 胸腺苷酸结合蛋白

7. 下列哪种物质属于细胞内第二信使

A. AC　　　　　　B. cAMP　　　　　C. ATP

D. PLC　　　　　　E. PKA

8. 下列哪个是小 G 蛋白

A. G 蛋白的亚基　　　B. Grb2 结合蛋白

C. 蛋白激酶 G　　　　D. Ras 蛋白

E. Raf 蛋白

9. 胞内受体的化学性质为

A. DNA 结合蛋白　　　B. G 蛋白

C. 糖蛋白　　　　　　D. 脂蛋白　　　E. 糖脂

10. 不能作为细胞内信号转导第二信使的物质是

A. cAMP　　　　　　B. cGMP　　　　　C. Ca^{2+}

D. IP_3　　　　　　E. UMP

11. 细胞内传递信息的第二信使是

A. 受体　　　　　　B. 载体　　　　　C. 配体

D. 跨膜蛋白　　　　E. 小分子物质

12. 能反映信号途径多样性特点的是

A. 受体与配体结合的可饱和性

B. 受体与配体结合的高度专一性

C. 受体与配体结合的高度亲和性

D. 受体与配体结合的可逆性

E. 受体与配体的不同作用模式

13. 下列有关 GTP 结合蛋白（G 蛋白）的叙述错误的是

A. 与 GTP 结合后可被激活

B. 有三种亚基，即 α、β、γ

C. 可催化 GTP 水解为 GDP

D. 膜受体通过 G 蛋白与腺苷酸环化酶偶联

E. 霍乱毒素可使其持续失活

14. 霍乱毒素的作用机制是

A. Gsα 亚基发生 ADP 核糖化修饰

B. Giα 亚基发生 ADP 核糖化修饰

C. Gβγ 亚基发生 ADP 核糖化修饰

D. Gq 亚基发生 ADP 核糖化修饰

E. G12/13 亚基发生 ADP 核糖化修饰

15. 矩形双曲线反映了受体-配体结合的哪一种特性

A. 高度专一性　　　　　B. 高度亲和力

C. 可饱和性　　　　　　D. 可逆性

E. 特定的作用模式

16. 下列哪种受体可与 G 蛋白相偶联

A. 环状受体　　　　　　B. 蛇形受体

C. 催化型受体　　　　　D. 细胞核内受体

E. 细胞质内受体

17. 下列有关细胞信号转导分子的叙述错误的是

A. 细胞内信号转导分子的组成多样化

B. 无机离子也是一种细胞内信号转导分子

C. 细胞内信号转导分子绝大部分通过酶促级联反应传递信号

D. 细胞内信号转导分子包含第二信使

E. 细胞内受体是激素作用的第二信使

18. 以 IP_3 和 DAG 为第二信使的信号途径是

A. cAMP-蛋白激酶途径

B. Ca^{2+}/钙调蛋白依赖的蛋白激酶途径

C. cGMP-蛋白激酶途径

D. 酪氨酸蛋白激酶途径

E. 甲状腺素介导的胞内信号途径

19. IP_3 与相应受体结合后，可使胞质内哪种离子浓度升高

A. K^+　　　　　　B. Na^+　　　　　C. HCO_3^-

D. Ca^{2+}　　　　　　E. Mg^{2+}

20. 将下述分子按信号传递途径中的先后顺序进行排列，位于第四位的是（不包括配体）

A. 蛋白激酶 C　　　　　B. 磷脂酶 C

C. 受体　　　　　　　　D. G 蛋白　　　E. IP_3

21. 影响离子通道开关的配体主要是

A. 神经递质　　　　　　B. 类固醇激素

C. 生长因子　　　　　　D. 无机离子

E. 甲状腺素

22. 下列哪项与受体的性质不符

A. 各类激素有其特异性的受体

B. 各类生长因子有其特异性的受体

C. 神经递质有其特异性的受体

D. 受体的本质多为蛋白质

E. 受体只存在于细胞膜上

23. 下列哪项不符合 G 蛋白的特点

A. β 和 γ 亚基结合松弛

B. 又称鸟苷酸结合蛋白

C. 由 α、β、γ 三种亚基组成

D. 能与 GTP 或 GDP 结合

E. α 亚基具有 GTP 酶活性

24. 通常 G 蛋白偶联受体存在于

A. 线粒体　　　B. 微粒体　　　C. 细胞核

D. 细胞膜　　　E. 细胞质

25. 下列哪个是 G 蛋白偶联受体的结构

A. 蛇形结构　　　B. 单次跨膜 α 螺旋

C. 双次跨膜 α 螺旋　　　D. 含有 4 个内环

E. 含有 4 个外环

26. 与配体结合后，自身**不具有**酪氨酸蛋白激酶活性的受体是

A. 胰岛素受体

B. 表皮生长因子受体

C. 血小板衍生生长因子受体

D. 成纤维细胞生长因子

E. 干扰素受体

27. 下述哪个是受体作用的特点

A. 高度专一性　　　B. 低亲和力

C. 不饱和性　　　D. 不可逆性

E. 不连续性

28. 蛋白激酶的作用是使靶蛋白质或酶

A. 激活　　　B. 脱磷酸　　　C. 水解

D. 磷酸化　　　E. 氧化

29. 能与 GDP/GTP 结合的蛋白质是

A. STAT 蛋白　　　B. Raf 蛋白

C. MAPK 蛋白　　　D. Grb2 蛋白

E. Ras 蛋白

30. 与 G 蛋白活化密切相关的核苷酸是

A. ATP　　　B. GTP　　　C. CTP

D. UTP　　　E. dTTP

31. 胰高血糖素在介导 cAMP 生成的过程中

A. 可经 G 蛋白直接激活鸟苷酸环化酶

B. 可经 G 蛋白直接激活腺苷酸环化酶

C. 可经 G 蛋白直接激活磷脂酶

D. 可经 G 蛋白直接激活蛋白激酶

E. 可经 G 蛋白直接激活磷酸酶

32. 下面经 cAMP 发挥作用的是

A. 生长因子　　　B. 心钠素　　　C. 胰岛素

D. 肾上腺素　　　E. 甲状腺素

33. 类固醇激素与受体结合后可进入

A. 核糖体　　　B. 线粒体

C. 高尔基体　　　D. 细胞核　　　E. 内质网

34. 能产生第二信使的激素是

A. 雄激素　　　B. 雌激素

C. 盐皮质激素　　　D. 促肾上腺皮质激素

E. 甲状腺素受体

35. 具有酪氨酸蛋白激酶活性的受体是

A. 甲状腺激素受体　　　B. 雌激素受体

C. 乙酰胆碱受体　　　D. 生长因子受体

E. 干扰素受体

36. 类固醇激素受体复合物发挥作用需要与下列哪一项结合

A. HSP　　　B. HRE　　　C. G 蛋白

D. CaM　　　E. Ca^{2+}

37. 激活的 PKC 能使底物蛋白质氨基酸残基磷酸化，这类氨基酸残基是

A. 酪氨酸和丝氨酸　　　B. 丝氨酸和苏氨酸

C. 苏氨酸和胱氨酸　　　D. 胱氨酸和酪氨酸

E. 酪氨酸和苏氨酸

38. 临床上用硝酸甘油作为血管扩张剂，是因为其在体内可产生

A. NO_2　　　B. CO_2　　　C. CO

D. NO　　　E. H_2CO_3

39. 关于信号途径相互关系的叙述正确的是

A. 一条信号途径的成员，只能参与激活或抑制本条信号途径

B. 两种不同的信号途径可共同作用于同一种效应蛋白

C. 一种信号分子只能作用于一条信号途径

D. 信号分子具有高度的特异性和专一性，故只能在同一条信号途径中发挥作用

E. 一种蛋白只有一种上游效应分子

40. 下列不能作为第二信使的分子是

A. cAMP　　　B. DAG　　　C. IP_3

D. Mg^{2+}　　　E. Ca^{2+}

（二）A_2 型选择题

1. 一名患者入院时出现上吐下泻的症状，粪便呈米泔水样，次数较多。据家人叙述，他刚吃完海鲜。实验室检查发现白细胞增多，中性粒细胞增多，淋巴细胞减少，Na^+、K^+、Cl^- 偏低。取粪便图片染色发现有革兰氏阴性稍弯曲的弧菌。患者最可能患有

A. 细菌性痢疾　　　B. 细菌性肠炎

C. 霍乱　　　D. 食物过敏

E. 急性胃炎

2. 一名患者来医院就诊，体征为面容丑陋、鼻大唇厚、手足增大、皮肤增厚、多汗和皮脂腺分泌过多。检测其血清胰岛素样生长因子-1、血清生长激素增高，患者可能患有

A. 侏儒症　　　　　B. 巨人症
C. 肢端肥大症　　　D. 生长激素分泌过少
E. 皮脂腺囊肿

3. 信号途径异常与多种肿瘤的发生发展相关。在食管癌发病机制研究过程中，部分增殖信号途径异常，下列途径中哪一项异常激活可能参与了食管癌的发病
A. cAMP-PKA 信号转导途径
B. cGMP-PKG 信号转导途径
C. Ca^{2+} 依赖的 PKC 信号转导途径
D. Ras-MAPK 信号转导途径
E. DAG-PKC 信号转导途径

4. 张某由于心绞痛入院，出院时医生医嘱中建议当心脏不舒服时可服用硝酸甘油。硝酸甘油被用于冠心病心绞痛的治疗及预防，其原理主要和体内哪条信号途径相关
A. cAMP-PKA 信号转导途径
B. cGMP-PKG 信号转导途径
C. Ca^{2+} 依赖的 PKC 信号转导途径
D. Ras-MAPK 信号转导途径
E. DAG-PKC 信号转导途径

（三）B_1 型选择题

A. cAMP　　　　　B. cUMP
C. cTMP　　　　　D. cGMP　　E. cCMP
1. 腺苷酸环化酶作用后的产物是
2. 鸟苷酸环化酶作用后的产物是

A. PKA　　　　　B. PKB　　C. PKC
D. PKD　　　　　E. PKG
3. 依赖 cAMP 的蛋白激酶是
4. 依赖 cGMP 的蛋白激酶是

A. PKA　　　　　B. PKB
C. PKC　　　　　D. PKD　　E. PKG
5. 与腺苷酸环化酶相关的蛋白激酶是
6. 与磷脂酶 C 相关的蛋白激酶是

A. 甘油　　　　　B. 甘油一酯
C. 甘油二酯　　　D. 甘油三酯
E. 胰岛素
7. 以上属于第二信使的是
8. 以上属于第一信使的是

A. 胰岛素　　　　B. 促肾上腺皮质激素
C. 干扰素　　　　D. 维生素 D
E. 白细胞介素

9. 作用于 G 蛋白偶联受体的是
10. 作用于胞内受体的是

二、填空题

1. 胰高血糖素与 G 蛋白偶联受体结合，而不与环状受体结合，体现出配体与受体结合的_____。

2. 在 Ca^{2+}-磷脂依赖性蛋白激酶途径中，膜上的磷脂酰肌醇-4,5-二磷酸可被水解产生_____和 DAG 两种第二信使。

3. 常见的单次跨膜 α 螺旋受体 RTK 受体具有_____的活性。

4. 根据靶细胞中受体存在的部位不同，可把受体分为_____和细胞内受体两大类。

5. 细胞内受体可分为细胞质受体和_____两大类。

6. 蛋白质的磷酸化多发生于丝氨酸、苏氨酸和_____三种氨基酸残基的羟基侧链上。

7. 能够升高细胞内 cAMP 含量的酶是_____。

8. 能够降低细胞内 cAMP 含量的酶是_____。

9. 细胞液内 Ca^{2+} 浓度升高可由于_____Ca^{2+} 通道开启引起 Ca^{2+} 内流，以及细胞内 Ca^{2+} 通道开启引起细胞内钙库的钙释放。

10. 非胰岛素依赖型糖尿病的发病原因主要是由于_____数量的减少或功能障碍而引起的代谢疾病。

11. 霍乱和百日咳的发病机制与_____活性的异常有关。

12. PKC 可使效应蛋白中的丝氨酸残基和_____磷酸化。

13. 核受体的化学本质是_____。

14. 很低浓度的肾上腺素即可产生明显的升高血糖效应，体现了受体和配体结合的_____特点。

15. 膜受体酪氨酸激酶的信号转导途径中涉及的小 G 蛋白是_____蛋白。

16. 配体与受体结合的键为_____。

三、名词解释

1. 细胞通信
2. 信号转导
3. 受体
4. 配体

5. 信号分子
6. 细胞外信号分子
7. 细胞内信号分子
8. 第二信使
9. G 蛋白
10. G 蛋白偶联受体

四、简答题

1. 简述受体与配体结合的特点。

2. 简述细胞内受体介导的信号转导过程。

五、论述题

1. 在家兔血糖调节的实验中，给空腹家兔注射胰高血糖素后，家兔的血糖有所升高。请阐述家兔血糖升高的具体过程及机制。
2. 请详细列出 Ca^{2+}/钙调蛋白依赖性蛋白激酶途径中的第一信使，第二信使及激活的蛋白激酶的种类，并写出该途径的作用。

<h1 style="text-align:center">参 考 答 案</h1>

一、选择题

（一）A₁ 型选择题

1.C 2.E 3.D 4.C 5.A 6.D 7.B
8.D 9.A 10.E 11.E 12.E 13.E 14.A
15.C 16.B 17.E 18.B 19.D 20.E 21.A
22.E 23.A 24.D 25.A 26.E 27.A 28.D
29.E 30.B 31.B 32.D 33.D 34.D 35.D
36.B 37.D 38.D 39.B 40.D

（二）A₂ 型选择题

1.C 2.C 3.D 4.B

（三）B₁ 型选择题

1.A 2.D 3.A 4.E 5.A 6.C 7.C 8.E
9.B 10.D

二、填空题

1. 高度专一性/高度特异性
2. 三磷酸肌醇（IP₃）
3. 酪氨酸蛋白激酶/蛋白质酪氨酸激酶
4. 细胞膜受体
5. 核内受体
6. 酪氨酸
7. 腺苷酸环化酶（AC）
8. 磷酸二酯酶（PDE）
9. 细胞膜
10. 胰岛素受体
11. G 蛋白
12. 苏氨酸残基
13. DNA 结合蛋白
14. 高度亲和力
15. Ras

16. 非共价键

三、名词解释

1. 细胞通信：在多细胞生物中，细胞间或细胞内高度精确和高效地发送与接收信息的通信机制，并通过放大机制引起快速的细胞生理反应。
2. 信号转导：细胞对来自外界的刺激或信号发生反应，通过细胞内多种分子相互作用引发一系列有序反应，将细胞外信息传递到细胞内，并据以调节细胞代谢、增殖、分化、功能活动和凋亡的过程。
3. 受体：细胞膜上或细胞内能特异识别生物活性分子并与之结合，进而引起生物学效应的特殊蛋白质（少数为糖脂）。
4. 配体：能够与受体特异性结合，并调节靶细胞生命活动的化学物质，如信号分子（可溶性和膜结合性信号分子都是常见的配体）、药物。
5. 信号分子：生物体内具有调节细胞生命活动功能的化学物质被称为信号分子。包括细胞外信号分子和细胞内信号分子。
6. 细胞外信号分子：是由细胞分泌的调节靶细胞生命活动的化学物质的统称，又称第一信使。
7. 细胞内信号分子：细胞外的信号经过受体转换进入细胞内，在细胞内产生的传递细胞调控信号的化学物质。
8. 第二信使：配体与受体结合后激活的细胞内调节信号转导蛋白质活性的小分子或离子，又称细胞内小分子信使，如钙离子、环腺苷酸（cAMP）、环鸟苷酸（cGMP）、环腺苷二磷酸核糖、甘油二酯（DAG）、三磷酸肌醇（IP₃）、花生四烯酸、磷脂酰神经酰胺、一氧化氮和一氧化碳等。
9. G 蛋白：即鸟苷酸结合蛋白，亦称 GTP 结合蛋白。其结构主要有两类，α 亚基与 GTP 结合时为活化形式，αβγ 亚基与 GDP 结合时为非活化形式。

10. G 蛋白偶联受体：具有七个跨膜 α 螺旋，直接与异源三聚体 G 蛋白偶联结合的一类重要的细胞表面受体，依靠活化 G 蛋白转导细胞外信号，亦称七次跨膜受体。

四、简答题

1. 简述受体与配体结合的特点。

①高度专一性：受体选择性地与特定配体结合。②高度亲和力：非常低的化学信号浓度就可保持与受体的结合并发挥调控作用。③可饱和性：配体数量达到某一浓度，可使受体饱和。④可逆性：受体与配体非共价键结合，生物效应完成后两者解离。⑤特定的作用模式：受体的分布有组织特异性，有特定的作用模式，显示特定的生理效应。

2. 简述细胞内受体介导的信号转导过程。

细胞内受体位于细胞质或细胞核中，配体为脂溶性激素，与受体结合后导致受体别构，暴露出受体的核内转移部位及 DNA 结合部位，有助于激素-受体复合物的核内定位，并结合于特异基因的激素反应元件（HRE）上，使 HRE 激活诱导相应的基因表达，引起细胞功能改变。

五、论述题

1. 在家兔血糖调节的实验中，给空腹家兔注射胰高血糖素后，家兔的血糖有所升高。请阐述家兔血糖升高的具体过程及机制。

①胰高血糖素与 G 蛋白偶联受体结合；②受体别构激活 G 蛋白；③活化的 G 蛋白激活 AC；④ AC 激活 PKA；⑤ PKA 可使有活性的糖原合酶转变为无活性的糖原合酶，抑制糖原的合成；⑥ PKA 可使无活性的糖原磷酸化酶转变为有活性的糖原磷酸化酶，从而加速糖原的分解。综合作用，糖原合成减少，糖原分解加速，从而使血糖升高。

2. 请详细列出 Ca^{2+}/钙调蛋白依赖性蛋白激酶途径中的第一信使、第二信使及激活的蛋白激酶的种类，并写出该途径的作用。

第一信使：促甲状腺素释放激素、去甲肾上腺素、儿茶酚胺、抗利尿激素（ADH）、神经递质（乙酰胆碱、5-羟色胺）等。

第二信使：Ca^{2+}、DAG、IP_3。

蛋白激酶：PKC、Ca^{2+}-CaM 依赖性蛋白激酶。

作用：①使膜受体磷酸化，使膜蛋白、核蛋白、细胞收缩或骨架蛋白和多种酶磷酸化，引起多种生理效应。②能磷酸化反式作用因子，促进基因表达。

（刘　玲　张晓峥　张亚成）

第十六章　血液的生物化学

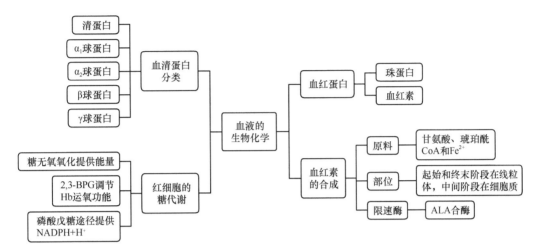

知识点导读

血液由红细胞、白细胞和血小板及血浆组成。血液凝固后析出淡黄色透明液体，称为血清（serum）。血清与血浆的区别在于血清中没有纤维蛋白原和凝血因子，但含有一些在凝血过程中生成的分解产物。血浆（plasma）的主要成分是水、无机盐、有机小分子和蛋白质。血液中除蛋白质以外的含氮物质称为非蛋白含氮化合物，主要是尿素、尿酸、肌酸、肌酐、氨、胆红素等，这些化合物中所含的氮量则称为非蛋白氮（non-protein nitrogen，NPN）。临床上将血中 NPN 升高称为氮质血症。尿素是非蛋白含氮化合物中含量最多的一种物质，正常人尿素氮（blood urea nitrogen，BUN）约占血中 NPN 总量的 1/2，故临床上测定血中 BUN 与测定 NPN 的意义基本相同。

血浆蛋白是血浆中最主要的固体成分，其种类繁多，功能各异。盐析法可将血浆蛋白分为清蛋白（albumin）和球蛋白（globulin），用醋酸纤维素薄膜电泳法可分为清蛋白、α_1 球蛋白、α_2 球蛋白、β 球蛋白和 γ 球蛋白 5 条区带。血浆中的蛋白质浓度为 70～75g/L，多在肝内合成。其中含量最多的是清蛋白，其浓度为 38～48g/L，能结合并转运许多物质，在维持血浆胶体渗透压中起重要作用。血浆中的蛋白质具有维持血浆正常 pH、运输、营养、免疫功能、凝血和抗凝血作用等多种重要的生理功能。

成熟红细胞代谢的特点是无合成核酸和蛋白质的能力，不能进行有氧氧化，糖代谢主要是糖酵解途径和磷酸戊糖途径及 2,3-二磷酸甘油酸（2,3-BPG）支路，其中糖酵解是红细胞获得能量的唯一途径。红细胞中 5%～10% 的葡萄糖沿磷酸戊糖途径分解，其生理意义是为红细胞提供 $NADPH+H^+$，用于维持谷胱甘肽还原状态和高铁血红蛋白的还原。成熟红细胞糖酵解过程中二磷酸甘油酸变位酶催化 1,3-BPG 产生 2,3-BPG，2,3-BPG 可被 2,3-BPG 磷酸酶分解成 3-磷酸甘油酸再汇入糖酵解途径。2,3-BPG 的负电基团与 β 亚基的正电基团形成盐键从而使血红蛋白分子的 T 构象更趋稳定，降低血红蛋白与 O_2 的亲和力，当血流经过 PO_2 较高的肺部时，对 2,3-BPG 的影响不大，而当血流经过 PO_2 较低的组织时，红细胞中 2,3-BPG 则显著增加 O_2 的释放，以供组织需要。在 PO_2 相同条件下，随 2,3-BPG 浓度增大，HbO_2 释放的 O_2 增多，体现了 2,3-BPG 在调节血红蛋白运氧功能方面的重要性。在高山缺氧地区，人体能通过改变红细胞内 2,3-BPG 的浓度来调节对组织的供氧。

血红素（heme）是血红蛋白（hemoglobin，Hb）的辅基，未成熟红细胞能利用琥珀酰 CoA、甘氨酸和 Fe^{2+} 合成血红素。血红素生物合成的关键酶是 ALA 合酶（ALA synthetase），其辅酶是磷酸吡哆醛。合成的起始和终止过程均在线粒体中进行，而中间步骤则在胞质进行。血红素的合成受多种因素的调节。ALA 合酶的活性可被血红素及高铁血红素反馈抑制，肾脏产生的促红细胞生成素（erythropoietin，EPO）加速血红素的合成。另外，铅等重金属可抑制 ALA 脱水酶、尿卟啉原Ⅲ同合酶、亚铁螯合酶的活性。它们虽不是血红素合成的限速酶，但重金属中毒时，这些酶的活性明显降低，血红素合成减少。

　　白细胞的磷酸戊糖途径和葡萄糖无氧氧化代谢很活跃。$NADPH+H^+$ 氧化酶递电子体系在白细胞的吞噬功能中起重要作用。

本 章 习 题

一、选择题

（一）A_1 型选择题

1. 正常人全血总量约占体重的
A. 10%　　　　　　B. 8%　　　　　C. 6%
D. 15%　　　　　　E. 20%

2. 血清与血浆的区别在于血清内无
A. 糖类　　　　　　B. 维生素
C. 代谢产物　　　　D. 纤维蛋白原
E. 无机盐

3. 血浆中固体成分最多的是
A. 蛋白质　　　　　B. 无机盐
C. 葡萄糖　　　　　D. 脂类　　　E. 非蛋白氮

4. 正常血液 pH 维持在
A. 7.15～7.25　　　B. 7.25～7.35
C. 7.35～7.45　　　D. 7.45～7.55
E. 7.55～7.65

5. 非蛋白氮中质的主要来源为
A. 尿酸氮　　　　　B. 肌酸氮
C. 尿素氮　　　　　D. 氨基酸氮
E. 多肽氮

6. 下列化合物均是 NPN，例外的是
A. 尿素　　　　　　B. 丙酮酸　　　C. 肌酐
D. 尿酸　　　　　　E. 胆红素

7. 正常人血清白蛋白/球蛋白（A/G）值为
A. 0.5～1.5　　　　B. 1.0～1.5
C. 1.5～2.5　　　　D. 3.0～3.5
E. 2.5～3.5

8. 在肝脏中合成最多的血浆蛋白是
A. α 球蛋白　　　　B. β 球蛋白
C. 纤维蛋白原　　　D. 清蛋白
E. 凝血酶原

9. 血浆胶体渗透压的大小取决于
A. 血浆清蛋白的浓度
B. 血浆球蛋白的浓度
C. 血浆葡萄糖的浓度
D. 血浆脂质的含量
E. 血浆无机离子的含量

10. 将血清蛋白置于 pH 8.6 缓冲液中进行醋酸纤维薄膜电泳时，从正极到负极出现下列五条区带，其中排列顺序正确的是
A. 清蛋白、α_1 球蛋白、α_2 球蛋白、β 球蛋白和 γ 球蛋白
B. α_1 球蛋白、α_2 球蛋白、β 球蛋白、γ 球蛋白和清蛋白
C. β 球蛋白、α_1 球蛋白、α_2 球蛋白、γ 球蛋白和清蛋白
D. 清蛋白、β 球蛋白、α_2 球蛋白、α_1 球蛋白和 γ 球蛋白
E. 清蛋白、γ 球蛋白、α_1 球蛋白、α_2 球蛋白和 β 球蛋白

11. 免疫球蛋白大多数是
A. α 球蛋白　　　　B. 纤维蛋白原
C. 清蛋白　　　　　D. β 球蛋白
E. γ 球蛋白

12. 浆细胞合成的蛋白质是
A. 清蛋白　　　　　B. γ 球蛋白
C. 凝血酶原　　　　D. 纤维粘连蛋白
E. 纤维蛋白原

13. 成熟红细胞的主要能源物质是
A. 脂肪酸　　　　　B. 糖原
C. 葡萄糖　　　　　D. 酮体
E. 氨基酸

14. 红细胞中的 GSH 的主要生理功能是
A. 作为葡萄糖的载体
B. 促进糖的氧化
C. 是 Na^+,K^+-ATP 酶的辅基
D. 氧化供能
E. 抗氧化剂

15. 成熟红细胞主要靠下列哪条途径获取能量
A. 糖的有氧氧化　　B. 糖酵解
C. 磷酸戊糖途径　　D. 脂肪酸 β 氧化

E. 糖异生

16. 可以稳定血红蛋白结构、调节血红蛋白携氧功能的是

A. 1,3-二磷酸甘油酸（1,3-BPG）

B. 2,3-二磷酸甘油酸（2,3-BPG）

C. 3-磷酸甘油酸

D. 磷酸二羟丙酮

E. 3-磷酸甘油醛

17. 成熟红细胞的 $NADPH+H^+$ 主要来源于

A. 糖的有氧氧化　　　B. 糖酵解

C. 2,3-BPG 旁路　　　D. 磷酸戊糖途径

E. 糖醛酸循环

18. 当 2,3-BPG 与 Hb 结合，使 Hb 别构可引起

A. Hb 与 O_2 亲和力增加

B. Hb 结合 O_2 形成氧合血红蛋白（HbO_2）

C. Hb 与 O_2 亲和力降低

D. 氧解离曲线左移

E. 血氧饱和度增高

19. 合成血红素的原料有

A. 苏氨酸、甘氨酸、天冬氨酸

B. 甘氨酸、琥珀酰 CoA、Fe^{2+}

C. 甘氨酸、天冬氨酸、Fe^{2+}

D. 甘氨酸、辅酶 A、Fe^{2+}

E. 丝氨酸、乙酰 CoA、Ca^{2+}

20. ALA 合酶的辅酶是

A. TPP　　　　　B. 硫辛酸

C. 辅酶 A　　　　D. FAD

E. 磷酸吡哆醛

21. 血红素合成需要下列哪种维生素参与

A. 维生素 B_1　　　B. 维生素 B_2

C. 维生素 B_6　　　D. 生物素

E. 维生素 PP

22. 合成血红素的反应在胞质中进行的是

A. ALA 的合成　　　B. 原卟啉原IX的生成

C. 尿卟啉原III的合成　D. 血红素的生成

E. 原卟啉IX的生成

23. 成人血液中的血红蛋白主要是

A. HbA1　　　　　B. HbA2

C. HbF　　　　　D. HbE

E. HbS

24. 血红素合成的限速酶是

A. ALA 合酶

B. 尿卟啉原III同合成酶

C. 尿卟啉原I合成酶

D. 亚铁螯合酶

E. 粪卟啉原氧化酶

25. 对成熟红细胞来说，下列说法正确的是

A. 具有分裂增殖的能力

B. 存在 RNA 和核蛋白

C. 具有催化磷酸戊糖途径的全部酶系

D. DNA 不能复制，但可转录

E. 有线粒体和内质网

26. 下列哪一种物质不是高铁血红蛋白的还原剂

A. $NADPH+H^+$

B. $NADH+H^+$

C. GSH

D. 尿苷二磷酸葡萄糖醛酸（UDPGA）

E. 抗坏血酸

27. 铅中毒可引起

A. ALA 增加　　　　B. 血红素增加

C. 尿卟啉增加　　　D. 胆色素原增加

E. 琥珀酰 CoA 减少

28. 红细胞中 GSSG 转变为 GSH 时，主要的供氢体是

A. $FADH_2$　　　　B. $FMNH_2$

C. $NADH+H^+$　　　D. $NADPH+H^+$

E. H_2O_2

29. 1 分子血红蛋白含血红素的数目是

A. 1　　　　B. 2　　　　C. 4

D. 5　　　　E. 6

30. 合成血红素的部位在

A. 细胞质和微粒体　B. 细胞质和线粒体

C. 细胞质和内质网　D. 线粒体和微粒体

E. 线粒体和内质网

31. 关于血红素合成特点叙述错误的是

A. 合成的主要部位是骨髓幼红和网织红细胞

B. 合成的原料是甘氨酸、Fe^{2+}、琥珀酰 CoA

C. 合成的关键酶是 ALA 合酶

D. 合成的起始和终止过程均在线粒体

E. 合成的全过程均在胞质

32. 不影响血红素生成的是

A. 促红细胞生成素（EPO）　　B. 铅

C. 亚铁离子　　　　　　　　D. 肾素

E. 血红素

（二）A_2 型选择题

1. 取一滴血清，在 pH 8.6 缓冲液中进行醋酸纤维素薄膜电泳，电泳后样品分离出的组分不存在的是

A. 纤维蛋白原　　　B. γ 球蛋白

C. β 球蛋白　　　　D. 清蛋白

E. α_1 球蛋白

2. 在平原生活的人进入高原地区时会有高原反应，但人体可以通过调控来尽可能提供更多的氧来维持细胞正常的代谢，下列调控中**不包括**

A. 红细胞中 2,3-BPG 生成增多

B. 红细胞减少 2,3-BPG 的生成

C. 红细胞数量增加

D. 血红蛋白浓度增加

E. 加速血液循环

（三）B_1 型选择题

A. 清蛋白

B. 促红细胞生成素（EPO）

C. γ 球蛋白

D. 葡萄糖

E. 2,3-二磷酸甘油酸（2,3-BPG）

1. 主要在肝合成的是

2. 主要在肾合成的是

A. 糖酵解　　　　　　　　B. 糖的有氧氧化

C. 磷酸戊糖途径　　　　　D. 糖醛酸循环

E. 2,3-二磷酸甘油酸支路

3. 成熟红细胞所需能量来自

4. 红细胞中 $NADPH+H^+$ 主要生成途径是

A. 维生素 C　　　　　　　B. 磷酸吡哆醛

C. 维生素 D　　　　　　　D. 维生素 E

E. 维生素 A

5. 高铁血红蛋白还原需要

6. 血红素合成需要

A. ALA 合酶　　　　　　　B. 磷酸吡哆醛

C. ALA 脱水酶　　　　　　D. 柠檬酸合酶

E. 四氢叶酸

7. 血红蛋白合成过程中对重金属敏感的酶是

8. ALA 合酶的辅酶是

二、填空题

1. 血红素合成的原料是 ＿＿＿＿＿＿＿、甘氨酸和 Fe^{2+}。

2. 血红素合成的关键酶是 ＿＿＿＿＿＿＿。

3. 血浆清蛋白的主要功能是维持血浆胶体渗透压和 ＿＿＿＿＿＿＿。

4. 成熟红细胞中能进行的代谢途径是糖无氧氧化和 ＿＿＿＿＿＿＿。

5. 成熟红细胞获得能量的途径是 ＿＿＿＿＿＿。

6. 2,3-BPG 的作用是调节 Hb 的携氧功能，当 PO_2 相同条件下，2,3-BPG 浓度越大，HbO_2 释放的 O_2＿＿＿＿＿＿。

7. 红细胞磷酸戊糖途径的主要功能是产生 ＿＿＿＿＿＿＿ 和 5-磷酸核糖。

8. 血红蛋白是红细胞中的主要成分，由珠蛋白和 ＿＿＿＿＿＿＿ 组成。

三、名词解释

1. 非蛋白氮

2. 2,3-二磷酸甘油酸支路

3. 卟啉病

4. 清/球比值

四、简答题

1. 简述成熟红细胞的代谢特点。

2. 血红素的合成有何特点？

五、论述题

试述人体对血红素合成的调节机制。

参 考 答 案

一、选择题

（一）A_1 型选择题

1. B	2. D	3. A	4. C	5. C	6. B	7. C
8. D	9. A	10. A	11. E	12. B	13. C	14. E
15. B	16. B	17. D	18. C	19. B	20. E	21. C
22. C	23. E	24. A	25. C	26. B	27. A	28. D
29. C	30. B	31. E	32. D			

（二）A_2 型选择题

1. A　　2. B

（三）B_1 型选择题

1. A　2. B　3. A　4. C　5. A　6. B　7. C　8. B

二、填空题

1. 琥珀酰 CoA

2. ALA 合酶
3. 运输载体
4. 磷酸戊糖途径
5. 糖无氧氧化
6. 越多
7. NADPH+H⁺
8. 血红素

三、名词解释

1. 非蛋白氮：指血液中除蛋白质以外的含氮物质（如尿素、尿酸、肌酸、肌酐、氨基酸、多肽等）所含的氮称非蛋白氮。

2. 2,3-二磷酸甘油酸支路：红细胞中糖酵解的中间产物，1,3-二磷酸甘油酸有 15%～50% 可在 2,3-二磷酸甘油酸变位酶催化下转变为 2,3-二磷酸甘油酸，2,3-二磷酸甘油酸在 2,3-二磷酸甘油酸磷酸酶催化下生成 3-磷酸甘油酸，进而回到糖酵解途径构成 2,3-二磷酸甘油酸支路。

3. 卟啉病：又称血紫质病，是血红素合成中由于缺乏某种酶或酶活性降低，而引起的一组卟啉代谢障碍性疾病。可为先天性疾病，也可后天出现，主要临床症状包括光敏感、消化系统症状和精神神经症状。

4. 清/球比值：参考范围为 1.5～2.5，主要用来分析总蛋白、清蛋白和球蛋白之间的相对关系。当检验值低于此范围时即称作清球比倒置，见于慢性中度以上持续性肝炎、肝硬化、原发性肝癌及多发性骨髓瘤等。

四、简答题

1. 简述成熟红细胞的代谢特点。

成熟红细胞的代谢特点有：①糖无氧氧化是成熟红细胞的基本能量来源。②通过 2,3-二磷酸甘油酸支路生成 2,3-二磷酸甘油酸，后者调节血红蛋白的携氧功能。③经磷酸戊糖途径生成 NADPH+H⁺ 和磷酸戊糖。

NADPH+H⁺ 可还原 GSSG 和 MHb。磷酸戊糖用于 ATP 等物质的生成。GSH 可消除 H_2O_2 对血红蛋白、酶和膜蛋白上巯基的氧化作用，从而保持红细胞的正常功能和寿命。

2. 血红素的合成有何特点？

（1）体内大多数组织均具有合成血红素的能力，但合成的主要部位是骨髓，成熟红细胞不含线粒体，不能合成血红素。

（2）血红素合成的原料是琥珀酰 CoA、甘氨酸和 Fe^{2+} 等简单小分子物质，其中间产物的转变主要是吡咯环侧链的脱羧和脱氢反应。

（3）血红素合成的起始和终止阶段均在线粒体中进行，其中间步骤在胞质进行，这种定位使终产物对血红素的反馈调节作用具有重要意义。

五、论述题

试述人体对血红素合成的调节机制。

ALA 合酶是血红素合成过程中的限速酶。血红素对 ALA 合酶有反馈抑制作用，血红素生成过多时，可自发地氧化成高铁血红素，高铁血红素一方面阻碍 ALA 合酶的合成，另方面直接抑制此酶活性，减少血红素生成。促红细胞生成素是 ALA 合酶的诱导剂，促进血红素合成。睾酮在肝内还原生成 5β-氢睾酮，后者是 ALA 合酶的诱导剂，促进血红素合成，铁对血红素合成有促进作用。

（陈 艳 郝文汇）

第十七章　肝的生物化学

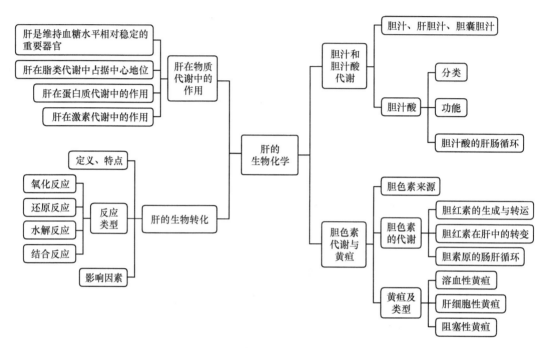

知识点导读

肝脏在机体糖、脂质、蛋白质、维生素、激素等物质代谢中处于中心地位，同时还具有生物转化、分泌和排泄等多方面的生理功能。

机体对非营养物质进行代谢转变，增加其水溶性和极性，易于从胆汁或尿液排出体外的过程称为生物转化（biotransformation）。肝脏是生物转化的主要器官。生物转化反应具有连续性、多样性和解毒与致毒的双重性特点。生物转化分为两相反应，第一相反应包括氧化、还原和水解，第二相反应为结合反应，主要与葡糖醛酸、硫酸和乙酰基等结合。生物转化受年龄、性别、营养、疾病、遗传及异源物诱导等因素的影响。

胆汁是肝细胞分泌的兼具消化液和排泄液的液体。胆汁的主要成分是胆汁酸，在肝脏由胆固醇转化生成，7α-羟化酶是胆汁酸合成的关键酶。胆汁酸按其结构可分为游离胆汁酸和结合胆汁酸，游离胆汁酸包括胆酸、脱氧胆酸、鹅脱氧胆酸和石胆酸，结合胆汁酸是游离胆汁酸分别与甘氨酸或牛磺酸相结合的产物，包括甘氨胆酸、牛磺胆酸、甘氨脱氧胆酸、牛磺脱氧胆酸、甘氨鹅脱氧胆酸、牛磺鹅脱氧胆酸、甘氨石胆酸和牛磺石胆酸。胆汁酸按来源可分为初级胆汁酸和次级胆汁酸，由肝细胞合成的胆汁酸称为初级胆汁酸，包括胆酸、鹅脱氧胆酸及其与甘氨酸或牛磺酸的结合产物，初级胆汁酸在肠道中受细菌作用生成的胆汁酸称为次级胆汁酸，包括脱氧胆酸和石胆酸及其与甘氨酸或牛磺酸相结合的产物。胆汁酸肠肝循环（enterohepatic circulation of bile acid）使有限的胆汁酸库存反复利用以满足脂质消化吸收所需。

胆色素是铁卟啉类化合物的分解代谢产物，包括胆绿素（biliverdin）、胆红素（bilirubin）、胆素原（bilinogen）和胆素（bilin）。胆红素主要源于衰老红细胞中血红素的降解。血红素加氧酶和胆绿素还原酶催化血红素经胆绿素生成胆红素。胆红素为亲脂疏水性，在血浆中与清蛋白结合称为未结合胆红素（unconjugated bilirubin）。胆红素被肝摄取后在肝内与葡糖醛酸结合生成水溶性的结合胆红素（conjugated bilirubin），由肝细胞分泌随胆汁排入肠道。这两种胆红素的反应性不同，未结合胆红素不能直接与重氮试剂反应，称为间接胆红素，而结合胆红素可直接与重氮试剂反应，称为直接胆红素。与未结合胆红素相比，结合胆红素水溶性增大，不易透过细胞膜，毒性降低。

肠道中胆红素经肠菌作用产生胆素原，大部分胆素原在肠道下段接触空气后氧化为黄褐色的胆素，成为粪便的主要颜色。10%～20% 胆素原也可被肠黏膜细胞重吸收，经门静脉入肝，再随胆汁排入肠道，形成胆素原的肠肝循环。少量胆素原进入体循环，经肾小球滤过后接触空气被氧化成尿胆素随尿排出。

体内胆红素生成过多，或肝摄取、转化、排泄过程发生障碍等因素均可引起血浆胆红素浓度升高，造成高胆红素血症。胆红素为金黄色物质，过量的未结合胆红素扩散进入组织，可造成组织黄染称为黄疸（jaundice）。根据发病原因，可将黄疸分为三类：溶血性黄疸、肝细胞性黄疸、阻塞性黄疸。各种黄疸均有其独特的血、尿、粪胆色素实验室检查改变。尿胆红素、尿胆素原和尿胆素在临床上合称为尿三胆，是黄疸类型鉴别的常用指标。

本 章 习 题

一、选择题

（一）A₁ 型选择题

1. 被誉为"物质代谢中枢"的器官是
A. 骨 　　　B. 小肠 　　　C. 肝
D. 肾 　　　E. 肺
2. 下列哪一种物质的合成过程仅在肝中进行
A. 尿素 　　　B. 糖原 　　　C. 血浆蛋白
D. 脂肪酸 　　　E. 胆固醇
3. 下列哪一种物质不是在肝合成的
A. 尿素 　　　B. 脂肪酸
C. 糖原 　　　D. 血浆清蛋白
E. 免疫球蛋白
4. 肝合成最多的血浆蛋白是
A. α球蛋白 　　　B. β球蛋白
C. 清蛋白 　　　D. 纤维蛋白原
E. 凝血酶原
5. 生物转化过程最重要的目的是
A. 使毒物毒性降低
B. 使药物失效
C. 使生物活性物质失活
D. 使非营养物质极性增强，有利排泄
E. 使某些药物药效增强
6. 在生物转化中最常见的结合剂是
A. 乙酰基 　　　B. 甲基 　　　C. 谷胱甘肽
D. 硫酸 　　　E. 葡糖醛酸
7. 肝脏进行生物转化时活性硫酸的供体是
A. H_2SO_4 　　　B. PAPS
C. 半胱氨酸 　　　D. 牛磺酸
E. S-腺苷甲硫氨酸
8. 下列物质中哪一个不含血红素
A. 肌红蛋白 　　　B. 铜蓝蛋白

C. 血红蛋白 　　　D. 过氧化氢酶
E. 过氧化物酶
9. 下列哪种情况胆素原排泄量减少
A. 肝功能轻度损伤 　　　B. 肠道阻塞
C. 溶血 　　　D. 碱中毒
E. 胆道阻塞
10. 溶血性黄疸时下列哪一项不存在
A. 血中未结合胆红素增加
B. 粪胆素原增加
C. 尿胆素原增加
D. 尿中出现胆红素
E. 粪便颜色加深
11. 急性肝炎时血清中哪种酶的活性改变最显著
A. CPK 　　　B. LDH 　　　C. GPT
D. GOT 　　　E. AKP
12. 下列有关胆汁酸盐的叙述错误的是
A. 为脂肪消化吸收所必需
B. 胆汁中只有胆酸和鹅脱氧胆酸
C. 是脂类消化吸收的乳化剂
D. 能进行肠肝循环
E. 缺乏可导致机体维生素 A、D、E、K 的缺乏
13. 胆红素主要是体内哪种物质分解代谢的产物
A. 血红素 　　　B. 核苷酸
C. 胆固醇 　　　D. 铜蓝蛋白
E. 脂肪酸
14. 血氨升高的主要原因是
A. 体内合成非必需氨基酸过多
B. 急性、慢性肾衰竭
C. 组织蛋白分解过多
D. 肝功能严重受损
E. 便秘使肠道吸收氨增多

15. 下列哪一项**不是**非营养物质的来源
A. 体内合成的非必需氨基酸
B. 肠道腐败产物被重吸收
C. 外来的药物和毒物
D. 体内代谢产生的 NH_3 和胺
E. 食品添加剂如食用色素

16. 关于单加氧酶的叙述，**错误**的是
A. 此酶存在于微粒体中
B. 通过羟化作用参与生物转化
C. 过氧化氢是其产物之一
D. 细胞色素 P_{450} 是此酶系的成分
E. 与体内许多活性物质的灭活和药物的代谢有关

17. 下列哪种物质是次级胆汁酸
A. 脱氧胆酸　　　　　B. 鹅脱氧胆酸
C. 甘氨胆酸　　　　　D. 牛磺胆酸
E. 甘氨鹅脱氧胆酸

18. 血中哪种胆红素增加会在尿中出现胆红素
A. 结合胆红素　　　　B. 未结合胆红素
C. 血胆红素　　　　　D. 间接胆红素
E. 胆红素-Y 蛋白

19. 参与初级结合胆汁酸生成的氨基酸是
A. 鸟氨酸　　　　　　B. 甘氨酸
C. S-腺苷甲硫氨酸　　D. 丙氨酸
E. 半胱氨酸

20. 苯巴比妥治疗新生儿黄疸的机制是
A. 使肝血流量增加
B. 肝摄取胆红素能力增加
C. 使 Z 蛋白合成增加
D. 使 Y 蛋白合成减少
E. 诱导葡糖醛酸基转移酶的生成

21. 下列哪项会导致尿胆素原排泄减少
A. 胆道阻塞　　　　　B. 溶血
C. 碱中毒　　　　　　D. 酸中毒
E. 血浆清蛋白含量变化

22. **不含**铁卟啉辅基的蛋白质是
A. 过氧化氢酶　　　　B. 细胞色素 c
C. 肌红蛋白　　　　　D. 血红蛋白
E. 珠蛋白

23. 下列哪个是初级游离胆汁酸
A. 脱氧胆酸　　　　　B. 石胆酸
C. 鹅脱氧胆酸　　　　D. 熊脱氧胆酸
E. 牛磺脱氧胆酸

24. 肝受损时，血中蛋白质的主要改变是
A. 清蛋白含量升高
B. 球蛋白含量下降
C. 清蛋白含量升高，球蛋白含量下降

D. 清蛋白含量下降，球蛋白含量相对升高
E. 清、球蛋白含量都正常

25. 肝脏摄取胆红素的主要形式是
A. 胆红素-清蛋白　　　B. 胆红素-Y 蛋白
C. 胆红素-Z 蛋白　　　D. 胆红素-阴离子
E. 游离胆红素

26. 可转化成胆汁酸的物质是
A. 胆红素　　　　　　B. 胆固醇
C. 类固醇激素　　　　D. 维生素 D
E. 磷脂

27. 肝功能不良时对下列哪种蛋白质的合成影响较小
A. 清蛋白　　　　　　B. 免疫球蛋白
C. 纤维蛋白原　　　　D. 凝血酶原
E. α 球蛋白

28. 生物转化中第一相反应最主要的是
A. 水解反应　　　　　B. 还原反应
C. 结合反应　　　　　D. 氧化反应
E. 脱羧反应

29. 生物转化中参与氧化反应最重要的酶是
A. 单加氧酶　　　　　B. 双加氧酶
C. 水解酶　　　　　　D. 胺氧化酶
E. 醇脱氢酶

30. 下列有关生物转化作用的论述正确的是
A. 使物质的水溶性降低
B. 又可称为解毒反应
C. 多数物质先经过结合反应，再进行氧化反应
D. 结合反应最常见的是葡糖醛酸结合
E. 结合反应是第一相反应

31. 肝细胞对胆红素生物转化的实质是
A. 使胆红素与 Z 蛋白结合
B. 使胆红素与 Y 蛋白结合
C. 使胆红素的极性变小
D. 增强毛细胆管膜载体转运，有利于胆红素排泄
E. 主要破坏胆红素分子内的氢键并进行结合反应，使极性增加，利于排泄

32. 下列关于摄取、转化胆红素的机制中**错误**的是
A. 肝细胞膜能结合某些阴离子
B. 肝细胞膜上存在特异载体系统
C. 在肝细胞质中存在特异载体系统
D. 肝细胞能将胆红素转变为尿胆素原
E. 肝细胞能将胆红素转变为葡糖醛酸胆红素

33. 结合胆红素是指
A. 胆红素与血浆中清蛋白结合

B. 胆红素与血浆中球蛋白结合

C. 胆红素与肝细胞内 Y 蛋白结合

D. 胆红素与肝细胞内 Z 蛋白结合

E. 胆红素与葡糖醛酸的结合

34. 下列化合物哪个**不是**胆色素

A. 胆绿素　　　　　　　B. 血红素

C. 胆红素　　　　　　　D. 胆素原

E. 胆素

35. 肝内胆固醇代谢的主要终产物是

A. 7α-胆固醇　　　　　 B. 胆汁酸

C. 胆酰 CoA　　　　　　D. 维生素 D_3

E. 胆色素

36. 肝脏进行生物转化时葡糖醛酸的活性供体是

A. GA　　　B. UDPG　　　C. ADPGA

D. UDPGA　　　E. CDPGA

37. 胆固醇转变为胆汁酸的限速酶是

A. 1α-羟化酶　　　　 B. 25α-羟化酶

C. 7α-羟化酶　　　　　D. 还原酶

E. 异构酶

38. 下列哪一种胆汁酸是初级胆汁酸

A. 甘氨石胆酸　　　　 B. 甘氨胆酸

C. 牛磺脱氧胆酸　　　 D. 牛磺石胆酸

E. 甘氨脱氧胆酸

39. 下列各酶中，催化 UDPGA 生成的酶是

A. 葡糖激酶

B. 葡萄糖磷酸变位酶

C. UDP-葡萄糖脱氢酶

D. UDP-葡萄糖焦磷酸化酶

E. 葡糖醛酸转移酶

40. 胆红素在血液中主要与哪一种血浆蛋白结合而被运输

A. α₁ 球蛋白　　　　　B. α₂ 球蛋白

C. β 球蛋白　　　　　 D. γ 球蛋白

E. 清蛋白

（二）A₂ 型选择题

1. 36 岁的李女士，因皮肤黏膜黄染，伴酱油尿4 天、黑矇反复发作到医院就诊，经化验检查，血清总胆红素 22.5μmol/L（↑），直接胆红素6.4μmol/L，间接胆红素 16.2μmol/L（↑），此例最可能的诊断是

A. 肝细胞性黄疸　　　 B. 溶血性黄疸

C. 阻塞性黄疸　　　　 D. 肝内胆管阻塞

E. 肝外梗阻性黄疸

2. 一成年男性患者，化验检查血清总胆红素26.3μmol/L（↑），直接胆红素 20.2μmol/L

（↑），间接胆红素 6.1μmol/L，B 超显示胆囊肥大，胆囊底部结石，胆囊坚硬而不规则，以上体征支持下列哪种病症

A. 溶血性黄疸　　　　 B. 肝细胞性黄疸

C. 阻塞性黄疸　　　　 D. 新生儿生理性黄疸

E. 壶腹区癌

3. 患者，男性，35 岁。3 天前无明显诱因，出现黄疸、发热、极度无力、精神萎靡，经化验，总胆红素为 156.5μmol/L（↑）、GPT 为 57U/L（↑）、直接胆红素和间接胆红素均超过正常值，阳性体征为皮肤黄染，腹部移动性浊音阳性。该患者最可能的诊断为

A. 溶血性黄疸　　　　 B. 肝细胞性黄疸

C. 胆汁淤积性黄疸　　 D. G-6-PD 缺乏症

E. 肝外梗阻性黄疸

4. 患者，女，42 岁。近日因乏力、反复头晕入院，经诊断为急性肝炎。住院后医生建议服用肝泰乐治疗。肝泰乐又名葡糖醛酯，作为保肝类的特效药物，在治疗急、慢性肝炎中有着良好效果。其作用机制就是能够提供某种化学基团与肝内或肠内的毒物及药物结合，形成无毒或低毒的结合物而由尿排出，故认为有保护肝脏及解毒作用。下列哪种基团是由肝泰乐进入体内后提供的化学基团

A. 硫酸　　　　　B. 硝酸　　　　　C. 甘氨酸

D. 葡糖醛酸　　　E. 磺酸

（三）B₁ 型选择题

A. 胆红素-清蛋白

B. 胆素原

C. 胆红素葡糖醛酸酯

D. 胆红素-Y 蛋白

E. 胆红素-Z 蛋白

1. 正常条件下，能随尿液排出体外的胆色素是

2. 从肝脏排出到肠道的物质是

A. 血红蛋白　　　　　 B. 甘氨酸

C. 胆红素　　　　　　 D. 胆素原

E. UDPGA

3. 在肝中与游离胆汁酸结合的化合物是

4. 葡糖醛酸的供体是

A. 胆素原　　　　　　 B. 胆红素载体蛋白

C. 葡糖醛酸胆红素　　 D. 胆红素-Y 蛋白

E. 胆红素-清蛋白

5. 胆红素在血浆内的运输形式是

6. 胆红素由肝脏排出的主要形式是

A. 还原　　　　　　B. 结合　　　C. 水解
D. 硫解　　　　　　E. 氧化

7. 不属于生物转化反应的是
8. 第一相反应中最主要的反应是

A. 鹅脱氧胆酸　　　　　B. 甘氨胆酸
C. 脱氧胆酸　　　　　　D. 石胆酸
E. 牛磺脱氧胆酸

9. 属于游离型初级胆汁酸的是
10. 属于结合型初级胆汁酸的是

二、填空题

1. 胆色素主要是血红素在体内分解代谢的产物,包括_____、胆绿素、胆素原和胆素。
2. 肝脏生物转化反应的类型包括氧化、还原、水解和_____反应。
3. 初级胆汁酸是在肝内由_____转变而来。
4. 游离型初级胆汁酸包括_____和鹅脱氧胆酸,两者均可与甘氨酸和牛磺酸结合生成结合型初级胆汁酸。
5. 次级胆汁酸在肠道生成,游离型次级胆汁酸包括脱氧胆酸和_____。
6. 肝脏可通过鸟氨酸循环合成_____来降低血氨。
7. 血浆蛋白中,只能在肝脏合成的蛋白质有_____、凝血酶原、纤维蛋白原等。

8. 肝脏中含有_____,可将肝糖原转为葡萄糖。
9. 生物转化的特点有_____、连续性、解毒和致毒的双重性。
10. 根据发病原因,临床上可将黄疸分为溶血性黄疸、阻塞性黄疸和_____三种类型。
11. 胆汁酸按其来源可分为初级胆汁酸和_____。
12. 胆汁酸按其结构可分为游离胆汁酸和_____。

三、名词解释

1. 胆色素
2. 生物转化
3. 胆汁酸的肠肝循环
4. 结合胆红素
5. 黄疸
6. 溶血性黄疸
7. 阻塞性黄疸
8. 肝细胞性黄疸

四、简答题

1. 生物转化的特点和反应类型有哪些?
2. 简述肝脏在糖代谢中的主要作用。

五、论述题

试述严重肝病患者可能出现水肿、黄疸、肝昏迷、出血倾向的生化原因,以及临床用谷氨酸和精氨酸治疗肝昏迷的生化理论依据。

参 考 答 案

一、选择题

(一) A₁ 型选择题

1. C	2. A	3. E	4. C	5. D	6. E	7. B
8. B	9. E	10. D	11. C	12. B	13. A	14. D
15. A	16. C	17. A	18. A	19. B	20. E	21. A
22. E	23. C	24. D	25. B	26. B	27. B	28. D
29. A	30. D	31. E	32. D	33. E	34. B	35. B
36. D	37. C	38. B	39. C	40. E		

(二) A₂ 型选择题

1. B　2. C　3. B　4. D

(三) B₁ 型选择题

1. B　2. C　3. B　4. E　5. E　6. C　7. D　8. E
9. A　10. B

二、填空题

1. 胆红素
2. 结合
3. 胆固醇
4. 胆酸
5. 石胆酸
6. 尿素
7. 清蛋白

8. 葡萄糖-6-磷酸酶
9. 多样性
10. 肝细胞性黄疸
11. 次级胆汁酸
12. 结合胆汁酸

三、名词解释

1. 胆色素：是体内铁卟啉类化合物的主要分解代谢产物，包括胆绿素、胆红素、胆素原和胆素。

2. 生物转化：机体对异源物及某些内源性的代谢产物或生物活性物质进行的氧化、还原、水解及各种结合反应，可增加其水溶性和极性，易于从尿或胆汁排出体外。

3. 胆汁酸肠肝循环：在肝细胞合成的初级胆汁酸，随胆汁进入肠道并转变为次级胆汁酸。肠道中约 95% 胆汁酸可经门静脉被重吸收入肝，并与肝新合成的胆汁酸一起再次被排入肠道，构成胆汁酸肠肝循环。

4. 结合胆红素：胆红素在肝细胞内与葡糖醛酸结合生成的胆红素，为水溶性，可从尿中排出。

5. 黄疸：血浆胆红素高于正常水平时扩散进入组织造成黄染的体征。

6. 溶血性黄疸：各种原因所致红细胞的大量破坏，单核吞噬细胞系统产生胆红素过多，超过肝细胞摄取、转化及排泄胆红素的能力，造成血液中未结合胆红素浓度显著增高。

7. 阻塞性黄疸：各种原因引起的胆汁排泄通道受阻，使胆小管和毛细胆管内压力增大而破裂，致使结合胆红素逆流入血，造成血中胆红素浓度升高。

8. 肝细胞性黄疸：由于肝细胞功能受损，造成其摄取、转化和排泄胆红素的能力降低所致，可造成血液中未结合胆红素和结合胆红素均升高。

四、简答题

1. 生物转化的特点和反应类型有哪些？
生物转化作用具有多样性和连续性，同时还具有解毒与致毒的双重性特点。其反应类型包括第一相的氧化、还原、水解反应和第二相的结合反应，如常见的葡糖醛酸结合反应，硫酸结合反应。

2. 简述肝脏在糖代谢中的主要作用。
肝脏在糖代谢中的作用是多方面的，但最重要的作用是维持血糖的相对稳定，保证全身各组织（特别是脑组织和红细胞）糖的供应。此作用主要是通过肝糖原的合成与分解，以及糖异生途径来实现的。

五、论述题

试述严重肝病患者可能出现水肿、黄疸、肝昏迷、出血倾向的生化原因，以及临床用谷氨酸和精氨酸治疗肝昏迷的生化理论依据。
水肿：血浆清蛋白在肝合成，它是维持血浆体胶渗透压的主要物质。严重肝病患者血浆清蛋白合成减少，血浆胶体渗透压降低，水分向组织间隙流动，引起水肿。其次肝功能严重受损，醛固酮、抗利尿激素灭活减弱，造成钠、水重吸收增加。
黄疸：由于肝细胞受损，一方面对胆红素摄取、结合、排泄发生障碍，造成血清未结合胆红素升高；另一方面由于与肝血窦相通的肝内毛细胆管阻塞，使得部分结合胆红素反流入血，造成血清结合胆红素亦升高，出现黄疸。
肝昏迷：由于肝功能严重受损，尿素合成减少、血氨升高，脑细胞中大量的氨与 α-酮戊二酸结合生成谷氨酸，可使三羧酸循环中的 α-酮戊二酸消耗，导致三羧酸循环减弱，ATP 生成减少，引起大脑功能障碍，严重时发生昏迷。
出血倾向：维生素 K 是肝参与生成凝血因子 Ⅱ、Ⅶ、Ⅸ、Ⅹ 不可缺少的物质，肝功能严重受损、维生素 K 吸收储存减少，凝血酶原及凝血因子 Ⅱ、Ⅶ、Ⅸ、Ⅹ 减少所致。
给药谷氨酸后，谷氨酸可与 NH_3 反应生成谷氨酰胺，减轻氨对大脑的毒性。此外还能促进 N-乙酰谷氨酸的生成，促进鸟氨酸循环。给药精氨酸后，促进鸟氨酸循环加速，降低血氨。

（张亚成 刘 玲 张晓峥）

第十八章　癌基因、抑癌基因与生长因子

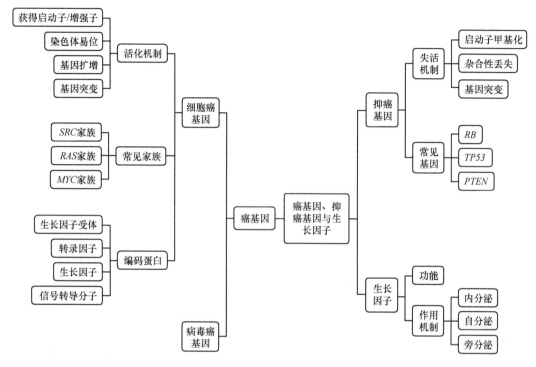

知识点导读

　　癌基因（oncogene）是能导致细胞发生恶性转化和诱发癌症的基因，绝大多数癌基因是细胞内正常的细胞癌基因突变或表达水平异常升高转变而来。癌基因包括细胞癌基因和病毒癌基因。

　　细胞癌基因（cellular oncogene）是人类基因组中具有正常功能的基因，通过基因突变、基因扩增、染色体易位、获得启动子或增强子等机制产生致癌活性。常见的细胞癌基因有 *SRC*、*RAS* 和 *MYC* 家族，其编码的蛋白质（细胞外生长因子、跨膜生长因子受体、细胞内信号转导分子、核内转录因子）涉及生长因子信号转导的多个环节，促进细胞的增殖和生长。病毒癌基因（virus oncogene，*V-ONC*）是一类存在于肿瘤病毒（多为 RNA 病毒，部分为 DNA 病毒）中的，能使靶细胞发生恶性转化的基因。通常认为 RNA 肿瘤病毒携带的癌基因来源于细胞原癌基因。

　　抑癌基因（tumor suppressor gene）是指存在于正常细胞内的一类可抑制细胞过度生长、增殖的基因，当一对等位基因都明确失去功能时可导致肿瘤的形成。常见的抑癌基因有 *RB*、*TP53*、*PTEN*，它们分别通过调控细胞周期检查点、调控 DNA 损伤和诱导细胞凋亡、抑制 PI3K/AKT 信号通路来发挥抑癌作用。主要通过基因突变、杂合性丢失和启动子区甲基化等机制导致抑癌基因失活，促进肿瘤发生。

　　生长因子（growth factor）是一类由细胞分泌的、类似于激素的信号分子，多数为肽类（含蛋白类）物质，具有调节细胞生长与分化的作用。生长因子通过内分泌、旁分泌和自分泌方式参与细胞的生长、分化、免疫、肿瘤形成和创伤愈合等过程。

本章习题

一、选择题

（一）A₁型选择题

1. 关于细胞癌基因的叙述**错误**的是
A. 进化上高度保守
B. 可与病毒癌基因同源
C. 在正常细胞中可促进细胞的增殖和生长
D. 突变可能导致细胞恶性增殖
E. 正常细胞基因组中含有即可导致肿瘤的发生

2. 关于病毒癌基因的叙述**不正确**的是
A. 感染宿主细胞可能引起恶性转化
B. 感染宿主细胞能随机整合于宿主细胞基因组
C. 可以是 DNA 病毒
D. 又称为原癌基因
E. 主要存在于 RNA 病毒基因中

3. 关于肿瘤病毒，以下说法正确的是
A. 人体都含有
B. 能使正常细胞转化为癌细胞
C. 均为 DNA 病毒
D. 均为 RNA 病毒
E. 含转化酶

4. 世界上第一个发现的癌基因来自于
A. Rous 肉瘤病毒　　　B. *H-RAS*
C. HPV　　　D. RB　　　E. HIV

5. 以下**除了**哪一项外均为常见的癌基因家族
A. *SRC*　　　B. *RAS*　　　C. *MYC*
D. *SIS*　　　E. *P53*

6. 使癌基因活化的因素包括
A. 正常基因表达增加　　B. 正常基因表达减少
C. 抑癌基因表达增强　　D. 细胞增殖、分化加强
E. 基因突变

7. 下列**除**哪一项外都是细胞癌基因产物
A. 生长因子
B. 化学致癌物
C. 生长因子受体
D. 细胞内信号转导分子
E. 与生长有关的转录因子

8. 下列哪项**不是**抑癌基因的产物
A. 转录调节因子，如 RB、P53
B. DNA 修复因子，如 BRAC1、BRAC2
C. 信号通路抑制因子，如 PTEN
D. 负调控转录因子，如 WT
E. 生长因子

9. 以下哪项是最早发现于儿童视网膜母细胞瘤的抑癌基因
A. *TP53*　　　B. *BRAC1*　　　C. *PTEN*
D. *WT*　　　E. *RB*

10. 曾被认为是癌基因数十年，后又被证实为抑癌基因，其突变与多种癌症发生有关系的抑癌基因是
A. *TP53*　　　B. *SRC*　　　C. *HER2*
D. *SIS*　　　E. *JUN*

11. *RAS* 基因编码的蛋白是
A. P53 蛋白　　　B. 转录因子
C. 生长因子　　　D. P21 蛋白（小 G 蛋白）
E. 受体

12. 以下有关病毒癌基因的描述**错误**的是
A. 肿瘤病毒大多为 RNA 病毒
B. RNA 肿瘤病毒携带的癌基因来源于细胞癌基因
C. 急性转化逆转录病毒含有癌基因，能迅速在几天内诱发肿瘤
D. 慢性转化逆转录病毒不含有癌基因，而是通过将其基因组插入到宿主细胞细胞癌基因附近，从而激活细胞癌基因诱发肿瘤
E. 病毒癌基因的前缀是 C，如 *C-SRC*

13. 以下属于跨膜生长因子受体的是
A. RAS　　　B. MYC　　　C. ABL
D. SRC　　　E. EGFR

14. 关于 *P53* 基因的叙述**错误**的是
A. 基因定位于 17p13
B. 是一种抑癌基因
C. 突变后导致肿瘤发生
D. 编码产物有转录因子作用
E. 编码 P21 蛋白质

15. 乳腺癌治疗药物赫赛汀针对的基因靶点是
A. *SRC*　　　B. *HER2*　　　C. *TP53*
D. *MYC*　　　E. *BRAF*

16. 慢性髓系白血病的靶向治疗药物伊马替尼的蛋白靶点是
A. SRC　　　B. HER2　　　C. PTEN
D. EFGR　　　E. BCR-ABL

（二）A₂型选择题

1. 患者，女，50 岁。近 3 个月头晕、乏力，面部皮肤及甲床苍白，牙龈出血，近 1 周出现四

肢紫癜，住院治疗行骨髓穿刺检查显示费城染色体（＋）及 *BCR-ABL* 融合基因形成，初步诊断为慢性髓系白血病。*BCR-ABL* 融合基因形成的原因是

A. 基因扩增

B. 基因缺失

C. 获得启动子及增强子

D. 点突变

E. 染色体易位

2. 患者，女性，57 岁。绝经 3 年，近 1 个月出现接触性阴道出血，宫颈表面细胞学检查 HPV（＋），行盆腔 CT 检查显示宫颈处有实性占位，初步诊断为子宫颈癌，考虑引起该疾病发生的高危因素可能是

A. 细胞癌基因

B. 生长因子

C. 细胞内信号转导分子

D. 生长因子受体

E. 感染病毒癌基因

（三）B₁ 选择型题

A. *MYC* 基因   B. *P16* 基因

C. *RAF* 基因   D. *MYB* 基因

E. *SRC* 基因

1. 表达产物为酪氨酸蛋白激酶的是

2. 表达产物可促进增殖相关基因表达的是

A. 抑制细胞过度生长和增殖的基因

B. 逆转录病毒整合

C. 感染宿主细胞后使之恶性转化的基因

D. 存在于正常细胞的癌基因

E. 存在于病毒中的癌基因

3. 抑癌基因是

4. 细胞癌基因是

二、填空题

1. 可抑制细胞过度生长、增殖的基因是_____。

2. 引起视网膜母细胞瘤突变的抑癌基因是_____。

3. 目前普遍认为，肿瘤的发生发展是多个_____和抑癌基因突变累积的结果。

4. 被冠以"基因组卫士"称号的抑癌基因是_____。

5. 癌基因包括_____和病毒癌基因。

三、名词解释

1. 生长因子

2. 病毒癌基因

3. 细胞癌基因

4. 抑癌基因

四、简答题

抑癌基因失活的机制有哪些？

五、论述题

什么是细胞癌基因的活化？细胞癌基因的活化机制是什么？

参 考 答 案

一、选择题

（一）A₁ 型选择题

1. E 2. D 3. B 4. A 5. E 6. E 7. B
8. E 9. E 10. A 11. D 12. F 13. E 14. E
15. B 16. E

（二）A₂ 型选择题

1. E 2. E

（三）B₁ 型选择题

1. E 2. A 3. A 4. D

二、填空题

1. 抑癌基因

2. *RB*

3. 癌基因

4. *TP53*

5. 细胞癌基因

三、名词解释

1. 生长因子：一类由细胞分泌的、类似于激素的信号分子，多数为肽类或蛋白质类物质，具有调节细胞生长与分化的作用。

2. 病毒癌基因：是一类存在于肿瘤病毒（多为

RNA 病毒，部分为 DNA 病毒）中能使靶细胞发生恶性转化的基因。

3. 细胞癌基因：是人类基因组中具有正常功能的基因，其作用是促进细胞生长和增殖，当其过表达可导致肿瘤的形成。

4. 抑癌基因：是指存在于正常细胞内的一类可抑制细胞过度生长、增殖的基因，当一对等位基因都明确失去功能时可导致肿瘤的形成。

四、简答题

抑癌基因失活的机制有哪些？

（1）基因突变常导致抑癌基因编码的蛋白质功能丧失或降低。

（2）杂合性丢失导致抑癌基因彻底失活。

（3）启动子区甲基化导致抑癌基因表达抑制。

五、论述题

什么是细胞癌基因的活化？细胞癌基因的活化机制是什么？

从正常的细胞癌基因转变为具有使细胞发生恶性转化的癌基因的过程称为细胞癌基因的活化。

细胞癌基因活化的机制主要有以下 4 种：①基因突变常导致细胞癌基因编码的蛋白质的活性持续性激活，如碱基替换、缺失或插入，都有可能激活细胞癌基因；②基因扩增导致细胞癌基因过量表达；③染色体易位导致细胞癌基因表达增强或产生新的融合基因；④获得启动子或增强子导致细胞癌基因表达增强。

（伊 娜 王延蛟）

参 考 文 献

白晓春, 邓凡, 2023. 医学细胞生物学. 2 版. 北京: 科学出版社.

胡文斌, 2013. 如何利用重组大肠杆菌生产人胰岛素. 生物学教学, 38(3): 73-74.

刘国琴, 杨海莲, 2019. 生物化学. 3 版. 北京: 中国农业大学出版社.

刘鲁豫, 刘爱霞, 2019. 1 型糖尿病的发病机制与治疗的新进展. 医学综述, 25(22): 4504-4508.

孙明, 2013. 基因工程. 2 版. 北京: 高等教育出版社.

王镜岩, 朱圣庚, 徐长法, 2016. 生物化学. 4 版. 北京: 高等教育出版社.

解军, 汤立军, 2024. 生物化学. 3 版. 北京: 高等教育出版社.

郑朝安, 傅君芬, 董关萍, 2020. 1 型糖尿病的发病机制. 国际儿科学杂志, 47(4): 274-278.

周春燕, 药立波, 2024. 生物化学与分子生物学. 10 版. 北京: 人民卫生出版社.

Bourzac Katherine, 2017. Gene therapy: Erasing sickle-cell disease. Nature, 549(7673): S28-S30.

Deutscher J, Francke C, Postma PW, 2007. How phosphotransferase system-related protein phosphorylation regulates carbohydrate metabolism in bacteria. Microbiology and Molecular Biology Reviews, 70(4): 939-1031.

George A, Brooks, 2018. The science and translation of Lactate Shuttle Theory. Cell Metabolism, 27(4): 757-785.